汽车实用技术

汽车材料

张 蕾 编

科学出版社

北京

内 容 简 介

本书全面系统地介绍汽车工程材料、汽车运行材料、汽车美容材料。全书共11章，内容包括金属材料的性能及组织结构、常用金属材料、非金属材料、汽车零件的选材及工艺路线分析、汽车燃料、汽车润滑材料、汽车工作液、汽车轮胎、汽车美容材料等。本书图文并茂，实用性强，具有较高的参考价值。

本书可作为车辆工程专业、汽车运用工程专业、汽车检测与维修专业等汽车工程类专业教材，并可供汽车工业部门、汽车运输部门的工程技术人员参考。

图书在版编目(CIP)数据

汽车材料/张蕾编. —北京：科学出版社，2009（2021.1重印）
（汽车实用技术）
ISBN 978-7-03-025507-5

Ⅰ.汽… Ⅱ.张… Ⅲ.汽车-工程材料 Ⅳ.U465

中国版本图书馆 CIP 数据核字（2009）第 158299 号

责任编辑：张莉莉 杨 凯 / 责任制作：董立颖 魏 谨
责任印制：张 伟 / 封面设计：李 力
北京东方科龙图文有限公司 制作
http://www.okbook.com.cn

科学出版社 出版
北京东黄城根北街16号
邮政编码：100717
http://www.sciencep.com

北京虎彩文化传播有限公司 印刷
科学出版社发行 各地新华书店经销

*

2009年10月第 一 版　　开本：B5(720×1000)
2021年1月第七次印刷　　印张：16
　　　　　　　　　字数：292 000
定 价：38.00元
（如有印装质量问题，我社负责调换）

汽车实用技术丛书编委会

主　　编　张　蕾
委　　员　董恩国　黄　玮　童敏勇　高婷婷
　　　　　高鲜萍　张玉书　邢艳云　刘晓锋
　　　　　闫光辉　陈　越

前　言

随着我国汽车工业的发展,以及国外各类车型进入我国市场,汽车新工艺、新材料更新加快,对汽车设计与制造行业、汽车服务行业的人才要求也相应提高。

为了帮助汽车相关专业的学生以及汽车使用与维修人员全面系统地掌握现代汽车材料的应用及新工艺等方面的内容,作者根据多年的教学实践、科学研究,并参阅大量的文献、资料和专著,编写了《汽车材料》,力求全面、整体、系统地介绍有关汽车材料的基本知识、性能指标、使用常识。本书注重基本知识的学习,将汽车材料与汽车安全、节能、环保的发展方向密切联系,追求内容的新颖性、实用性。本书图文并茂、通俗易懂,具有知识的系统性、完整性、科学性。在内容的选择和章节的安排方面,突出鲜明、准确的原则。书中不仅详尽介绍各种新型的汽车工程材料及使用、维护的方法,而且还对汽车运行材料、汽车美容材料进行详细阐述。

本书由天津工程师范学院张蕾担任主编。第2～4章由天津工程师范学院孙奇涵编写,第5～6章由辽宁工业大学陈淑英编写,第1章、第7～10章由天津工程师范学院张蕾编写,第11章由天津交通职业学院王芳编写。

由于编者水平所限,难免存在不足之处,诚望读者批评和指正。

目 录

第1章 绪 论 ……………………………………………………… 1
1.1 汽车工程材料 …………………………………………… 1
1.2 汽车运行材料 …………………………………………… 3
1.3 汽车美容材料 …………………………………………… 5
思考题 ……………………………………………………… 6

第2章 金属材料的性能 ……………………………………… 7
2.1 机械性能 ………………………………………………… 7
2.1.1 强 度 …………………………………………… 8
2.1.2 塑 性 …………………………………………… 10
2.1.3 硬 度 …………………………………………… 11
2.2 物理性能 ………………………………………………… 15
2.3 化学性能 ………………………………………………… 17
2.4 工艺性能 ………………………………………………… 18
2.4.1 铸造性能 ………………………………………… 18
2.4.2 锻压性能 ………………………………………… 18
2.4.3 焊接性能 ………………………………………… 18
2.4.4 切削加工性能 …………………………………… 19
2.4.5 冲压成型性能 …………………………………… 19
思考题 ……………………………………………………… 19

第3章 金属材料的组织结构 ………………………………… 21
3.1 纯金属的晶体结构与结晶 ……………………………… 21
3.1.1 晶体结构的基本概念 …………………………… 21
3.1.2 金属晶格的基本类型 …………………………… 23
3.1.3 实际金属的晶体 ………………………………… 24
3.1.4 实际金属的结构 ………………………………… 25
3.1.5 金属的结晶 ……………………………………… 29
3.2 合金的晶体结构及结晶 ………………………………… 31
3.2.1 合金的基本概念 ………………………………… 31
3.2.2 合金的结构 ……………………………………… 32
3.3 铁碳合金组织与铁碳合金相图 ………………………… 33

3.3.1　铁碳合金的基本组织 ………………………………… 33
　　3.3.2　铁碳合金状态图分析 ………………………………… 34
　　3.3.3　铁碳合金的分类 ……………………………………… 36
　　3.3.4　典型铁碳合金结晶过程分析 ………………………… 37
　　3.3.5　Fe-Fe$_3$C 相图的应用 ……………………………… 41
思考题 ………………………………………………………………… 42

第 4 章　常用金属材料 ……………………………………………… 43
4.1　钢 ……………………………………………………………… 44
　　4.1.1　碳素钢 ………………………………………………… 44
　　4.1.2　合金钢 ………………………………………………… 57
4.2　铸铁 …………………………………………………………… 66
　　4.2.1　铸铁的组织与性质 …………………………………… 66
　　4.2.2　灰铸铁 ………………………………………………… 68
　　4.2.3　可锻铸铁 ……………………………………………… 71
　　4.2.4　球墨铸铁 ……………………………………………… 72
　　4.2.5　蠕墨铸铁 ……………………………………………… 74
　　4.2.6　合金铸铁 ……………………………………………… 75
4.3　铸钢 …………………………………………………………… 76
4.4　有色金属及其合金 …………………………………………… 77
　　4.4.1　铝及铝合金 …………………………………………… 77
　　4.4.2　铜及铜合金 …………………………………………… 81
　　4.4.3　滑动轴承合金 ………………………………………… 83
　　4.4.4　其他有色金属 ………………………………………… 85
4.5　粉末冶金材料 ………………………………………………… 87
思考题 ………………………………………………………………… 89

第 5 章　非金属材料 ………………………………………………… 91
5.1　高分子材料 …………………………………………………… 91
　　5.1.1　高分子材料的特性 …………………………………… 91
　　5.1.2　塑料 …………………………………………………… 93
　　5.1.3　橡胶 …………………………………………………… 99
　　5.1.4　胶粘剂 ………………………………………………… 103
　　5.1.5　涂料 …………………………………………………… 106
5.2　陶瓷材料 ……………………………………………………… 110
　　5.2.1　陶瓷 …………………………………………………… 111
　　5.2.2　玻璃 …………………………………………………… 116
5.3　复合材料及摩擦材料 ………………………………………… 120
　　5.3.1　复合材料 ……………………………………………… 120

  5.3.2 摩擦材料 …………………………………………………………… 122
 思考题 ……………………………………………………………………… 124

第6章 汽车零件的选材及工艺路线分析 …………………………………… 125

 6.1 零件的失效分析 ……………………………………………………… 125
  6.1.1 失效的概念 ……………………………………………………… 125
  6.1.2 常见的失效形式与成因 ………………………………………… 126
 6.2 零件的选材原则及步骤 ……………………………………………… 128
  6.2.1 选材原则 ………………………………………………………… 128
  6.2.2 选材步骤 ………………………………………………………… 128
 6.3 零件毛坯的选择 ……………………………………………………… 132
 6.4 典型汽车零件的选材 ………………………………………………… 133
  6.4.1 轴类零件的选材 ………………………………………………… 133
  6.4.2 齿轮类零件的选材 ……………………………………………… 135
  6.4.3 汽车板簧类零件的选材 ………………………………………… 137
  6.4.4 箱体类零件的选材 ……………………………………………… 138
 6.5 常见汽车零件的选材 ………………………………………………… 139
  6.5.1 汽车结构零件的选材 …………………………………………… 139
  6.5.2 汽车冷冲压零件的选材 ………………………………………… 142
 思考题 ……………………………………………………………………… 143

第7章 汽车燃料 …………………………………………………………………… 145

 7.1 石油的基本知识 ……………………………………………………… 145
  7.1.1 石油的组成 ……………………………………………………… 145
  7.1.2 石油产品和润滑剂的分类 ……………………………………… 146
 7.2 车用汽油 ……………………………………………………………… 149
  7.2.1 汽油的使用性能 ………………………………………………… 149
  7.2.2 车用汽油的选用 ………………………………………………… 154
  7.2.3 汽车燃油节能添加剂 …………………………………………… 155
 7.3 车用轻柴油 …………………………………………………………… 157
  7.3.1 轻柴油的使用性能及其评价指标 ……………………………… 157
  7.3.2 轻柴油的选用 …………………………………………………… 166
 7.4 汽车新能源 …………………………………………………………… 166
  7.4.1 甲醇汽油混合燃料 ……………………………………………… 166
  7.4.2 车用乙醇汽油 …………………………………………………… 169
  7.4.3 天然气燃料 ……………………………………………………… 171
  7.4.4 液化石油气 ……………………………………………………… 173
  7.4.5 氢 气 ………………………………………………………… 175
 7.5 燃料管理和安全使用 ………………………………………………… 178

思考题 ……………………………………………………………… 182

第8章　汽车润滑材料 …………………………………………… 185
8.1　发动机润滑油 …………………………………………… 185
8.2　汽车润滑脂 ……………………………………………… 193
8.3　车辆齿轮油 ……………………………………………… 200
思考题 ……………………………………………………………… 204

第9章　汽车工作液 ………………………………………………… 205
9.1　汽车制动液 ……………………………………………… 205
9.2　汽车液力传动油 ………………………………………… 207
9.3　汽车其他工作液 ………………………………………… 211
9.3.1　发动机冷却液 ……………………………………… 211
9.3.2　汽车减震器油 ……………………………………… 213
9.3.3　制冷剂 ……………………………………………… 214
9.3.4　冷冻油 ……………………………………………… 217
思考题 ……………………………………………………………… 219

第10章　汽车轮胎 ………………………………………………… 221
10.1　轮胎的原材料 …………………………………………… 221
10.2　汽车轮胎的规格 ………………………………………… 224
10.3　汽车轮胎的合理使用 …………………………………… 226
思考题 ……………………………………………………………… 232

第11章　汽车美容材料 …………………………………………… 233
11.1　汽车美容的分类 ………………………………………… 233
11.2　汽车美容用品 …………………………………………… 234
11.2.1　车身美容用品 …………………………………… 234
11.2.2　车身漆面处理材料 ……………………………… 239
11.2.3　汽车装饰材料 …………………………………… 241
11.2.4　汽车防护产品 …………………………………… 243
思考题 ……………………………………………………………… 245

参考文献 …………………………………………………………… 246

第1章 绪 论

汽车材料是指汽车生产及运行过程中所用到的材料。按照用途一般可分为汽车工程材料、汽车运行材料和汽车美容材料等。

1.1 汽车工程材料

1. 金属材料

汽车应用的金属材料可分为黑色金属材料和有色金属材料两大类。黑色金属材料包括钢和铸铁。汽车的钢铁材料占汽车总质量的80%左右,有色金属材料占3%~4.7%。虽然塑料和铝的用量逐年提高,但是相对有色金属和塑料而言,由于钢铁具有成本低、强度高、加工难度小、生产工艺成熟、容易回收再利用等优点,使它成为汽车制造的最重要的材料。近年来,有色金属材料在汽车制造业中应用的范围越来越广泛。

1) 黑色金属材料

按照是否含有合金元素分类,钢可分为碳素钢和合金钢。碳素钢按照冶炼质量又可分为普通碳素钢、优质碳素钢和高级优质碳素钢。合金钢包括合金结构钢、合金工具钢和特殊性能合金钢。根据钢材在汽车中的加工成型方法和应用部位,可分为特殊钢和钢板。特殊钢是指具有特殊用途的钢,汽车发动机和传动系统的许多零件均使用特殊钢制造,如弹簧钢、渗碳钢、调质钢、非调质钢、齿轮钢、易切削钢、不锈钢等。钢板在汽车制造中占有重要的地位,轿车钢板用量占全车钢材消耗量的70%左右,载货汽车的钢板用量占50%左右。按加工工艺分类,钢板可分为冷冲压钢板、热轧钢板、涂镀层钢板等。

铸铁由于价格低廉,并具有良好的铸造性能、切削加工性能、耐磨性能等优点,被广泛用于汽车制造业。随着铸造和热处理技术的发展,汽车中许多零件采用铸铁制造,这样既可以降低成本,又可以保证使用效果。近几年,合金铸铁和球墨铸铁制造的凸轮轴，在某些性能方面甚至优于钢制的凸轮轴。

2) 有色金属材料

有色金属由于具有材质轻、导电性好等特性，在汽车制造上的用量逐年上升。有色金属包括铝、镁、钛等材料。铝、镁、钛合金材料是实际应用中最轻的金属结构材料，是现用所有金属材料中密度最小的轻金属材料（例如镁的密度只有 $1.174 \times 10^3 \mathrm{kg/m^3}$，比钢约小 77%，比铝合金约小 36%，比锌合金约小 73%），因而成为汽车减轻重量、提高节能性和环保性的首选材料。另外，铝、镁、钛合金材料还具有比强度和比刚度均高、易加工成型、阻尼减振性和电磁屏蔽性强、废料易回收等特点。由于铝、镁、钛合金材料的特性适应全世界对汽车安全、节能和环保越来越高的要求，受到了汽车制造业的高度重视。

2. 非金属材料

1) 高分子材料

在汽车制造业中，采用高分子材料制造零部件是国内外发展的又一趋势，主要有以下原因：一是在部件设计方面提供了广泛的自由空间；二是能减轻质量、降低成本；三是可将多项功能集中于同一个零部件上。因此近年来高分子材料已由内外装饰件向车身结构件和覆盖件方向发展。例如汽车发动机罩、保险杠、仪表盘、挡泥板、行李厢盖、顶盖、车门内护板和某些车身骨架构件等，甚至有些大型汽车制造公司正在用复合材料制造车架。

液晶聚合树脂具有高屈服特性和高温度特性，用其制成的薄壁件不易变形。并且摩擦系数小，不必周期性地加润滑油，因而提高了零件的使用寿命。它最初被用在汽车照明系统，如车灯的灯罩，现在应用于汽车转向器、点火器等部件。

纳米塑料具有强度高、耐热性强、密度小的物理性能，并且纳米粒子尺寸小于可见光的波长，因此纳米塑料可以显示出良好的透明度和较高的光泽度。这样的纳米塑料在汽车上将有广泛的用途。

2) 陶瓷材料

汽车用陶瓷大致可分为结构材料和功能材料。结构陶瓷因具有良好的综合性能：低密度、低膨胀系数、高耐蚀性、高耐磨性、隔热性好，能大幅度地提高热机效率、降低能耗，达到轻量化的效果。目前，已广泛用于制造发动机和热交换器零件。此外，结构陶瓷还被用来制造切削工具、轴承等。功能陶瓷主要是利用其磁性、压电性、绝缘性、介电性、半导体等特性，主要用于传感器，此外，还用于某些导电材料、陶瓷加热器、显示装置等。陶瓷传感器在温度传感器、位置传感器、速度传感器、气体传感器、湿度传感器等元件中应用广泛。

3) 复合材料

复合材料具有比强度高、比模量高、抗疲劳性能好等诸多优点。复合材料的各个组成材料在性能上起协同作用，具有单一材料无法比拟的综合性能。其具有质量轻、刚度大、强度高等特点，可根据使用条件进行设计与制造，以满足各种特殊用途，从而极大程度地提高工程结构的性能。因此，复合材料性能适合车身轻量化的要求,降低油耗。传统的汽车车身材料主要以薄钢板为主,为减轻其质量、改善风阻系数和降低油耗,许多汽车制造厂都积极研究和利用新材料。汽车质量减少50kg,1L燃油可增加2km的行驶距离;若质量减少10%,燃油经济性可提高5.5%。随着新型材料研究的不断深入,以及复合材料制造技术的不断突破,复合材料在车身轻量化进程中的作用必将更加突出。此外,复合材料还广泛应用于前后护板、保险杠、钢板弹簧、驱动轴等部件的设计与制造。

4) 摩擦材料

汽车摩擦材料是汽车制动器、离合器和摩擦传动装置中的主要材料,它将汽车运动的动能转化为热能和其他形式的能量。因此,它的性能好坏直接关系系统运行的可靠性和稳定性。随着各发达国家汽车工业的发展和现代社会人们的环保意识的不断提高,对摩擦材料的运行条件和性能的要求也越来越高,包括要有稳定的摩擦系数,动、静摩擦系数之差小;要有良好的导热性、较大的热容量和高温机械强度;要有良好的耐磨性和抗黏着性、无噪声、低成本,对环境无污染等。

如今,国内外广泛开展了芳纶、钢纤维/芳纶、矿物纤维、植物纤维等增强型摩擦材料的开发。从发展方向看,钢纤维增强的无石棉半金属基摩擦材料将是主要的使用材料。

1.2 汽车运行材料

汽车运行材料已成为汽车技术的重要组成部分。汽车使用的燃料(汽油、柴油、替代燃料)、润滑剂(发动机润滑油、润滑脂、齿轮油)、工作液(制动液、冷却液、制冷剂)等统称为汽车运行材料。汽车运行材料关系到汽车的动力性、燃油经济性、操纵稳定性、行驶平顺性、制动安全性、排放性等性能。若汽车运行材料使用不当,汽车将出现早期损坏,造成资源浪费、环境污染。

1. 燃 料

目前,汽油仍是汽车使用的主要燃料,主要有3种牌号:90、93和97号,执行GB17930—2006《车用汽油》标准。抗爆性能良好的90号以上无铅汽油主要用于使用电控发动机的汽车。柴油车所用柴油执行GB19147—2003《车用柴油》标准,主要有10、5、0、-10、-20、-35、-50等7种牌号。柴油的选用主要依据环境温度,柴油的凝点应比当地最低气温低4~6℃。

随着汽车产量的激增,加剧了全球石油资源的短缺和生态环境的恶化。因此,开发研制石油替代燃料的重要性越来越突出。目前已应用的石油替代燃料主要有天然气、液化石油气、醇类燃料(甲醇汽油、乙醇汽油)等。石油替代燃料的主要优缺点及应用现状如表1.1所示。

2. 润滑剂

车用润滑剂包括发动机润滑油、齿轮油和润滑脂三种。

表 1.1 石油替代燃料的比较

代石油燃料	主要优点	主要缺点	现　状
氢气	1. 来源非常丰富； 2. 污染很小； 3. 辛烷值高,热值高	1. 生产成本高； 2. 气态氢能量密度小且储运不方便,液态氢技术难度大、成本高； 3. 需要开发专用发动机	仍处于基础研究阶段,制氢及储运技术有待突破
天然气	1. 资源丰富； 2. 污染小； 3. 辛烷值高； 4. 价格低廉	1. 建加气站网络要求投资大； 2. 气态天然气的能量密度小,影响续驶里程等性能； 3. 与汽油车比动力性差； 4. 储运不方便	在许多国家获得广泛使用并被大力推广
液化石油气	1. 来源较为丰富； 2. 污染小； 3. 辛烷值较高	面临与天然气汽车相类似问题,但程度较轻	在世界范围内获得广泛使用并被大力推广
甲醇(乙醇)	1. 来源较为丰富； 2. 辛烷值高； 3. 污染较小	1. 甲醇的毒性较大； 2. 需解决分层问题； 3. 对金属及橡胶件有腐蚀性； 4. 冷起动性能较差	已获得一定程度的应用,可以作为能源的一种补充
二甲醚	1. 来源较为丰富； 2. 污染小； 3. 十六烷值高	面临与液化石油气类似的储运方面的问题	正在研究开发
生物质能	1. 来源丰富,可再生； 2. 污染小	1. 供油系部件易堵塞； 2. 冷起动性能较差	作为能源的一种补充应用于某些国家或地区

汽车是通过许多构件的相对运动实现整体功能的。固体之间的接触表面似乎很平整,但放大极细微部分就会发现固体表面处处凹凸不平,所以有运动就会有摩擦产生,用润滑剂可以减少固体表面之间的摩擦。润滑剂分为液态的润滑油、半固状态的润滑脂及固体润滑剂。

润滑油分为矿物油、合成油两大类,后者经过高技术的提炼获得,润滑功能较高,是大部分汽车采用的润滑油。合成油具有较高的黏度指数,随温度转变而产生的黏度变化很少,能起到适当的保护作用。它因氧化而产生酸质和油泥的趋势小,使用寿命长,在各种操作条件下都能对发动机提供适当的润滑和保护。

黏度是润滑油的最重要参数之一,润滑油分为 SAE 黏度和 ISO 黏度。润滑油的黏度与机械运动条件必须互相配合,黏度过高,摩擦力会增大,机械效率降低;反之,润滑油的黏度过低,油膜会破裂,引起零件表面烧结。

3. 工作液

1) 制动液

欧洲车辆主要使用 DOT4 和超级 DOT4 制动液；日本车辆主要使用 DOT3 和 DOT4 制动液；美国车辆使用的制动液级别相对较低,主要为 SAE J 1703 或 DOT3 制动液。

2) 冷却液

目前汽车主要使用乙二醇型冷却液。我国石化行业的 SH0521—1999《汽车及轻负荷发动机用乙二醇型冷却液》标准中所属产品分为浓缩液和冷却液。浓缩液必须按规定比例添加蒸馏水或去离子水，需要控制乙二醇浓度的下限值（33.3%）和上限值（69%），而成品型冷却液则可直接使用。冷却液按冰点分为－25、－30、－35、－40、－45、－50等6个牌号，发动机选用的冷却液的冰点应至少低于当地最低气温5℃。

3）空调制冷剂

汽车空调使用的制冷剂都是一种氟利昂，国际上用英文字母R来表示（取英文制冷剂Refrigerant的第一个字母）。汽车空调制冷剂目前主要有R12和R134a两种。目前所使用的汽车空调制冷剂R12对大气臭氧层有一定的破坏作用，根据《蒙特利尔协议》，发达国家从1996年开始禁用R12，发展中国家在2006年完全禁用R12，因此世界各国都在积极研制一种更适合环境保护的新制冷剂。目前一致公认R134a是R12的首选替代物，并基本上解决了空调系统的匹配和材料等一系列问题。

4. 轮　胎

轮胎除了承载车辆、人员、货物等必须的载荷之外，还要求具有良好的驱动性、制动性、转向灵活性以及冲击减振性等各种使用性能。因此，轮胎通常设计成一个充气压力容器形式的圆形滚动体，以纤维、金属作为骨架，将橡胶包覆在其内外，并长期保持压力密封的状态。实际上，轮胎就是一个用橡胶把纤维、金属完全固定黏合在一起的复合体。

橡胶是轮胎的主要制造材料，约为轮胎质量的45%～50%，与碳黑、硫化体系、防护体系等助剂一起占到轮胎质量的75%～80%。

1.3　汽车美容材料

汽车美容是一种全新的汽车养护概念，它源于西方发达国家，英文名称为"Car Care"或"Car Beauty"。现代汽车美容是在继承传统汽车美容的基础上，完善和发展起来的高技术汽车护理。它依托于传统汽车美容技术，但在新材料、新技术等领域又远远超出了传统汽车美容。汽车美容不仅仅是洗洗车、打打蜡这么简单。现代汽车美容是利用专业的美容系列产品和高科技的技术设备，采用特殊的工艺和方法，对车内外进行清洗、漆面增光、打蜡、抛光、镀膜及深浅划痕处理、发动机表面翻新、全车漆面美容等一系列养车护理，以达到"旧车变新、新车保值、延寿增益"的效果。

汽车美容是一项庞杂的系统工程，在数十年的发展完善过程中，其作业设备和美容用品已逐渐成熟，并且呈多样化、系列化。汽车美容材料常称为汽车美容用品，分为车身美容护理用品、车身漆面处理材料、汽车内饰清洁护理用品、汽车发动机清洁护理用品等几大系列。

************ **思考题** ************

1. 汽车材料按用途一般分为几大类?
2. 汽车金属材料都有哪些分类?汽车非金属材料都有哪些分类?
3. 汽车运行材料包括哪些内容?
4. 汽车美容包括哪些内容?

第 2 章 金属材料的性能

一辆汽车约有两万多个零件,在这些零件中,使用了各种各样的金属材料。金属材料的性能包括使用性能和工艺性能。使用性能是指在正常使用条件下保证零件安全、可靠工作所必备的性能,其中包括材料的机械性能、物理性能、化学性能等。金属材料的使用性能决定了零件的使用范围和寿命。对于大多数金属材料,机械性能是最重要的使用性能。工艺性能是指材料的可加工性,包括锻造性能、铸造性能、焊接性能、热处理性能及切削加工性能等。

2.1 机械性能

机械零件在使用过程中受到各种载荷的作用,材料在载荷作用下所反映出来的性能,称为机械性能。汽车零部件在使用过程中,必然受到各种外力的作用,如发动机上的连杆在工作时不仅受拉力、压力的作用,还要承受冲击力的作用。这些外力作用对材料有一定的破坏性,这就要求材料必须具有一种抵抗外力作用而不致被破坏的能力,这就是材料的机械性能。材料的机械性能是设计和制造汽车零件的重要依据,也是控制质量的重要参数。材料机械性能的基本指标及含义如表 2.1 所示。

表 2.1 常用机械性能的基本指标及含义

机械性能	性能指标			含义
	符号	名称	单位	
强度	σ_s	屈服强度(屈服点)	MPa	外力不增加仍能继续变形时的应力
	$\sigma_{0.2}$	条件屈服强度	MPa	试样产生 $0.2\% l_0$ 永久变形时的应力
	σ_b	抗拉强度	MPa	材料在拉断前所承受的最大应力
塑性	δ	伸长率	%	标距的伸长量与原标距的百分比
	φ	断面收缩率	%	试样横截面积的缩减量与原始横截面积的百分比

续表 2.1

机械性能	性能指标			含 义
	符 号	名 称	单 位	
硬度	HBS HBW	布氏硬度	—	压痕球面表面积所承受的平均压力
	HRC HRB HRA	洛氏硬度	—	根据压痕深度来确定的硬度
韧性	α_k	冲击韧度	J/cm²	冲击试样缺口单位横截面积的冲击吸收功
疲劳	σ_{-1}	疲劳强度	MPa	金属材料在经受无限多次交变载荷作用下而不发生疲劳断裂的最大应力

2.1.1 强 度

强度是指金属材料在载荷作用下,抵抗塑性变形和断裂的能力。按照载荷作用方式,强度可分为抗拉强度(σ_b)、抗压强度(σ_{bc})、抗弯强度(σ_w)、抗剪强度(τ_b)和抗扭强度(τ_1)五种类型。

金属材料的抗拉强度和塑性指标可以通过拉伸试验获得。拉伸试验的方法是用静拉力对标准试样进行轴向拉伸,同时连续测量力和相应的伸长,直至试样断裂。根据测得的数据,可求出有关的机械性能。

1. 拉伸试验

按国家标准(GB6397—1986)规定,拉伸试验的试样有圆形和板状两类,其形状和尺寸、加工要求都有明确的规定。图 2.1 所示为圆形拉伸试样的示意图,有两种尺寸关系的规定,一种是 $l_0=10d_0$ 的长试样,另一种是 $l_0=5d_0$ 的短试样。图中 d_0 是试样的原始直径(拉伸试验前的直径);l_0 是试样拉伸试验前的标距长度,即试样计算时的有效长度;d_1 是试样经拉伸试验拉断后断裂处的直径;l_1 是试样被拉断后对接起来,标距拉长后的长度。

在拉伸试验时,将试样装夹在拉伸试验机上,缓慢加载,直至试样拉断为止。在拉伸过程中,需要记录载荷与伸长量之间的关系,并得出以伸长量为横坐标,载荷为纵坐标的图形,即拉伸曲线,图 2.1(b)为低碳钢的拉伸曲线。所谓拉伸曲线,是用试样拉伸试验时所记录的变形量 Δl 与载荷 F 数值并以变形量 Δl 为横坐标、载荷 F 为纵坐标所作的二者数值关系的图形曲线。

由图 2.1 可知,在拉伸过程中,低碳钢试样伸长量与载荷的关系分为以下几个阶段。

弹性变形阶段(Op 段):当载荷不超过 F_p 时,拉伸曲线 Op 为直线段,试样变形完全是弹性的,卸载后试样即恢复原状。这种随载荷的作用而产生,随载荷的去除而消失的变形称为弹性变形。F_p 为能恢复原始形状和尺寸的最大拉伸力。

屈服阶段(pes 段):当载荷超过 F_p 时,若卸载后,试样的伸长只能部分恢复,而存在一部分残余变形。这种不能随载荷的消失而消失的变形称为塑性变形。当

载荷增加到 F_s 时,试样出现平台或锯齿状,这种在载荷不增加或略有减少的情况下,试样继续发生变形的现象叫做屈服,F_s 称为屈服载荷。屈服现象出现后,材料将残留较大的塑性变形。

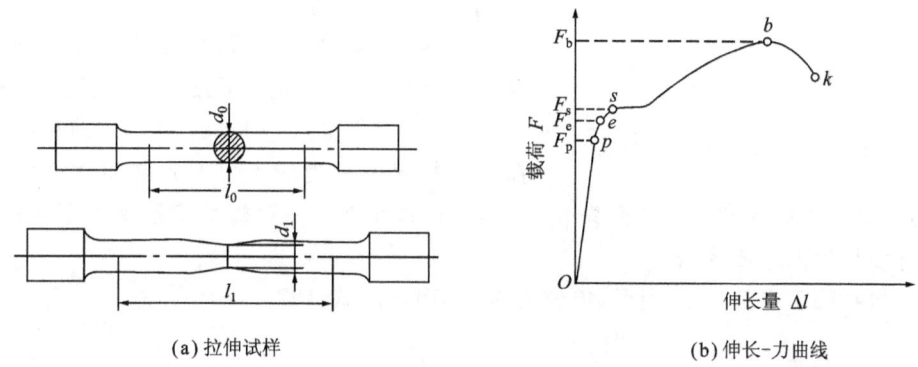

图 2.1　拉伸试样与伸长-力曲线

强化阶段(sb):屈服阶段之后,继续增加载荷,试样继续伸长。随着塑性变形增大,试样变形抗力也逐渐增加,这种现象称为形变强化(或称为加工硬化)。F_b 为试样拉伸试验时的最大载荷。

缩颈阶段(bk)(局部塑性变形阶段):当载荷达到最大值 F_b 时,试样的直径发生局部收缩,称为"缩颈"。试样变形所需的载荷也随之降低,这时伸长部位主要集中于缩颈部位。

工程上使用的金属材料,大多数没有明显的屈服现象。对于低塑性材料,不仅没有屈服现象,而且也不产生"缩颈"部位,如球墨铸铁等。

2. 强度指标

(1) 弹性极限:它是指金属材料在拉伸载荷作用下,产生弹性变形时所能承受的最大应力,用符号 σ_e 表示。

(2) 屈服强度:在试验过程中,作用力不增加(保持恒定)而试样仍能继续伸长(变形)时的应力称为屈服强度(简称屈服点),单位为 MPa,以符号 σ_s 表示,可用下式计算:

$$\sigma_s = \frac{F_s}{A_0}$$

式中,F_s 为试样产生屈服时的最小载荷(N);A_0 为试样原始截面尺寸(mm^2)。

汽车上使用的某些金属材料,如高碳钢、铸铁等,在拉伸过程中,没有明显的屈服现象,如图 2.2 所示。因此,工程上一般以试样塑性伸长量为试样标距长度的 0.2% 时,材料承受的应力(即规定非比例伸长应力 $\sigma_{p0.2}$ 或规定残余伸长应力 $\sigma_{r0.2}$)称为"条件屈服强度",并以符号 $\sigma_{0.2}$ 表示。

零件工作时所受的力低于材料的屈服点或规定残余伸长应力时,将不会产生过量的塑性变形。材料的屈服点或规定的残余伸长应力越高,允许的工作应力也

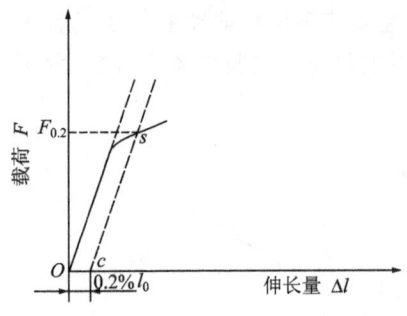

图 2.2 铸铁的伸长-力曲线

越高,则零件的截面尺寸及自身质量就可以减少。对大多数零件而言,塑性变形意味着零件丧失了对尺寸和公差的控制而失效。因此常将 σ_s 或 $\sigma_{0.2}$ 作为零件的选材和设计的依据,用以确定材料的许用极限。

(3) 抗拉强度:金属材料在拉断前所能承受的最大应力称为抗拉强度。它是反映材料在拉伸条件下所能承受的最大应力,即在拉伸条件下材料所承受的应力不允许超过材料的抗拉强度,否则会产生断裂而失效。所以,它是允许有一定塑性变形条件下工作,零件设计时的主要依据。

抗拉强度以符号 σ_b 表示,单位为 MPa,可由下式计算:

$$\sigma_b = \frac{F_b}{A_0}$$

式中,F_b 为试样在拉断前所能承受的最大载荷(N);A_0 为试样原始截面尺寸(mm^2)。

工程上所用的金属材料,不仅需要具有较高的 σ_s 和 σ_b 值,而且需要具有一定的屈强比 (σ_s/σ_b)。σ_s/σ_b 越大,材料强度的有效利用率越高;σ_s/σ_b 越小,零件的安全可靠性越高。

2.1.2 塑 性

金属材料在载荷作用下,断裂前发生塑性变形而不被破坏的能力称为塑性。塑性是金属能否进行压力加工的主要依据。塑性越好,越有利于压力加工,如汽车油箱、油底壳、驾驶室外壳等零件的成型加工,因变形量很大,必须选用具有较好塑性的金属材料,否则压力加工时就不易成型。

判断金属材料塑性好坏的指标是断后伸长率 δ 和断面收缩率 φ。

断后伸长率 δ 为试样拉断后,标距伸长量与原始标距的百分比,可用下式表示:

$$\delta = \frac{l_k - l_0}{l_0} \times 100\%$$

式中,l_k 为试样拉断后的标距(mm);l_0 为试样原始标距(mm)。

断面收缩率 φ 为试样拉断后,断口处截面积的最大缩减量与原始截面积的百分比,可用下式表示:

$$\varphi = \frac{A_0 - A_k}{A_0} \times 100\%$$

式中,A_k 为试样断口处最小截面积(mm^2);A_0 为试样的原始截面积(mm^2)。

金属材料的 δ 和 φ 值越大,说明材料的塑性越好;反之,则越差。δ 和 φ 值的大小直接影响金属材料能否通过塑性变形的加工方法制成形状复杂的零件。例如:工业纯铁,其 $\delta=50\%$,$\varphi=80\%$,它能拉成细丝,轧制成薄板等。再如低碳钢,可以通过轧制的方法加工成线材、角铁、槽钢等各种型钢,便于工业生产上的应用。而对于铸铁,由于 $\delta \approx 0$,$\varphi \approx 0$,就不能用锻造的方法加工成各种形状的零件,更不能拉成细丝,轧制成薄板。另外塑性较好的材料,在使用过程中由于负荷超载而产生塑性变形,也不会发生突然断裂。因此各种机器的结构件都采用具有一定塑性的材料,以免发生突然断裂造成重大的经济损失。

2.1.3 硬　度

硬度是指金属材料抵抗局部变形,特别是塑性变形、压痕或划痕的能力。硬度是一个综合的物理量,硬度值的大小就是材料抵抗塑性变形力的大小。通常,材料的硬度越高,耐磨性越好,因此常将硬度值作为衡量材料耐磨性的重要指标。在汽车维修行业中所用的模具、量具、刀具等都要求有足够高的硬度,否则就无法工作。硬度的测定常用压入法。在硬度试验机上,把规定的压头压入材料表面层,然后根据压痕的面积或深度确定其硬度值。根据压头和压力的不同,常用的硬度指标有布氏硬度、洛氏硬度和维氏硬度。

1. 布氏硬度

布氏硬度是在布氏硬度试验机上测得的,以符号 HB 表示,测量原理如图 2.3 所示。

布氏硬度试验是用直径为 D 的淬火钢球或硬质合金球,以相应的试验载荷 F 压入被测材料表面,保持规定的时间,然后卸去试验载荷,测量在材料表面留下球形压痕直径 d 的大小,并计算球面压痕的面积,布氏硬度值用球面压痕单位面积上所受

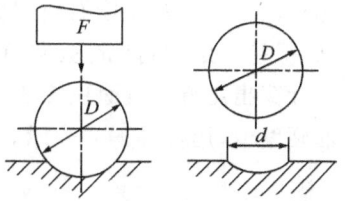

图 2.3　布氏硬度的测量原理

的平均压力表示(即所加载荷与压痕面积的比值)。压头是淬火钢球时,布氏硬度用符号"HBS"表示;压头是硬质合金球时,布氏硬度用符号"HBW"表示。

布氏硬度的单位为 N/mm^2,但一般只写硬度值而不标出单位。

布氏硬度试验的优点是:数据准确、稳定、重复性强;缺点是压痕较大、易损伤零件表面,不能测量太薄、太硬的材料。布氏硬度试验常用来测量退火钢、调质钢、正火钢、铸铁及有色金属的硬度。

2. 洛氏硬度

洛氏硬度与布氏硬度一样采用压入法测定硬度,测量原理如图 2.4 所示。洛氏硬度试验是用顶角为 120°的金刚石圆锥或直径为 1.588 mm 的淬火钢球作为压头,在初试验力 F_0 和总试验力 $F(F=F_0+F_1)$ 分别作用下压入材料表面。卸载主试验力 F_1 后,在初试验力 F_0 作用下测定残余压痕深度 h。用压痕深度表示材料的洛氏硬度值,并规定每压入 0.002 mm 为一个硬度单位。

图 2.4 中 0—0 为压头未加试验力时的位置。1—1 是压头在初试验力 F_0(100 N)作用下压入试样的位置,压入深度为 h_1。2—2 是在总试验力 F 作用下压

头压入试样的位置,深度为 h_2。3—3 是在卸载主试验力 F_1 后,压头压入试样的位置,深度为 h_3。洛氏硬度计算公式为:

$$洛氏硬度 = C - \frac{h}{0.002} = C - \frac{h_3 - h_1}{0.002}$$

式中,C 为常数,压头为淬火钢球时 $C=130$;压头为金刚石圆锥时 $C=100$。

材料越硬,h 值越小,所测得的洛氏硬度值越大。

金刚石圆锥压头适用于测定硬的材料,如渗碳钢、淬火钢等。淬火钢球适用于测定较软的材料,如退火钢、正火钢、有色金属等。

洛氏硬度测定时根据被测材料的硬度不同,规定有不同的加载值,相应地组成不同的洛氏硬度标尺(HRA、HRB、HRC)。

洛氏硬度试验的优点是:操作简便,可从表盘上直接读取硬度值,而且压痕小,对工作表面损伤小,可测定薄壁件,试验范围广泛;其缺点是精度差、硬度值重复性差。通常要在材料的不同部位进行多次测定,取其平均值作为材料的硬度值。

3. 维氏硬度

如图 2.5 所示,维氏硬度的测量原理和布氏硬度的测量原理相同。它用一个相对面为 136°的金刚石正四棱锥体做压头,在规定载荷 F 作用下压入被测金属表面,保持一定时间后卸去载荷。然后再测量压痕投影的两对角线的平均长度 d,进而计算出压痕的表面积 S,最后求出压痕表面积上平均压力,以此作为被测试金属的硬度值,用符号 HV 表示。

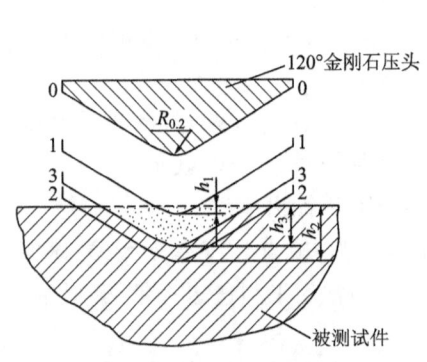

图 2.4 洛氏硬度的测量原理

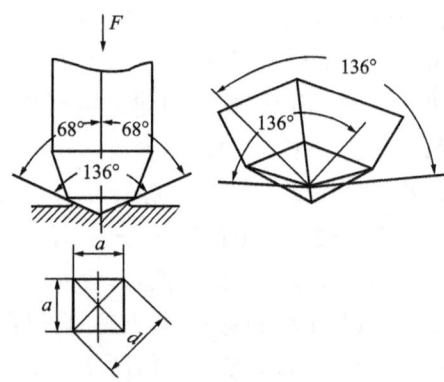

图 2.5 维氏硬度的测量原理

维氏硬度的优点是:试验时所加载荷小,压入深度浅,故适用于测试零件表面淬硬层及化学热处理的表面层(如渗碳层、渗氮层等)。载荷 F 可从 49.03~980.7N 范围内,根据试样大小、厚薄和其他条件进行选择;同时维氏硬度是一个连续一致的标尺,试验时可任意选择,而不影响其硬度值的大小,因此可测定从极软到极硬的各种金属材料的硬度,测量精度高;其缺点是操作较复杂,工作效率低于测量洛氏硬度。

4. 韧 性

1) 冲击韧性

前面讨论的都是在静载荷条件下测得的力学性能指标。实际上,汽车大多数零件承受的外载荷不是静载荷,而是突然施加的冲击载荷,如汽车发动机中的曲轴、活塞、活塞销、连杆等零件在气缸中受气体燃烧膨胀时产生的气体压力作用,这种气体燃烧膨胀产生的外载荷就是突然的冲击载荷。又如汽车起步、加速、紧急制动、停车时,变速器中的齿轮、传动轴,后桥中的半轴、差速器齿轮等零件受到的载荷均属于冲击载荷。由于冲击载荷所引起的应力和变形大于静载荷引起的应力和变形,所以在制造这类零件时,必须考虑材料抵抗冲击载荷的能力。材料抵抗冲击载荷而不致破坏的性能,称为冲击韧性。

材料韧性的好坏可用冲击韧度衡量。冲击韧度越大,韧性越好。目前常用一次摆锤冲击弯曲试验测定材料的韧性,其原理如图 2.6 所示。

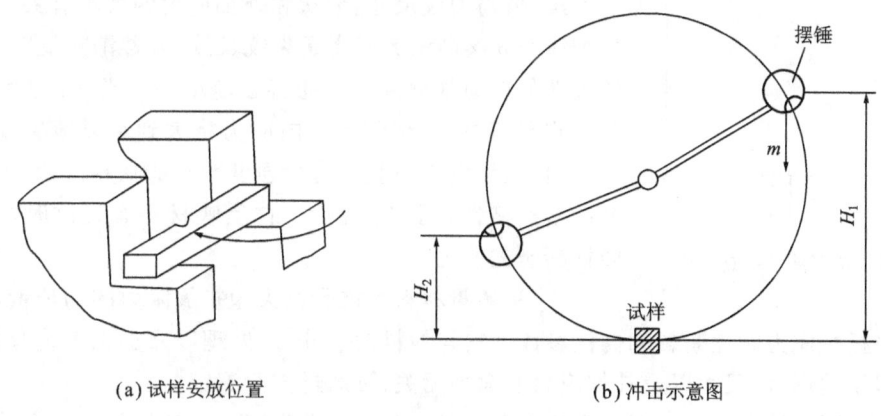

(a) 试样安放位置　　　　　　(b) 冲击示意图

图 2.6　材料韧性的测量原理

试验时,将按规定制作的标准冲击试样的缺口(脆性材料不开缺口)背向摆锤摆动方向放在冲击试验机工作台上,如图 2.6(a)所示。将质量为 m 的摆锤升起到规定高度 H_1 后,使其自由落下将试样冲断。由于存在惯性力,摆锤又继续上升到某一高度 H_2。根据能量守恒原理,冲断试件所消耗的冲击功 $A_k = mg(H_1 - H_2)$,A_k 又称为冲击吸收功,可直接读出。

试样上断裂处的横截面 S 与 A_k 的比值,称为该材料的冲击韧性,用 α_k 表示,计算公式为

$$\alpha_k = A_k/S$$

一般来说,材料强度大、塑性高,其冲击韧性大。冲击韧性除了与材料的化学成分和显微组织有关外,还与材料的表面质量、加载速度、试验时的温度及冶金质量有关。材料的表面质量越差、加载速度越高、试验时温度越低及冶金质量越差,测定的冲击韧性越低。

2) 断裂韧性

工程零件在应力低于许用应力的情况下,有时也会发生突然断裂,称为低应力脆断。其原因是实际材料中常常存在一些裂纹或类似裂纹的缺陷,如材料本身缺陷(夹杂、气孔等)或加工和使用过程中产生的缺陷,裂纹在应力的作用下失稳而扩展,导致零件断裂。

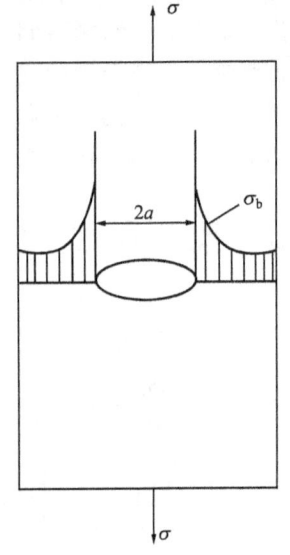

图 2.7 裂纹的应力集中

如图 2.7 所示,当材料中存在一段长为 $2a$ 的裂纹,在应力的作用下裂纹尖端前沿存在应力集中,形成裂纹尖端应力场。其大小可用应力强度因子 K_1 描述。

$$K_1 = Y\sigma\sqrt{a}$$

式中,K_1 为应力强度因子;Y 为与试样和裂纹几何尺寸有关的系数;σ 为外加应力(N/mm^2);a 为裂纹的半长(mm)。

K_1 值与裂纹尺寸、形状和外加应力的大小有关。当外加应力 σ 逐渐增大或者是裂纹长度 $2a$ 逐渐扩展时,裂纹尖端的应力强度因子也随着逐渐增大。当 K_1 增大到某一临界值时,裂纹前端的内应力将大到足以使裂纹失稳扩展,从而发生断裂。这个强度因子的临界值,称为材料的断裂韧性,用 K_{IC} 表示。它反映材料有裂纹时抵抗脆性断裂的能力。

K_{IC} 是衡量材料抵抗裂纹失稳扩展阻力的物理量,是材料抵抗应力脆性断裂的韧性参数。它与材料的成分、热处理以及加工工艺有关,与裂纹的形状、尺寸以及外加应力的大小无关,可通过试验测定。

断裂韧性在工程上有重要的实际意义。断裂韧性为安全设计提供了一个重要的机械性能指标。如根据零件中的最大裂纹长度,可计算出其能承受的最大载荷;根据零件所承受的载荷,可以确定零件允许存在的最大裂纹长度。

5. 疲劳强度

某些汽车零件,如曲轴、连杆、轴承、弹簧等,在工作过程中各点的应力随时间做周期性变化,这种随时间做周期性变化的应力,称为交变应力(也称作循环应力)。虽然零件所承受的应力低于材料的屈服强度,但在交变应力作用下,经过较长时间工作将产生裂纹或突然发生断裂,这种现象称为材料的疲劳。

通过对断口的总结与分析得知零件产生疲劳断裂的原因:由于金属材料的表面或内部存在缺陷(夹杂、划痕、夹角等),工作时这些地方的应力产生应力集中而导致局部应力超过了材料的屈服点,造成局部塑性变形而引发了微裂纹的产生,微裂纹随应力循环次数的增加而逐渐扩大,导致有效截面积逐渐减小,最终因承受不了所加的载荷而产生突然断裂。

实践证明:零件在交变载荷作用下,所承受的载荷大小与断裂前的载荷循环周次有关。交变载荷越大,断裂前的载荷循环周次就越小。如图 2.8 所示,将交

变应力 σ 与断裂前的应力循环周次的关系绘制成图，便可得 $\sigma-N$ 曲线图或称为疲劳曲线图。由图可知，当承受的交变应力 σ 越大，应力循环周次 N 值就越小，应力循环周次 N 随承受的交变应力下降而增加。当交变应力低于某一值 σ_5 时，应力循环周次可达无限多次而不发生疲劳断裂。所谓疲劳强度是指金属材料在无限多次交变载荷作用下，而不致发生断裂的最大应力，又称为疲劳极限。

金属材料的疲劳强度试验不可能在无限多次交变载荷下进行，实际使用中也不必在无限多次应力循环周次 N 下工作，只要求能经受一定周次的应力循环，就能满足汽车零件的使用寿命。所以试验时规定：钢在经受 $10^6 \sim 10^7$ 次，有色金属在经受 $10^7 \sim 10^8$ 次交变载荷作用时不产生断裂的最大应力作为疲劳强度。实际上，交变应力分为对称循环交变应力与非对称循环交变应力两类。对称循环交变应力如图 2.9 所示，而非对称循环交变应力作用下的疲劳强度较多。对称循环交变应力作用下的疲劳强度用 "σ_{-1}" 表示。

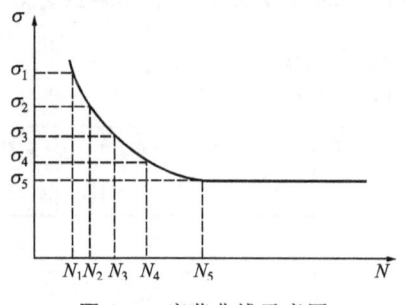

图 2.8 疲劳曲线示意图

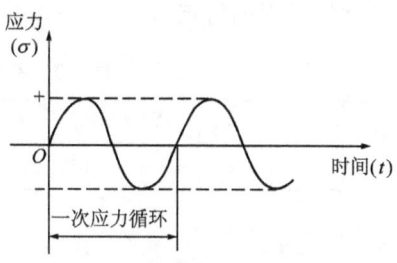

图 2.9 对称循环交变应力

金属材料的疲劳强度大小常受许多因素的影响，如工作条件、材料的本质、表面质量状态以及内部存在的残余内应力等。所以，降低零件表面的粗糙度，避免断面形状上出现应力集中，对零件表面进行表面淬火、喷丸处理等强化手段，均可有效地提高零件的疲劳强度。

2.2 物理性能

金属材料的物理性能是指材料固有的属性，主要包括密度、熔点、导热性、导电性和热膨胀性等。

1. 密 度

某种物质单位体积的质量称为该物质的密度。金属的密度即是单位体积金属的质量。

密度是金属材料的特性之一。材料的密度直接关系到由它所制成设备的自重和效能。在汽车工业中，为了增加有效装载质量，应尽量使用轻质材料，如发动机中的活塞等某些高速运动的零件，应尽量减小质量，以减小其惯性力，所以采用强度较高、密度较小的材料，如铝合金制造。常用材料的密度如表 2.2 所示。

表 2.2 常用材料的密度

材料	铅	铜	铁	钛	铝	锡(白)	钨	塑料	玻璃钢	碳纤维复合材料
密度/(g/cm³)	11.3	8.9	7.8	4.54	2.72	7.28	19.3	0.9~2.2	2.0	1.1~1.6

2. 熔 点

金属材料从固态向液态转变的温度称为熔点,以摄氏度(℃)表示。

金属都有固定的熔点。在常用金属材料中钨的熔点最高,可用于制造车灯灯丝、加热元件等耐高温零件。锡铅的熔点较低,可用于制造熔断丝等零件。合金的熔点决定于它的成分,例如钢和生铁都是铁碳合金,但由于含碳量不同,熔点也不同。同时,熔点也是金属和合金的铸造、热处理、焊接的重要工艺参数,例如材料的铸造温度、熔焊温度都必须高于它的熔点,热处理的温度必须低于其熔点。表 2.3 为部分常用材料的熔点。

表 2.3 部分常用材料的熔点

材料	钨	钛	铁	铜	铝	铋	锡	铸铁	碳素钢	铝合金
熔点/℃	3380	1668	1538	1083	660.1	271.3	231.9	1279~1148	1450~1500	447~575

3. 导电性

金属材料能够传导电流的性能称为导电性。衡量材料导电性的指标是电阻率,以符号 ρ 表示,单位为 $\Omega \cdot cm$。

电阻率越小,金属材料导电性越好。金属导电性以银为最好,其次是铜和铝,合金的导电性比纯金属差。导电性好的金属如铜、铝,适于做导电材料。导电性差的合金,如镍-铬合金、铁-铬-铝合金,常用于制造汽车仪表中的电阻元件。

4. 导热性

导热性是金属材料重要性能之一。材料传导热量的性能称为导热性。导热性的大小通常用热导率衡量。热导率的符号是 k,单位是 $W/(m \cdot K)$。热导率越大,材料的导热性越好。金属的导热能力以银为最好,其次为铜、铝。合金的导热性比纯金属差。在制定铸造、锻造、焊接和热处理工艺时,必须考虑材料的导热性,防止材料在加热或冷却过程中形成过大的内应力,以免材料变形或被破坏。导热性好的金属散热也好,因此在制造汽车散热器、热交换器等零件时,应选择导热性能好的材料。

5. 热膨胀性

金属材料随着温度变化而膨胀、收缩的特性称为热膨胀性。一般来说,金属受热时膨胀、体积增大,冷却时收缩、体积缩小。

热膨胀性的大小用线胀系数和体胀系数表示。

热膨胀性是金属材料的一个重要特性。例如,像千分尺、块规等一些精密的测量工具,为了保持其高度的准确性,要选用线膨胀系数很小的金属制造。异种金属焊接时,要考虑它们的热膨胀系数是否接近,以免因热膨胀量不同而使零件变形甚至损坏。在铸造汽车零件时,为了确保零件尺寸、减少和避免缩孔及疏松等铸造缺陷,必须考虑体积收缩可能引起的开裂,因此需要采取一定的措施。在汽车维修中,活塞在缸套间上、下运动以及曲轴与轴承间的配合,也要考虑用线膨胀系数控制其间隙尺寸。

6. 磁　性

金属材料可分为铁磁性材料(在外磁场中能强烈地被磁化,如铁、钴等)、顺磁性材料(在外磁场中只能微弱地被磁化,如铬、锰等)和抗磁性材料(能抗拒或削弱外磁场对材料本身的磁化作用,如铜、锌等)三类。铁磁性材料可用于制造变压器、电动机、测量仪表等。抗磁性材料则用于要求避免电磁场干扰的零件和结构材料,如航海罗盘。铁磁性材料当温度升高到一定数值时,磁场被破坏,变为顺磁体,这个转变温度称为居里点,如铁的居里点为770℃。

2.3　化学性能

化学性能是指在室温或高温条件下金属抵抗各种化学腐蚀的能力,一般包括耐腐蚀性、抗氧化性和化学稳定性。

1) 耐腐蚀性

金属材料在常温下抵抗氧、水蒸气及其他介质侵蚀的能力,称为耐腐蚀性能。钢铁在潮湿的空气中生锈是最常见的腐蚀现象。一般人们采用改变材料成分和采用各种表面处理方法(如油漆、电镀等)来增强材料的耐腐蚀性。

腐蚀对金属材料的危害很大,不仅使金属材料本身受到损失,严重时还会使汽车零部件遭到破坏。因此,提高金属材料的耐腐蚀性能,对于节省金属消耗,延长材料使用寿命,具有现实的经济意义。

2) 抗氧化性

金属材料在加热时抵抗氧化作用的能力,称为抗氧化性。材料的氧化随温度升高而加速,例如耗材在铸造、锻造、热处理、焊接等热加工作业时,造成材料过量的损耗和形成各种缺陷。在高温下工作的零部件,如发动机的气门、活塞等零件,必须采用抗氧化性好的材料制造。

3) 化学稳定性

化学稳定性是金属材料的耐腐蚀性和抗氧化性的总称。材料在高温下的化学稳定性称为热稳定性。在高温条件下的零件,如发动机的活塞、活塞环工作在高温高压的环境中,需要选择热稳定性好的材料制造。

2.4 工艺性能

工艺性能是指金属材料对不同加工工艺方法的适应能力。包括铸造性能、锻压性能、焊接性能、切削加工性能、冲压成型性能等。

2.4.1 铸造性能

金属及合金铸造成形获得优良铸件的能力称为铸造性能。金属材料可以通过铸造制成各种零件,如发动机的曲轴、凸轮轴、气缸体、气缸套等均是由铸造而成的。

铸造性能主要包括流动性、收缩性和偏析性等。流动性是指熔融金属的流动能力,流动性好的金属,容易充满铸型,铸造出细薄精致的铸件。收缩性是指铸件凝固和冷却过程中,其体积和尺寸收缩的程度。收缩率越小,铸造质量越好。偏析性是指化学成分和组织的不均匀性,偏析程度越大,铸件各部分的性能越均匀,铸件质量越高。

设计铸件时,必须考虑材料的铸造性能。铸造性能良好,可以铸造出结构复杂、形状准确、强度较高的铸件,并且可简化工艺过程,提高合格率。

2.4.2 锻压性能

金属的锻压性能是指材料对采用压力加工方法成型的适应能力,是衡量材料通过塑性加工获得优质零件难易程度的工艺性能。金属的锻压性越好,表明该金属越适合于塑性加工方法成型;锻压性越差,说明该金属越不宜选用塑性加工方法成型。

锻压性的优劣常用金属的塑性和变形抗力综合衡量。塑性越高,变形抗力越小,则可以认为该金属的锻压性好;反之,则差。不同成分的金属,其锻压性能不同。一般情况下,纯金属的锻压性能比合金的好。例如,纯铁比碳素钢的锻压性能好,铸铁的锻压性能则很差,根本不能采用锻压工艺加工。铜合金、铝合金在室温状态下就有良好的锻压性能。

在锻压成型加工的钢制件中,杂质按一定方向分布,会形成所谓"纤维组织"。纤维组织分布的方向对力学性能有较大的影响。试验证明,径向纤维组织的疲劳极限比轴向纤维组织的疲劳极限下降30%,这充分说明有可能通过控制零件的锻压过程,使其纤维组织沿有利于提高疲劳强度的方向分布。发动机中的曲轴、连杆、齿轮等在交变载荷下工作的零件,不宜用材料直接切割加工,而是先将棒料锻压成毛坯,使其纤维方向与主应力方向相一致。

2.4.3 焊接性能

焊接性能是指金属材料对焊接加工的适应性,也就是在一定的焊接工艺条件下,获得优质焊接接头的难易程度。

低碳钢焊接性好,焊接时不需要采取特殊的工艺措施就能获得良好的焊接接头。中碳钢的含碳量高、焊接性差,近焊缝区易产生淬硬组织和冷裂缝。高碳钢和铸铁等焊接性更差,不宜作为焊接件。焊接时要根据不同的材料,采取不同的工艺措施,以获得高质量的焊件。

金属材料的焊接性能不是固定不变的。同一种金属材料,采用不同的焊接材料、焊接方法和焊接工艺(包括预热和热处理等),其焊接性能可能有很大差别。例如钛及其合金的焊接在通常情况下是比较困难的,但自从氩弧焊技术被应用以来,钛及其合金的焊接结构已在航空领域广泛地应用。由于新能源的发展,等离子弧焊接、真空电子束焊接、激光焊接等焊接方法相继出现,使钨、钼、锆等高熔点金属及其合金的焊接都已成为可能。

实际焊接结构所用的金属材料绝大部分是钢材。影响钢材焊接性的主要因素是化学成分。多种化学元素加入钢中以后,对焊缝组织性能、夹杂物的分布以及对焊接热影响区的淬硬程度等影响不同,产生裂缝的倾向也不相同。在各种元素中,碳的影响最明显。其他元素的影响可折合成碳当量,用碳当量方法可估算被焊钢材的焊接性。此外,硫、磷对钢材焊接性能影响也很大,在各种合格钢材中,硫、磷等化学成分都受到严格限制。

2.4.4 切削加工性能

材料接受切削加工的难易程度称为切削加工性能。切削加工性能一般从切削后的表面粗糙度以及刀具寿命等几方面来衡量。影响切削加工性的因素主要是工件的硬度、韧性、化学成分、组织状态、导热性和变形强化等。一般金属材料具有适当硬度(170~230HBS)和足够的脆性时较易切削。所以,铸铁比钢切削加工性能好,一般碳素钢比高合金钢切削加工性能好。

2.4.5 冲压成型性能

检验金属材料冲压成型性能的方法叫杯突试验。杯突试验是用规定的球形冲头,顶压夹紧在压模内的试样,直至产生第一个裂纹为止,这时的压入深度就为杯突深度。杯突深度不小于规定值时,就认为试样合格。金属材料能承受的杯突深度越大,冲压成型性能越好。用于冲压的金属材料必须具有较好的冲压成型性。汽车壳体就是用冲压成型的方法制成的。

∗∗∗∗∗∗∗∗∗∗∗ 思考题 ∗∗∗∗∗∗∗∗∗∗∗

1. 什么是材料的力学性能?常用的力学性能指标有哪些?

2. 简述拉伸试验的种类与方法都有哪些?由拉伸试验可得出哪些力学性能指标?

3. 什么是强度？什么是塑性？评价这两种性能的指标有哪些？各用什么符号表示？

4. 什么是疲劳现象？用什么符号表示？如何提高零件的疲劳强度？

5. 长期工作的弹簧突然断裂，属于哪类问题？与材料哪些性能有关？

6. 金属材料的物理性能包括哪些内容？

7. 金属材料的工艺性能包括哪些内容？

8. 在有关零件图的图样上，出现以下几种硬度技术条件标注方法，这种标注是否正确？为什么？

   50～80HBS   350～400HBW
   15～18HRC   72～75HRC

9. 大能量冲击与小能量冲击的冲击韧性分别与金属材料的哪些性能有关？

10. 结合汽车专业的特点，说明选用材料时，如何综合考虑材料各方面的性能？

第 3 章
金属材料的组织结构

3.1 纯金属的晶体结构与结晶

3.1.1 晶体结构的基本概念

1. 晶体和非晶体

固态物质可分为晶体和非晶体两大类。原子或分子在空间呈长度有序、周期性规则排列的物质称为晶体,如金刚石、石墨和一切固态金属及其合金等。晶体一般具有规则的外形,有固定的熔点,并且各向异性。原子或分子呈无规则排列或短程有序排列的物质称为非晶体,如塑料、玻璃、沥青等。非晶体没有固定的熔点,热导率和热膨胀系数均小,组成成分的变化范围大,在各个方向上原子的聚集密度大致相同,并且各向同性。

固态金属都是晶体,金属晶体除具有上述晶体的共性外,还具有特殊的金属光泽,良好的导电性、导热性和塑性。这是金属晶体与非金属晶体的根本区别。

2. 晶格和晶胞

如图 3.1 所示,为了便于研究晶体中原子的排列情况,把组成晶体的原子(离子、分子或原子团)抽象成质点,这些质点在二维空间内呈有规则的、重复排列的阵式就形成了空间点阵。用一些假想的空间直线将这些质点连接起来所构成的空间格架,称为晶格。从晶格中取出一个反映点阵几何特征的最小的空间几何单元,称为晶胞。

表征晶胞特征的参数有六个:棱边长度 a、b、c,棱边夹角 α、β、γ。通常又把晶格棱边长度 a、b、c 称为晶格常数。当晶格常数 $a=b=c$,棱边夹角 $\alpha=\beta=\gamma=90°$ 时,这种晶胞称为简单立方晶胞。

根据晶胞的六个参数,棱边长度 a、b、c,棱边夹角 α、β、γ,可以把晶体分为十四种空间点阵,并归纳为七大晶系,如表 3.1 所示。

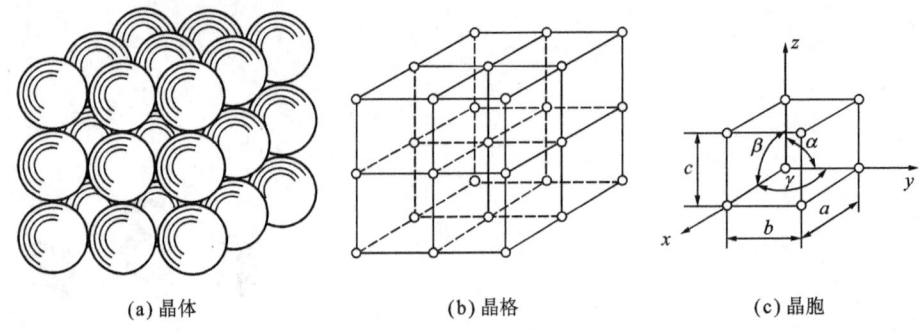

(a) 晶体　　　　　　　　(b) 晶格　　　　　　　　(c) 晶胞

图 3.1　简单立方晶格与晶胞示意图

表 3.1　晶系及空间点阵

晶　系	空间点阵	棱边长度及夹角关系
立方晶系	简单立方 体心立方 面心立方	$a=b=c, \alpha=\beta=\gamma=90°$
正方(四角)晶系	简单正方 体心正方	$a=b\neq c, \alpha=\beta=\gamma=90°$
菱方(三方)晶系	简单菱方	$a=b=c, \alpha=\beta=\gamma\neq 90°$
六方(六角)晶系	简单正方	$a_1=a_2=a_3\neq c, \alpha=\beta=90°, \gamma=120°$
正交(斜方)晶系	简单正交 底心正交 体心正交 面心正交	$a\neq b\neq c, \alpha=\beta=\gamma=90°$
单斜晶系	简单单斜 底心单斜	$a\neq b\neq c, \alpha=\gamma=90°\neq\beta$
三斜晶系	简单三斜	$a\neq b\neq c, \alpha\neq\beta\neq\gamma\neq 90°$

3. 晶面和晶向

在晶格中由一系列原子组成的平面称为晶面,晶面又是由一行行的原子列组成的,晶格中各原子列的位向称为晶向。为了便于研究各种晶面和晶向,了解其在形变、相变以及断裂等过程中所起的不同作用,按照一定规则将晶格任意一个晶面或晶向确定出特定的表征符号,表示出它们的方位或方向,这就是晶面指数或晶向指数。

图 3.2 所示的晶面(010)、(110)、(111)是立方晶格中最重要的三种晶面。图 3.3 所示的晶向 $OC[100]$、$OB[110]$、$OA[111]$ 是立方晶格中最重要的三种晶向。

由于其晶格类型和晶格常数不同,因此各种晶体呈现出不同的物理、化学及力学性能。

4. 配位数和致密度

晶胞中所包含的原子总体积与晶胞体积(V)的比值称为晶体致密度。若晶胞

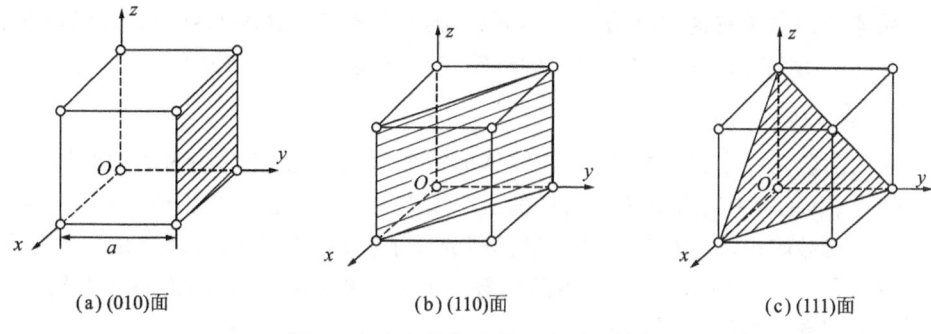

(a) (010)面　　　(b) (110)面　　　(c) (111)面

图 3.2　立方晶格中的三个重要晶面

中原子数为 n、原子半径为 r，则致密度 $K=n\times 4r\pi/V$。

晶格中与任一原子处于相等距离并相距最近的原子数目，称为晶体的配位数。例如，体心立方结构的配位数为 8，面心立方和密排六方结构的配位数均为 12；离子晶体 NaCl 结构中，Na 和 Cl 离子的配位数各为 6。

配位数和致密度表示了晶体中原子或离子在空间堆垛的紧密程度。配位数和致密度数值越大，表示晶体中原子排列越紧密。

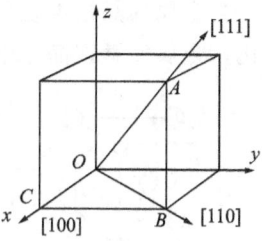

图 3.3　立方晶格中的三个重要晶向

3.1.2　金属晶格的基本类型

晶体的原子排列形式有十四种晶格类型。金属是晶体，通过 X 射线结构分析对金属进行测定的结果表明：除少数金属元素外，绝大多数的金属都为三种典型的、紧密的且简单的体心立方、面心立方和密排六方结构。

1. 体心立方晶格

它的晶胞为一个正六面体，即 $a=b=c$，棱边夹角 $\alpha=\beta=\gamma=90°$，八个顶角和立方体中心各分布一个原子，如图 3.4(a)所示。因为每个顶角上的原子同时为周围 8 个晶胞所共有，所以每个体心立方晶格的实际原子数为：$1/8\times 8+1=2$ 个；配位数是 8；致密度为 0.68，表明体心立方晶格中有 68% 的体积被原子所占有，其余为空隙。

晶体中的原子按这种晶格类型排列的金属元素有：铬(Cr)、钨(W)、钒(V)、钼(Mo)以及 912℃以下的纯铁（α-Fe）等。

2. 面心立方晶格

它的晶胞也是一个立方体，八个顶角和六个表面的中心各分布着一个原子，如图 3.4(b)所示。因每个顶角上的原子同时为周围 8 个晶胞所共有，六个表面中心的原子同时为 2 个晶胞所共有，所以每个面心立方晶格的实际原子数为：$1/8\times 8+1/2\times 6=4$ 个；配位数是 12；致密度为 0.74，表明面心立方晶格中的原子排列紧密。

晶体中的原子按这种晶格类型排列的金属元素有：铝(Al)、铜(Cu)、铅(Pb)、金(Au)及温度在912～1394℃之间的纯铁(γ-Fe)等。

3. 密排六方晶格

它的晶胞是一个正六棱柱体，在柱体的每个角、上底面和下底面的中心以及在柱体的上、下底面中间按等边三角形的三个顶点上各分布着一个原子，如图3.4(c)所示。同时晶胞内部还有三个品字形排列的原子。每个密排六方晶格的实际原子数为：1/6×12+1/2×2+3=6个；配位数是12；致密度为0.74，与面心立方晶格中的原子排列密度相同。

晶体中的原子按这种晶格类型排列的金属元素有：镁(Mg)、铍(Bb)、镉(Cd)、锌(Zn)等。

当金属的晶格类型和晶格常数发生变化时，金属的性能也会随之发生相应的变化。金属元素铁晶体中的原子排列形式有两种，所以其性能不相同。

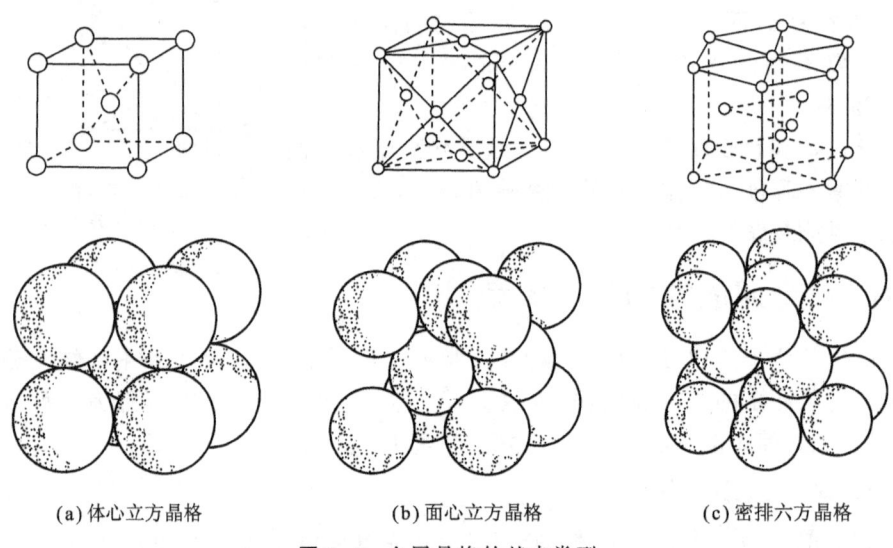

(a) 体心立方晶格　　(b) 面心立方晶格　　(c) 密排六方晶格

图3.4　金属晶格的基本类型

3.1.3　实际金属的晶体

一块晶体内部的晶格位向完全一致的晶体称为单晶体，如图3.5(a)所示。在单晶体中，由于各个方向上的原子密度不同，所以不同方向上的物理、化学和力学性能不同，即具有各向异性。单晶体除具有各向异性以外，它还有较高的强度、耐蚀性、导电性和其他特性。实际上，工程上使用的金属材料大多数是多晶体。目前在半导体元件、磁性材料、高温合金材料等方面，单晶体材料已得到开发和应用。单晶体金属材料是今后金属材料的发展方向之一。

测定实际金属的性能时，在各个方向上的数值却基本一致，即具有各向同性。这是因为实际金属并非单晶体，而是由许多位向不同的微小晶体组成的多晶体，如

图 3.5(b)所示。这些呈多面体颗粒状的小晶体称为晶粒,晶粒与晶粒间的边界称为晶界。晶粒的大小与金属的制造及处理方法有关,其直径一般在 0.001～1mm。一个晶粒的各向异性在许多位向不同的晶粒之间可以互相抵消或补充,所以实际金属呈现出各向同性。

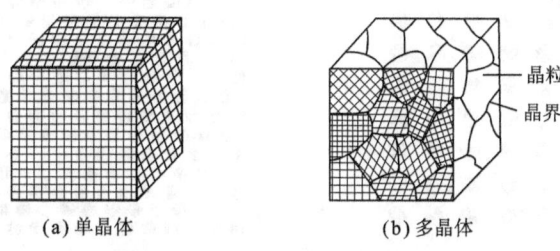

图 3.5 单晶体和多晶体示意图

3.1.4 实际金属的结构

在多晶体的实际金属中,对于单个晶粒并非是晶胞重复排列的理想结构。应用电子显微镜等现代的检测仪器发现,在金属晶体的内部存在多种缺陷。按照几何特征,晶体缺陷主要可分为点缺陷、线缺陷和面缺陷等。这些缺陷对金属的物理、化学和力学性能有显著的影响。

1. 点缺陷

点缺陷主要有空位和间隙原子两种类型,如图 3.6 所示。点缺陷在三维尺度上都很小、一般不超过几个原子直径的缺陷。

1) 空 位

晶格中某个原子脱离了平衡位置形成的空结点称为空位,如图 3.6(a)、图 3.6(b)所示。空位是一种热平衡缺陷。温度升高,则原子的振动能量升高,振幅增大。当某些原子振动的能量高到足以克服周围原子的束缚时,它们便有可能脱离原来的平衡位置,跳到晶体的表面(包括晶界面、孔洞、裂纹等内表面),使其原来的位置或其所经历的路径的某个结点空着,于是在晶体内部形成了空位。随着温度的升高,原子的动能增大,空位的浓度也增大。在温度接近于熔点时,空位的浓度可达到整个晶体原子数的 1‰ 的数量级。通过快速冷却可以将空位保留到室温。在纯金属中,空位是其主要的点缺陷。例如,铜在 1000℃时,空位浓度约为间隙原子浓度的 10^{35} 倍。

在晶体中不仅存在单空位,还可以产生双空位、三空位和多空位,如图 3.6(b)所示。空位的存在便于金属中原子的迁移。

2) 间隙原子

间隙原子就是位于晶格间隙之中的原子,包括:自间隙原子和杂质间隙原子。自间隙原子是从晶格结点转移到晶格间隙中的原子,如图 3.6(a)所示,与此同时产生一个空位。在多数金属的密排晶格中,很难形成自间隙原子。材料中存在的一些其他元素的杂质形成的间隙原子称为杂质间隙原子。金属中存在的间隙原子主

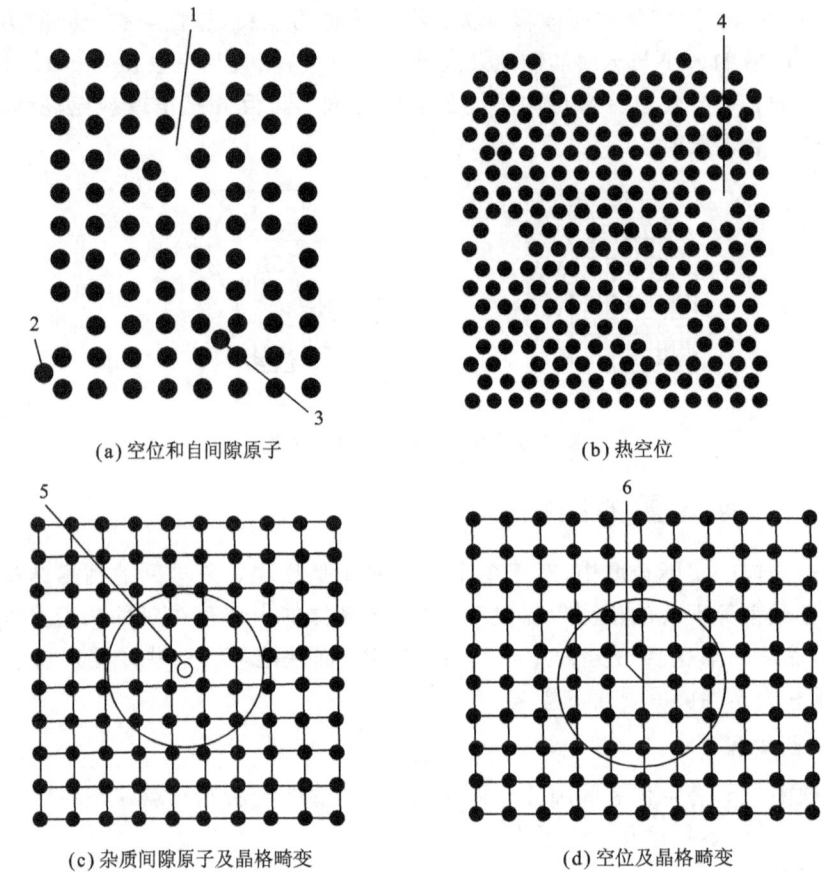

(a) 空位和自间隙原子　　　　　　(b) 热空位

(c) 杂质间隙原子及晶格畸变　　　(d) 空位及晶格畸变

1, 4, 6-空位；2-跳动表面的原子；3-自间隙原子；5-杂质间隙原子

图 3.6　点缺陷

要是杂质间隙原子,如图 3.6(c)所示。当杂质的原子半径较小时,间隙原子的浓度(原子百分数)甚至可达 10% 以上。

在点缺陷附近,由于原子间作用力的平衡遭到破坏,因此其周围的其他原子将发生靠拢或者撑开的不规则排列,这种变化称为晶格畸变,如图 3.6(c)、图 3.6(d)所示。晶格畸变使晶体产生强度、硬度和电阻增加等变化。

2. 线缺陷

金属晶体中的线缺陷就是位错,是指二维尺度很小而第三维尺度很大的缺陷。主要包括刃型位错和螺型位错。

1) 刃型位错

刃型位错是晶体中的原子面发生了局部的错排,实际上为几个原子间距宽的长管道。例如,在图 3.7(a)中,规则排列的晶体中间错排了半列多余的原子面,而且不延伸到原子未错动的下半部晶体中,犹如切入晶体的刀片,刀片的刃口线为位错线,这就是刃型位错。

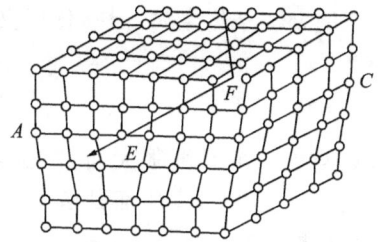 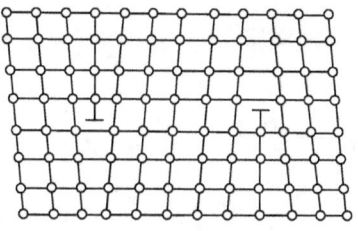

(a) 刃型位错

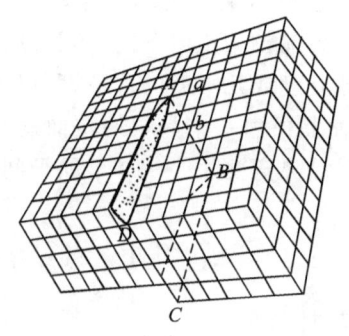 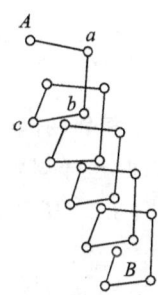

(b) 螺型位错

图 3.7 刃型位错和螺型位错

刃型位错线是晶格畸变的中心线，在其周围的原子位置错动很大，即晶格的畸变很大，且距它越远畸变越小。

2) 螺型位错

如图 3.7(b)所示，右前部晶体的原子逐步地向下位移一个原子间距，并与左部晶体形成几个原子宽的过渡区(图中的暗影区)，使它们的正常位置发生错动，并具有螺旋形特征，因此称为螺型位错。

过渡区顶端在晶体中的连线为位错线。但原子错动最大或晶格畸变最大的地方是过渡区螺旋面的中心线，这才是真正的螺型位错线。晶体中位错线周围造成的晶格畸变，随离位错线距离的增大而逐渐减小直到为零。螺型位错在空间实际上为一个螺旋状的晶格畸变管道，宽度仅为几个原子间距，长度上则可穿透晶体。

金属中的位错线数量很多，呈空间曲线分布，有时会连接成网，甚至缠结成团。位错可在金属凝固时形成，也可在塑性变形中产生。它在温度和外力作用下还能够不断地运动，数量随外界作用情况的不同而发生变化。评定金属位错数量的多少常用位错密度 ρ 表示(单位 cm/cm^3)。金属中位错数量一般为 $10^4 \sim 10^{12}\,cm/cm^3$，退火时为 $10^6\,cm/cm^3$，冷变形金属中可达 $10^{12}\,cm/cm^3$。

位错引起晶格畸变，对性能的影响很大。图 3.8 所示是位错密度 ρ 与强度的关系。没有缺陷的晶体强度很高，工业上生产的金属晶体只是理想晶体的近似。位错的存在使晶体强度降低，但当位错大量产生后，强度反而提高。生产中可以通

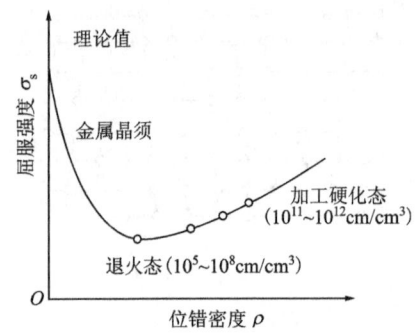

图 3.8 金属强度与位错密度的关系

过增加位错的办法强化金属,但强化后其塑性有所降低。

3. 面缺陷

面缺陷是指二维尺度很大而第三维尺度很小的缺陷。金属晶体的面缺陷主要包括晶界和亚晶界两种。

1) 晶 界

晶界就是金属中各个晶粒相互接触的边界。由于各晶粒的位向不同,相邻晶粒存在位向相差几度或几十度的现象,所以晶界原子的排列采取相邻两晶粒的折中位置排列,即使晶格由一个晶粒的位向逐步过渡为相邻的位向,这样规则性较差、晶格畸变很大,晶界宽度为 5~10 个原子间距,如图 3.9(a)、图 3.9(b)所示。

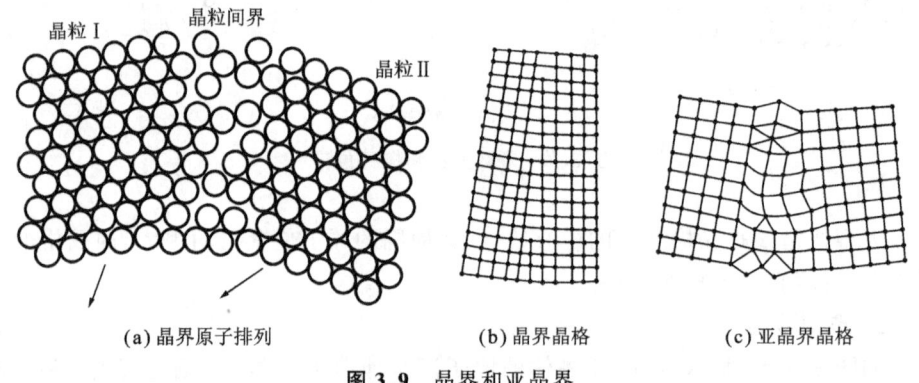

图 3.9 晶界和亚晶界

晶界上一般聚集有较多的位错,位错的分布有时候是规则的。晶界也是杂质原子聚集的地方。杂质原子的存在加剧了晶界结构的不规则性,并使结构复杂化。

2) 亚晶界

在多晶体的实际金属中,单个晶粒也不是完全理想的晶体,而是由许多位向相差很小的所谓亚晶粒组成的,如图 3.9(c)所示。晶粒内的亚晶粒又称为晶块。尺寸比晶粒小 2~3 个数量级,常为 10^{-6}~10^{-4} cm。亚晶粒的结构如果不考虑点缺陷,可以认为是理想的。亚晶粒之间的位向差只有几秒、几分、1°~2°。亚晶粒之间的边界称为亚晶界。亚晶界是由一系列刃型位错规则排列构成的。它是晶粒内的一种面缺陷,对金属的性能也有一定的影响。

在晶界、亚晶界或金属内部的其他界面上,原子的排列偏离平衡位置,晶格畸变较大、位错密度较高,原子处于较高的能量状态,因此原子的活性较大,对金属中许多过程的进行有着重要的影响。

实际金属中除了上述点、线、面缺陷外,还存在着一些其他的晶体缺陷。这些缺陷的存在,破坏了晶体的完整性,极大影响了晶体的性能。但是必须指出,缺陷的存在并不改变金属的晶体性质。晶体学的许多规律,对于实际金属是适用的,只是还应该看到各种具体的偏差。

在实际晶体结构中,上述晶体缺陷并不是静止不变的,而是随着一定的温度和加工过程等各种条件的改变而不断变化的。它们可以产生、发展、运动和交互作用,而且能合并和消失。晶体缺陷对金属的许多性能有很大的影响,特别是对金属的塑性变形、固态相变以及扩散等过程都起着重要的作用。

3.1.5　金属的结晶

金属从液态转变为固态的过程称为结晶。从原子排列看,结晶就是原子从一种排列状态(晶态或非晶态)变为另一种规则排列状态的过程,如图 3.10 所示。这种过程不可能瞬时完成,必须经过由小到大、由局部到整体的发展过程。

图 3.10　纯金属的结晶过程

1. 结晶过程

结晶过程是不断形成晶核和晶核不断长大的过程。结晶时,首先是从液体中形成一些称之为结晶核心(晶核)的细小晶体开始的,然后已形成的晶核按各自不同的位向不断长大。同时,在液体中又产生新的结晶核心并逐渐长大,直至液体全部消失,形成出许多位向不同、外形不规则的晶粒所组成的多晶体。

2. 结晶温度

晶体在凝固过程中,温度是保持不变的,这个温度称为结晶温度。金属结晶时,都存在这个理论结晶温度 T_0。这时,液体中的原子结晶到晶体上的数目,等于晶体上的原子熔入液体中的数目。从宏观范围看,此时既不结晶,也不熔化,液体和晶体处于动平衡状态,只有冷却到低于平衡结晶温度时才能有效地进行结晶。因此,实际结晶温度 T_n 总是低于理论结晶温度 T_0。两者之差 $(T_0 - T_n)$ 称为过冷度 ΔT(图 3.11)。过冷度的大小与冷却速度有关,冷却速度愈快,过冷度愈大。在冷却速度非常缓慢的平衡条件下,过冷度 ΔT 很小。

3. 晶核形成

在上述结晶过程中,晶核形成的方式有两种:一种晶核的形成是从液体内部自发产生的,

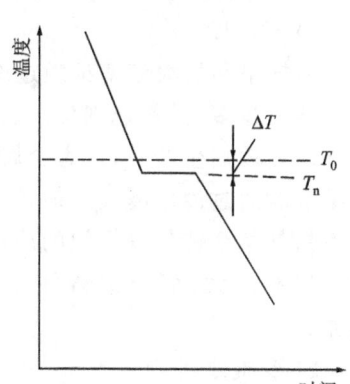

图 3.11　纯金属的冷却曲线

称为均匀形核或自发形核;另一种晶核是依附于外来杂质而生成的,称为非均匀形核或非自发形核。在实际金属和合金中,这两种方式通常是同时存在的。但是非均匀形核比均匀形核一般更容易发生,具有优先和主导作用。在晶核开始成长的初期,由于晶核很小,其各个方向的散热条件相差不大,且其内部原子排列规则,所以晶体外形也较规则,如图3.12(a)所示。但是由于晶体顶角和棱角处的散热条件优于其他部位(如图3.12所示),因此在晶核的顶角和棱角处以较大的速度优先生成晶体的主干(一次晶轴),再长出分枝(即二次晶轴,三次晶轴等),最后再把枝晶间填满,如图3.12(b)、图3.12(c)所示。晶体的这种生长方式,形态如同树枝,称为"枝晶生长"。按这种方式结晶出来的晶体称为枝晶。"枝晶"方式只是晶体长大的一种常见方式,因此结晶后的晶粒形状不一定都是树枝形状的。

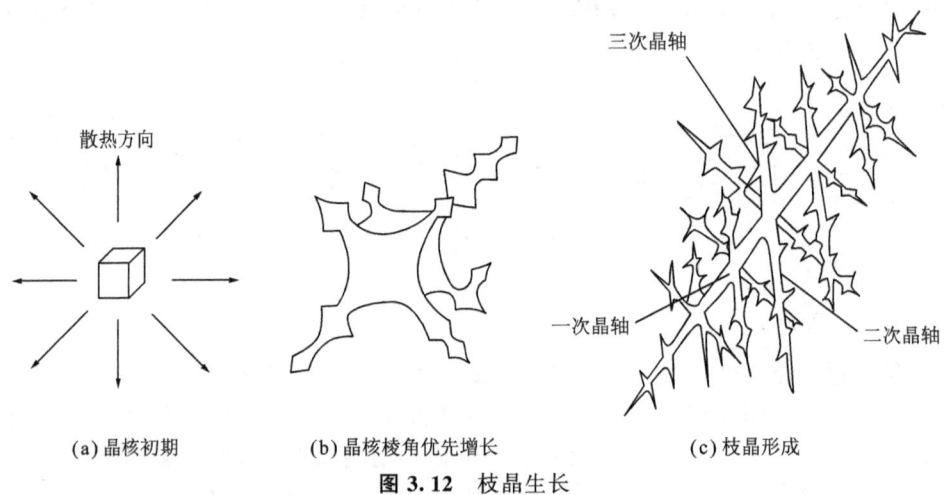

图 3.12 枝晶生长

4. 影响晶粒大小的因素

实验表明,金属晶粒的大小对金属性能有很大的影响,因此有必要了解影响金属结晶后晶粒大小的因素和控制办法。

1) 过冷度

形核率和长大速率都随过冷度的增大而增大,因此过冷度越大,单位体积的晶粒数目越多,晶粒越细化。通过增大过冷度细化晶粒的方法只适用于中、小型铸件。在铸造生产中,液态金属均是在连续冷却条件下凝固的。冷却速度越快,则结晶时的过冷度越大。但是冷却速度的增加有一定限度,尤其对大的铸件,不仅不易使整个铸件获得快的冷却速度,而且会因冷却速度过大,使铸件表面和内部的温差过大,而导致铸件开裂。因此在铸件生产中,还需用其他方法细化晶粒。

2) 变质处理

在液态金属中常含有未溶杂质。当某些高熔点杂质的晶体结构与金属的晶体结构有些相似时,这些杂质在结晶过程中能起到晶核的作用,促使了非均匀形核产生,使单位体积中的晶核数增加,因而细化了晶粒。因此,在生产中往往有意识地在液态金属中加入一定量的难熔物质,借以增加单位体积中的晶核数,而达到细化晶粒的目的,这种方法称为变质处理,加入的物质称为变质剂。例如在灰铸铁的铁水中加入硅钙合金,在铝中加入微量的钛。

3) 附加振动

金属结晶时,如对液态金属附加机械振动、超声振动、电磁振动等措施,则会增加液态金属在铸模中的运动,造成枝晶破碎。破碎的枝晶又可起到晶核作用,增大形核速率,因而细化了晶粒。

4) 浇注速度

在慢速浇注时,先形成的晶粒可能被流动的液态金属冲击碎化而形成晶核,增大了形核速率,从而达到晶粒细化的目的。

3.2 合金的晶体结构及结晶

纯金属的强度、硬度等力学性能都较低,制造成本较高,因此工业上广泛使用的金属材料一般都为合金材料。

3.2.1 合金的基本概念

1) 合 金

合金是指两种或两种以上的金属元素,或金属与非金属元素组成的具有金属特性的物质。合金除具有金属的基本特征外,还具有优良的力学性能及某些特殊的物理性能。应用最普遍的碳素钢和铸铁就是由铁和碳组成的铁碳合金。

2) 组 元

组成合金最基本的、独立的物质称为组元,简称元。合金的组元通常为纯元素(金属或非金属元素),但也可以是在研究范围内既不发生分解、也不发生任何反应的稳定化合物。根据组元数目不同,合金可分为二元合金、三元合金和多元合金。

3) 合金系

由两个或两个以上组元按不同比例配制成一系列成分不同的合金,构成了一个合金系统,简称合金系。在同一合金系中,组元的含量不同,组成的合金力学性能也不同。例如:铜和镍组成一系列不同成分的合金,称为铜-镍合金系。

4) 相

相是指合金中化学成分、晶体结构和物理性能相同的组分。液态物质称为液相,固态物质称为固相。在固态下,物质可以是单相,也可以是多相。

5) 组 织

组织泛指用金相观察方法看到的由形态、尺寸不同和分布方式不同的一种或多种相构成的总体。在光学显微镜或电子显微镜下观察到的组织称为显微组织,用肉眼或放大镜观察到的组织称为宏观组织。显微组织对合金的性能起决定的作用。

3.2.2　合金的结构

按合金各组元间相互作用不同,合金在固态下的基本相结构分为固溶体、金属化合物和机械混合物三类组织。

1. 固溶体

固溶体是指合金在固态下,组元间能互相溶解而形成的均匀相。各组元中,与固溶体晶格类型相同的组元称为溶剂,其他组元称为溶质。按溶质原子在溶剂中所占位置的不同,固溶体分为两类。

1) 置换固溶体

指溶质原子占据溶剂晶格部分结点而形成的固溶体,如图3.13(a)。溶质原子溶于溶剂中的量称为溶解度。按溶解度不同,置换固溶体又分为有限固溶体和无限固溶体。形成无限固溶体的条件是溶质与溶剂原子的半径接近,且具有相同的晶格类型。如铜镍合金可以形成无限固溶体,而铜锌只能形成有限固溶体。

2) 间隙固溶体

指溶质原子分布在溶剂晶格间隙而形成的固溶体,如图3.13(b)。只有原子半径较小的溶质(如碳、氮、硒等非金属元素)才能溶入溶剂中形成间隙固溶体,且都是有限固溶体。间隙固溶体的固溶度与溶剂晶格类型及温度有关,间隙固溶体由于溶质原子的溶入,也发生晶格畸变。

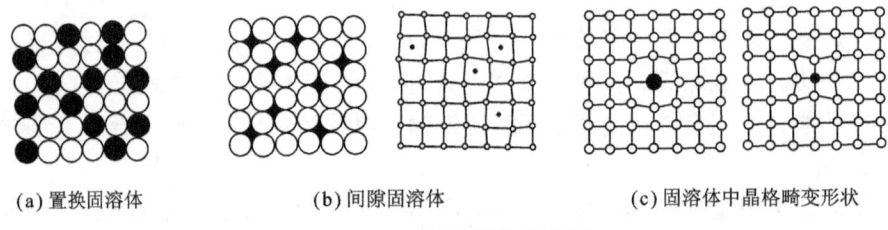

(a) 置换固溶体　　　(b) 间隙固溶体　　　(c) 固溶体中晶格畸变形状

图3.13　固溶体结构示意图

如图3.13(c),溶质原子溶入溶剂晶格中导致固溶体晶格畸变,使合金强度、硬度升高,塑性下降,这种现象称为"固溶强化"。固溶强化是提高金属材料力学性能的重要途径之一。

2. 金属化合物

金属化合物是指合金组元间相互作用而生成的具有金属特性的一种新相,可用分子式(如Fe_3C、$CuZn$)表示。其晶格类型不同于任一组元,其性能也与组元不同,一般熔点高、硬而脆。

由于金属化合物硬而脆,所以单相金属化合物的合金很少使用。当金属化合物细小均匀分布在固溶体基体上时,能显著提高合金的强度、硬度和耐磨性,这种现象称为弥散强化。金属化合物通常是碳素钢、合金钢、硬质合金和有色金属的重要组成相及强化相。

3. 机械混合物

纯金属、固溶体、金属化合物是组成合金的基本相。由两相或多相按固定比例构成的组织称为机械混合物。机械混合物中各组成相仍保持各自的晶格与性能,机械混合物的性能介于各组成相性能之间,并由它们的大小、形状、分布及数量而定。工业上大多数合金都属于机械混合物,如钢、生铁、铝合金等。

4. 合金的结晶

合金的结晶与纯金属有相似之处,都遵循生核与长大的规律,结晶过程有潜热放出。不同处是纯金属结晶在某一恒温下进行,合金通常在某一温度范围内进行,如图 3.14。合金结晶过程中各相成分还发生变化,所以合金的结构比纯金属复杂,要用合金状态图表示。合金相图就是在平衡状态下,合金的相结构随温度、成分发生变化的状态图,依此可以了解合金的结晶过程以及合金中各组织的形成和变化关系。

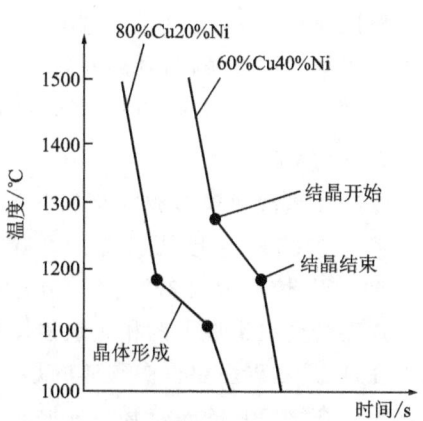

图 3.14 铜镍合金冷却曲线过程状态图

3.3 铁碳合金组织与铁碳合金相图

钢和铸铁是现代工业中极为重要的金属材料。钢和铸铁的产量比其他一切非铁金属的产量的总和还多。钢和铸铁虽然因成分不同而品种很多,但其最基本的组成是铁和碳两种元素。因此,钢和铸铁又称为铁碳合金。

铁碳合金状态图是研究铁碳合金的成分、组织和温度三者间关系并推断合金性能的重要工具。了解和掌握铁碳合金状态图,可以指导制订钢铁材料的各种加工工艺。

3.3.1 铁碳合金的基本组织

铁碳合金的基本组织有铁素体、奥氏体、渗碳体、珠光体以及莱氏体等。

1. 铁素体

纯铁在 912℃ 以下为具有体心立方晶格的 α-Fe。碳溶于 α-Fe 中形成的间隙固溶体称为铁素体,常用符号 F 或 α 表示。由于体心立方晶格的间隙小,因此碳在 α-Fe 中溶解度很小,在 727℃ 时为 0.0218%,在 20℃ 时仅为 0.0008%。

铁素体在形成单相组织时,铁素体的显微组织和力学性能几乎与纯铁相同,铁素体单相为不规则多边形晶粒。它的力学性能的特点是:强度、硬度较低,塑性、韧性较好,如 $\sigma_b = 180 \sim 280\text{MPa}$;$\delta = 30\% \sim 50\%$;$\varphi = 70\% \sim 80\%$;$\alpha_k = 40\% \sim 50\%$;HBS=50~80。

2. 奥氏体

纯铁在 912～1394℃之间为面心立方晶格的 γ-Fe。碳溶于 γ-Fe 中形成的间隙固溶体称为奥氏体,常用符号 A 或 γ 表示。由于面心立方晶格的间隙比体心立方晶格的间隙大,所以碳在 γ-Fe 中的溶解度比在 α-Fe 中大。1148℃时,其溶解度为 2.11%。

奥氏体在 727℃以上高温范围内存在。当它形成单相组织时,它的显微组织为不规则的多边形晶粒,其晶界较平直,并具有较低的硬度(170～220HBS),良好的塑性($\delta=40\%\sim 50\%$)和低的变形抗力(如 $\sigma_b=394\text{MPa}$),易于锻压成型。

3. 渗碳体

渗碳体是铁和碳形成的金属化合物,其晶体结构比较复杂,分子式为 Fe_3C。含碳量为 6.69%;强度低,如 $\sigma_b=300\text{MPa}$;硬度高,约为 800HBW;极脆,塑性和韧性几乎为零;熔点为 1227℃。

铁碳合金在常温下的相有铁素体和渗碳体。由于碳在 α-Fe 中的溶解度很小,所以在常温下,碳主要以渗碳体的形式存在于铁碳合金中。渗碳体是碳素钢中的强化相。在钢中它的晶粒有多种形态,它的晶粒的形状、大小、数量和分布对钢的性能有很大的影响。

4. 珠光体

铁素体和渗碳体的机械混合物称为珠光体,通常用 P 表示。由于珠光体是由硬的渗碳体片和铁素体片相间组成的混合物,所以,珠光体强度、硬度高于铁素体,塑性、韧性低于铁素体。其力学性能介于铁素体和渗碳体之间。

5. 莱氏体

莱氏体由奥氏体和渗碳体组成,存在于 727～1148℃高温区间,称为高温莱氏体,用符号 Ld 表示。在 727℃以下莱氏体由珠光体和渗碳体组成,称为低温莱氏体(或变态莱氏体),用符号 Ld′ 表示。莱氏体组织可看成是在渗碳体的基体上分布着粒状的奥氏体(或珠光体),力学性能与渗碳体相近,硬度很高,塑性、韧性很差。

3.3.2 铁碳合金状态图分析

铁碳合金状态图又称为铁碳合金相图。它是表示平衡状态下不同成分的铁碳合金,在不同温度时所具有的状态或组织的图形。它是研究钢和铸铁的基础。

由于铁碳合金中的铁与碳可形成一系列稳定的化合物,如 Fe_3C、Fe_2C、FeC 等,因此整个 Fe-C 相图包括 Fe-Fe_3C、Fe_3C-Fe_2C、Fe_2C-FeC、FeC-C 等几个部分,如图 3.15 所示。由于碳的质量分数 $w_C>6.69\%$ 的铁碳合金脆性极大,加工困难,生产中无实用价值,并且在铁碳合金中 Fe_3C 可以作为一个独立组元,因此

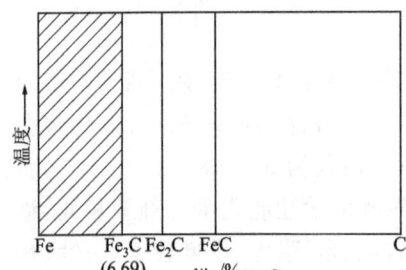

图 3.15 铁碳合金的各种化合物

通常仅研究相图中的 Fe-Fe₃C 部分，即图 3.15 中的影线部分。此部分就是通常所说的 Fe-Fe₃C 相图。

简化的 Fe-Fe₃C 状态图如图 3.16 所示。纵坐标为温度，横坐标为含碳量（碳的质量分数）。横坐标上左端原点 $w_C=0$，即纯铁；右端点 $w_C=6.69\%$，即 Fe₃C；横坐标上任何一点，均代表一种成分的铁碳合金。

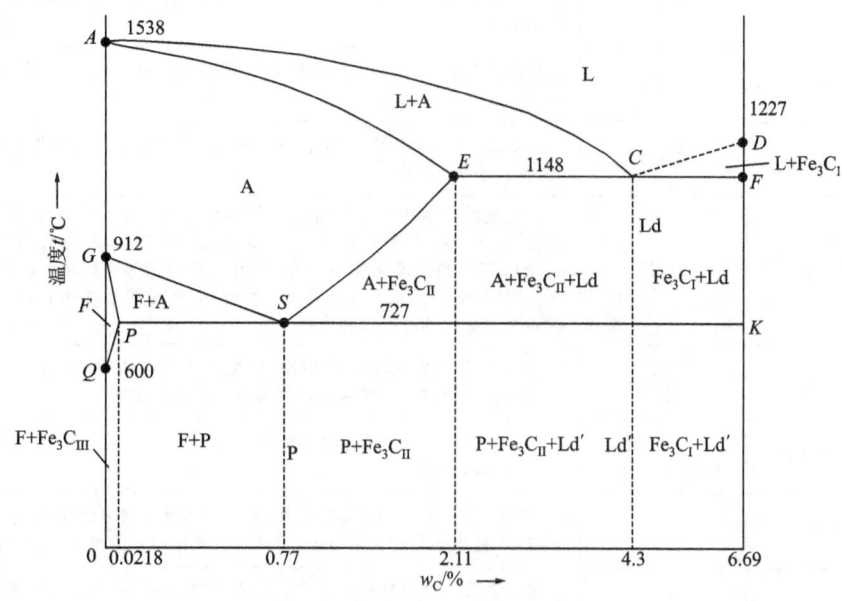

图 3.16 简化的 Fe-Fe₃C 状态图

1) Fe-Fe₃C 状态图的特性点

Fe-Fe₃C 状态图的特性点，如表 3.2 所示。

表 3.2 Fe-Fe₃C 状态图的特性点

特性点	温度 $t/℃$	$w_C/\%$	含 义
A	1538	0	纯铁的熔点
G	912	0	纯铁的同素异晶转变点，α-Fe $\xrightleftharpoons{912℃}$ γ-Fe
Q	600	0.0057	600℃时碳在 α-Fe 中的溶解度
D	1227	6.69	渗碳体熔点（计算值）
C	1148	4.3	共晶点，$L_C \xrightleftharpoons{1148℃} Ld(A_E+Fe_3C)$
E	1148	2.11	碳在 γ-Fe 中的最大溶解度
S	727	0.77	共析点，$A_S \xrightleftharpoons{727℃} P(F_P+Fe_3C)$
P	727	0.0218	碳在 α-Fe 中的最大溶解度

2) Fe-Fe₃C 状态图的特性线

Fe-Fe₃C 状态图的特性线,如表 3.3 所示。

表 3.3 Fe-Fe₃C 状态图的特性线

特性线	名称	含义
ACD 线	液相线	铁碳合金在此线以上处于液相(L),液态合金缓冷至 AC 线时,开始结晶出奥氏体(A);缓冷至 CD 线时,开始结晶出渗碳体(称一次渗碳体 Fe_3C_I)
AECF 线	固相线	铁碳合金缓冷至此温度线时全部结晶为固相;加热到此温度线,固相合金开始熔化
ECF 水平线	共晶线	$w_C>2.11\%$ 的铁碳合金,缓冷至该线(1148℃)时,均发生共晶转变,生成莱氏体(Ld)
ES 线	A_{cm} 线	碳在奥氏体中的溶解度曲线。在 1148℃时,$w_C=2.11\%$(E 点),随着温度降低,溶碳量减少,727℃时,$w_C=0.77\%$(S 点)。它也是 $w_C>0.77\%$ 的铁碳合金,由高温缓冷时,从奥氏体中析出渗碳体(二次渗碳体 Fe_3C_{II})的开始温度线。另外,它还是缓慢加热时,二次渗碳体溶入奥氏体的终了温度线
GS 线	A_3 线	$w_C<0.77\%$ 的铁碳合金,缓冷时,由奥氏体中析出铁素体的开始线,也是缓慢加热时,铁素体转变为奥氏体的终了线
PSK 水平线	共析线(又称 A_1 线)	$w_C>0.0218\%$ 的铁碳合金,缓冷至该线(727℃)时,均发生共析转变,生成珠光体(P)
GP 线		$0<w_C<0.0218\%$ 的铁碳合金,缓冷时由奥氏体析出铁素体的终了线,也是该成分的合金缓慢加热时,铁素体转变为奥氏体的开始线
PQ 线		碳在铁素体中的溶解度曲线。在 727℃时,$w_C=0.0218\%$(P 点),随着温度降低,溶碳量减少,至 600℃时,$w_C=0.0057\%$(Q 点)。因此,由 727℃缓冷时,铁素体中多余的碳将以渗碳体(三次渗碳体 Fe_3C_{III})形式析出

3) Fe-Fe₃C 状态图中的相区

Fe-Fe₃C 状态图中的相区,如表 3.4 所示。

表 3.4 Fe-Fe₃C 状态图中的相区

单相区		两相区	
相区	相组成	相区	相组成
ACD 线以上	液相(L)	ACE	L+A
AESG	奥氏体(A)	CDF	L+Fe_3C_I
GPQ	铁素体(F)	EFKS	A+Fe_3C
DFK	渗碳体(Fe_3C)	GSP	A+F
		PSK 线以下	F+Fe_3C

3.3.3 铁碳合金的分类

在铁碳合金相图中,根据含碳量、组织转变和性能特点,通常分为三类。

1. 工业纯铁

成分在 $w_C < 0.0218\%$ 的铁碳合金,其室温组织为铁素体或铁素体和三次渗碳体。

2. 钢

成分在 $w_C = 0.0218\% \sim 2.11\%$ 的铁碳合金,其特点是高温固态组织为具有良好塑性的奥氏体。根据含碳量及室温组织的不同,又可分为:

(1) 共析钢。$w_C = 0.77\%$ 的铁碳合金,室温组织为珠光体。

(2) 亚共析钢。$0.0218\% < w_C < 0.77\%$ 的铁碳合金,室温组织为铁素体和珠光体。

(3) 过共析钢。$0.77\% < w_C < 2.11\%$ 的铁碳合金,室温组织为珠光体和二次渗碳体。

3. 白口铁

成分在 $w_C = 2.11\% \sim 6.69\%$ 的铁碳合金,其特点是液态结晶时都有共晶转变,生成莱氏体,根据含碳量及室温组织的不同,又可分为:

(1) 共晶白口铁,即成分在 $w_C = 4.3\%$ 的铁碳合金,室温组织为变态莱氏体。

(2) 亚共晶白口铁,即成分在 $2.11\% < w_C < 4.3\%$ 的铁碳合金,室温组织为变态莱氏体、珠光体和二次渗碳体。

(3) 过共晶白口铁,即成分在 $4.3\% < w_C < 6.69\%$ 的铁碳合金,室温组织为变态莱氏体和一次渗碳体。

3.3.4 典型铁碳合金结晶过程分析

依据成分垂线与相线相交情况,分析几种典型 Fe-C 合金结晶过程中组织转变的规律。铁碳合金在 Fe-Fe$_3$C 相图中的位置如图 3.17 所示。

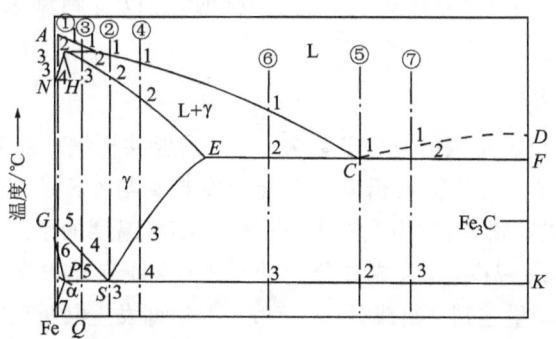

图 3.17 典型铁碳合金在 Fe-Fe$_3$C 相图中的位置

1. 共析钢

图 3.17 中合金②是碳的质量分数为 0.77% 的共析钢。当高温液态合金冷却

到液相线 AC 相交于 1 点温度时,从液相中开始结晶出奥氏体。随着温度的下降,奥氏体量不断地增加,其成分沿固相线 AE 变化,同时液相逐渐减少,其成分沿液相线 AC 变化。到 2 点温度时,全部液体都转变为奥氏体。从 2 点到 3 点温度范围内,合金的组织不变,直到冷却到 3 点(727℃)时,发生共析转变,即 $A_S \rightarrow (F_P + Fe_3C)$,形成珠光体。当温度继续下降时,铁素体的成分沿溶解度曲线 PQ 变化,析出三次渗碳体。三次渗碳体常与共析渗碳体连在一起,而且数量极少。共析钢冷却过程如图 3.18 所示,其室温组织为珠光体。

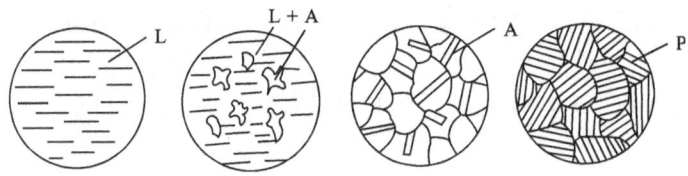

图 3.18 共析钢组织转变过程

图 3.19 共析钢的显微组织

珠光体的典型组织是由铁素体和渗碳体呈片状叠加而成,如图 3.19 所示。

由于珠光体中渗碳体的数量少于铁素体,因此片状珠光体中渗碳体的层片比铁素体的层片薄。在低倍金相显微镜下观察时,由于渗碳体的边缘无法分辨,结果只能看到白色基底的铁素体和成黑色线条的渗碳体。当显微镜的放大倍数足够高、分辨能力又强时,可以看到渗碳体是由黑色边缘围着的白色窄条。

2. 亚共析钢

图 3.17 中合金③是碳的质量分数为 0.4% 的亚共析钢。亚共析钢在 1 到 3 点温度区间的结晶过程与共析钢相似。在合金冷却到与 GS 线相交于 4 点温度时,奥氏体开始转变成铁素体,称为先共析铁素体。随着温度的下降,铁素体量不断地增加,奥氏体量不断减少,并且成分分别沿 GP、GS 线变化。当温度降到 PSK 温度,剩余奥氏体含碳量达到共析成分($w_C = 0.77\%$),即发生共析反应,转变成珠光体。当温度继续下降时,铁素体中析出的三次渗碳体很少,可以忽略不计。因此,亚共析钢冷却到室温的显微组织是铁素体和珠光体,其冷却过程组织转变如图 3.20 所示。

亚共析钢结晶过程与合金③相似,只是由于含碳量不同,组织中铁素体和珠光体的相对量也不同。随着含碳量的增加,珠光体量增多,而铁素体量减少。亚共析钢的显微组织如图 3.21 所示。

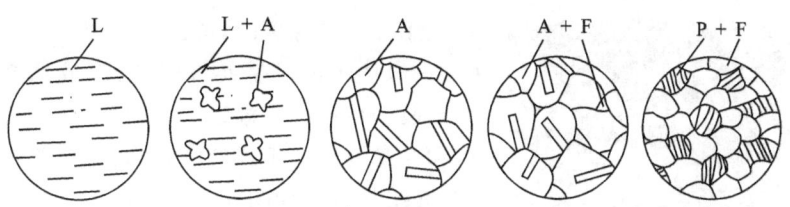

图 3.20 亚共析钢组织转变过程

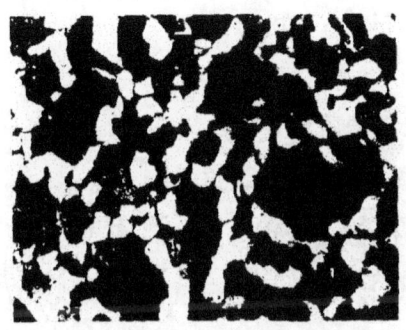

图 3.21 亚共析钢的显微组织

3. 过共析钢

图 3.17 中合金④是碳的质量分数为 0.77%~2.11% 的过共析钢。过共析钢在 1 到 3 点温度区间的结晶过程与共析钢相同。当合金冷却到与 ES 线相交于 3 点温度时,奥氏体中碳含量达到饱和,继续冷却,奥氏体成分沿 ES 线变化,析出二次渗碳体。温度降至 PSK 线时,奥氏体 w_C 达到 0.77%,即发生共析反应,转变成珠光体。再继续降低温度,合金组织基本不变。

过共析钢的组织转变过程如图 3.22 所示,其室温下的显微组织是珠光体和网状二次渗碳体。

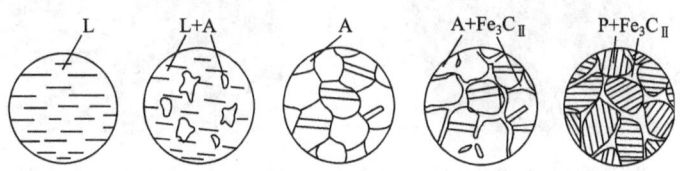

图 3.22 过共析钢组织转变过程

过共析钢的结晶过程均与合金④相似,只是随着含碳量的不同,最后组织中珠光体和渗碳体的相对量也不同。图 3.23 是过共析钢在室温时的显微组织。

4. 共晶白口铁

图 3.17 中合金⑤是碳的质量分数为 4.3% 的共晶白口铁。共晶白口铁冷却到 1 点(共晶点)将发生共晶转变,形成高温莱氏体(Ld)。随着温度的下降,碳的溶解度沿 ES 线降低,并不断从奥氏体中析出二次渗碳体。当温度下降到共析线 PSK

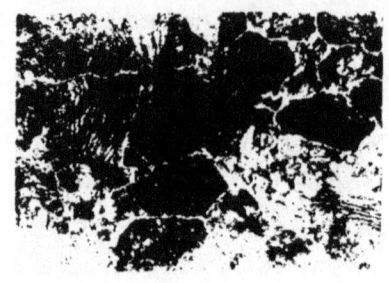

相交于2点的温度时,奥氏体中碳的质量分数为0.77%,奥氏体发生共析转变,形成珠光体。因此共晶白口铁的室温组织是由珠光体、二次渗碳体和共晶渗碳体组成的混合物,称之为低温莱氏体,其结晶过程如图3.24所示。

室温下共晶白口铁显微组织如图3.25所示。其中黑色部分为珠光体,白色基体为渗碳体。

图3.23 过共析钢的显微组织

5. 亚共晶白口铁

图3.17中合金⑥是碳的质量分数在2.11%～4.3%的亚共晶白口铁,其结晶

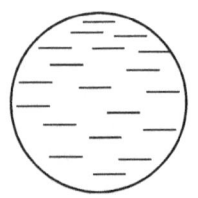 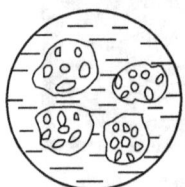 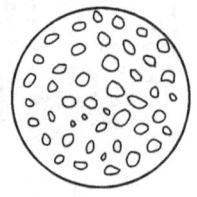 

图3.24 共晶白口铁组织转变过程

过程同合金⑤基本相同,区别是共晶转变之前有先析相A形成,所以室温组织为$P+Fe_3C_{II}+Ld'$,如图3.26所示。图中黑色点状、树枝状为珠光体,黑白相间的基体为变态莱氏体,二次渗碳体与共晶渗碳体混合在一起,不易分辨。

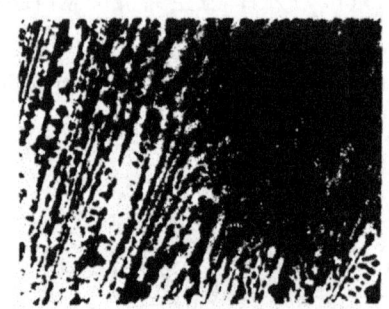 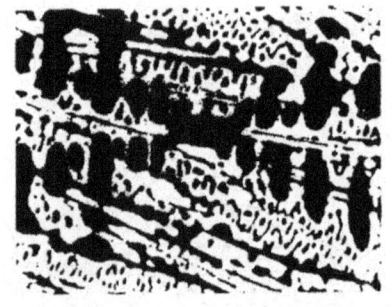

图3.25 共晶白口铁的显微组织   图3.26 亚共晶白口铁的显微组织

6. 过共晶白口铁

图3.17中合金⑦是质量分数在4.3%～6.69%的过共晶白口铁,其结晶过程也与合金⑤基本相同,只是在共晶转变之前先从液体析出一次渗碳体,其室温组织为Fe_3C_I+Ld',如图3.27所示。图中白色板条状为一次渗碳体,基体为变态莱氏体。

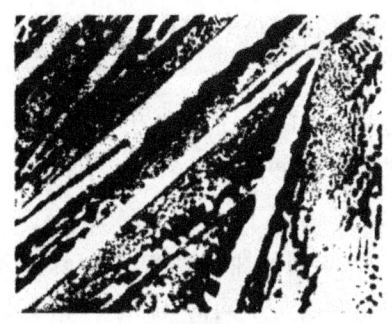

图 3.27　过共晶白口铁的显微组织

3.3.5　Fe-Fe₃C 相图的应用

Fe-Fe₃C 相图反映了铁碳合金成分、组织和温度三者的变化规律，即不同成分的合金在不同的温度具有不同的组织状态，因此，依据相图可以确定铸造的熔化温度、浇注温度，确定锻造加热温度及始锻、终锻温度范围，确定热处理的加热温度范围等。其应用如下：

1. 钢铁材料选用

钢铁材料根据 Fe-Fe₃C 状态图分为三大类，同时表明了铁碳合金的组织、性能随成分与温度的变化规律，为钢铁材料的选用提供了依据。汽车上的各种零件和其他机器零件需用强度、塑性和韧性较好的材料，应选用含碳适中的中碳钢；电磁铁的铁芯等零件，因需高磁导率、低矫顽力的软磁材料，则可选用工业纯铁等。

2. 铸造工艺

如图 3.28 所示，首先按 Fe-Fe₃C 状态图确定合金的合适浇注温度，其次可根据 Fe-Fe₃C 状态图确定出：纯铁或共晶白口铁的铸造性能最好。因为它们的凝固温度区间最小、流动性好、分散缩孔少，可以获得致密性好的铸件，所以共晶成分附近的合金应用较多。

3. 热锻、热轧工艺

钢处于奥氏体状态时，强度较低、塑性较好，这样便于产生塑性变形，所以钢在热锻、热轧时的温度选择在奥氏体均匀单相区内。但高温下易氧化和沿晶界局部熔化，故选用原则是：开始热锻、热轧的温度不得过高，一般在固相线以下 100~200℃ 范围内；而终锻、终轧温度不能过低，以免钢材因塑性差而导致裂纹。但也不能过高，否则再结晶后奥氏体晶粒粗大而降低

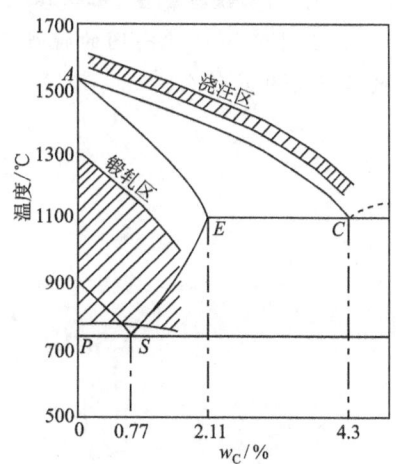

图 3.28　Fe-Fe₃C 状态图与铸、锻工艺间的关系

机械性能，所以终锻、终轧温度在750～850℃左右，如图3.28所示。

4. 热处理工艺

根据材料使用性能的要求不同，合理地选用不同的热处理加热温度，它是钢铁材料为什么能进行热处理的理论根据。

5. 焊接工艺

由Fe-Fe$_3$C状态图可知，不同的加热温度，可以获得不同的组织。焊接时，从焊缝到母材的各区域的加热温度是不同的，随后冷却时又将出现不同的组织。为了改善焊缝的质量，焊后应采用不同的热处理方法。

************ 思考题 ************

1. 晶体与非晶体有哪些区别？
2. 什么是晶格和晶胞？晶胞的特征参数有哪些？
3. 金属晶格的基本类型及其结构特征都有哪些？
4. 金属晶体内部缺陷的类型及其缺陷的结构特征是什么？
5. 什么是金属的结晶？简述金属的结晶过程。
6. 影响金属晶粒大小的因素有哪些？
7. 什么是合金的相、组元、组织？
8. 固溶体的分类及其结构特征都有哪些？
9. 晶粒大小对金属性能有什么影响？生产中有哪些细化晶粒的方法？
10. 什么是铁素体、奥氏体、珠光体和莱氏体？从含碳量、相组成、晶体结构等方面分析其特点。
11. 画出铁碳相图，填出各相区的组织，并分析铁碳合金的结晶过程。
12. Fe-Fe$_3$C状态图的特性点的含义分别是什么？Fe-Fe$_3$C状态图的特性线的含义分别是什么？

第 4 章
常用金属材料

钢铁材料是使用最广泛的金属材料。钢铁材料的生产,主要有炼铁、炼钢、钢材生产等。

铁是钢铁材料的基本组成元素。在自然界中,铁以各种化合物的形式存在,并同含其他元素的化合物混在一起组成铁矿石。炼铁本质上就是把铁从其他化合物中还原分离出来,得到一种高碳的、同时含有硅、锰、硫、磷等杂质的铁碳合金,称为生铁。由于生铁硬而脆,一般不直接用作工程材料,主要用于炼钢。含硅量较高的生铁可用于铸造。

由于生铁中含有较多的杂质和碳,使其性能无法满足加工和使用的要求,因此,必须降低生铁中碳及其他杂质的含量,采用的办法就是氧化。加入氧化剂,将杂质和碳氧化后,生成各种氧化物及CO,最终以炉渣和气体的形式排除,这就是炼钢。由于氧化,钢中必然残留大量的氧元素及FeO,使其力学性能下降,因此在炼钢的后期还须脱氧。常见的炼钢方法有转炉炼钢法、平炉炼钢法、电炉炼钢法等。电炉炼钢法主要用于冶炼高级优质钢和合金钢,在汽车工业中应用较多。

炼好的钢液大部分都浇注成钢锭,然后采用轧制、挤压、拉拔、锻造等压力加工方法,将钢锭加工成各种不同形状、规格和尺寸的钢材。钢材的种类繁多,一般按其外形分为型材、管材、板材和线材等几大类。

型材:型材是钢材中最重要的一类,也是数量最多的一类。根据其断面形状,常见型材有圆钢、方钢、扁钢、角钢、槽钢、工字钢等。

管材:管材的品种很多,一般主要以无缝钢管和有缝钢管进行区分。无缝钢管由于其断面上没有接缝,所以强度远高于有缝钢管。

板材:板材俗称钢板,一般包括薄钢板、中厚钢板、硅钢片等。

线材:直径为6~9mm的圆钢及直径在10mm以下的螺纹钢,一般称之为线材。由于常盘成圆形供给,所以通常又称为盘条。线材经过进一步拉伸可成为钢丝。

4.1 钢

钢按化学成分可分为碳素钢和合金钢两类。碳素钢是含碳量小于2.11%的铁碳合金。实际使用的碳素钢,其含碳量一般不超过1.4%,而且还有少量锰、硫、硅、磷等杂质元素。合金钢是在碳素钢的基础上加入某些合金元素而得到的钢种。

4.1.1 碳素钢

碳素钢的价格低廉,具有较好的力学性能和工艺性能,是工业中应用最普通、用量最大的金属材料,可以满足一般工程机械、普通机械零件、工具的使用要求,因此在汽车工业生产中得到广泛应用。

1. 碳素钢的组织及性质

在碳素钢中除了碳以外,还有硅、锰、磷、硫等元素或杂质。其中对钢的性质影响最大的是碳,图4.1所示含碳量与钢的机械性质变化关系。如果含碳量增加,一般是抗拉强度、屈服强度、硬度增加,而伸长率及收缩率减少。

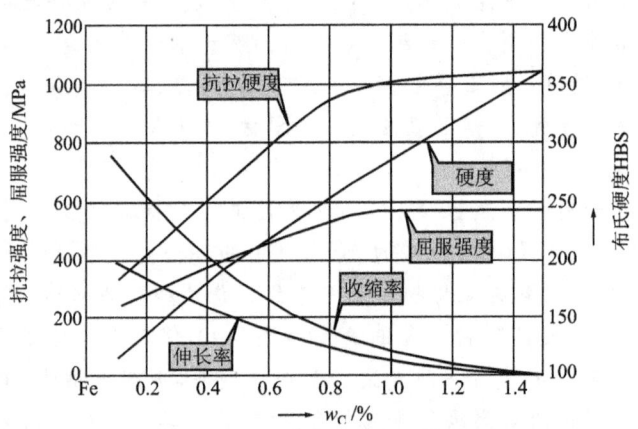

图4.1 含碳量与机械性质的关系

因碳素钢中含碳量对机械性质有重要影响,其用途也不同。据此分类如表4.1所示。

表4.1 碳素钢的分类

种 类	含碳量/%	抗拉强度/MPa	伸长率/%	用 途
特殊极软钢	0.02~0.08	280~320	>30	电话线、薄板
极软钢	0.08~0.15	280~320	>30	压延钢板(钢板、型钢、带钢)
软钢	0.15~0.30	320~400	>28	机械结构用碳素钢、钢管、线材、铆钉材
半硬钢	0.30~0.45	500~550	>22	机械结构用碳素钢(钢棒)
硬钢	0.45~0.60	550~650	>18	
极硬钢	0.60~0.90	650以上	>9	机械结构用碳素钢及工具钢

从熔液变为固体的钢,有下述的组织互相混合,产生图4.2所示的组织。

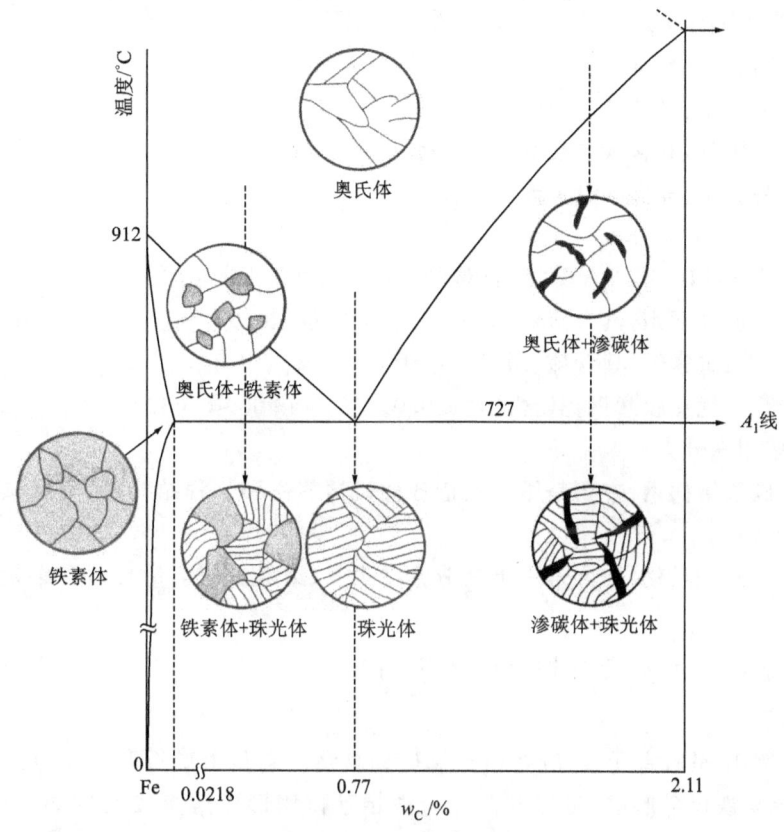

图4.2 铁-碳合金状态图

① 铁素体。含碳量非常少的纯铁形成的组织,是质软的强磁性体。

② 珠光体。含碳量0.77%的钢从900℃缓慢冷却得到的组织,性质软。

③ 奥氏体。含碳量最大2.11%的钢在900℃高温得到的组织,非磁性体。

④ 渗碳体。含碳量在2.11%以上的钢,即纯铁与碳化合物的碳化铁组织,质硬而脆。

碳素钢随着加热及冷却的方法及含碳量的不同,可以得到多种组织。得到奥氏体组织后再冷却,可得到以下组织。

⑤ 索氏体。使奥氏体在空气中冷却得到的组织。铁素体组织与渗碳体组织成为球状,具有坚韧性。可用高温回火处理得到。

⑥ 马氏体。奥氏体用水急速冷却得到的组织,非常坚硬但性质脆。可用水淬火处理得到。

⑦ 托氏体。奥氏体用油急速冷却得到的组织,由于冷却速度不如水快,与索氏体相似,但硬度、韧性比索氏体好。可用油淬火处理得到。

⑧ 回火马氏体。它是回火时再加热的温度低,在内部残留畸变的马氏体。

2. 常用碳素钢的分类

碳素钢分类方法很多,主要的分类方法如下。

1) 按钢的含碳量分类

(1) 低碳钢:其含碳量小于 0.25%。

(2) 中碳钢:其含碳量在 0.25%~0.6%。

(3) 高碳钢:其含碳量大于 0.60%。

2) 按钢的质量分类

主要根据钢中硫(S)、磷(P)含量的多少来分类,可分为:

(1) 普通碳素钢:其含硫量≤0.055%,含磷量≤0.045%。

(2) 优质碳素钢:其含硫、磷量均小于 0.035%。

(3) 高级优质碳素钢:其含硫量≤0.020%,含磷量≤0.030%。

3) 按用途分类

(1) 碳素结构钢:主要是用于制造各种机器零件和工程结构件,其含碳量一般都小于 0.7%。

(2) 碳素工具钢:主要是用于制造各种工具(刃具、模具、量具),含碳量一般大于 0.7%。

3. 常存杂质元素对钢性能的影响

1) 硫

硫在钢中是有害元素,应严格控制硫的含量。它是由矿石和燃料带入钢中的杂质。硫与铁化合形成 FeS,而 FeS 与铁相互作用形成熔点较低(985℃)的共晶体,并分布在边界上。当钢在 1000~1200℃进行热压加工时,由于共晶体已经熔化,强度很低,导致加工时开裂,这种现象称为"热脆性"。

硫对钢的焊接性也不利,容易发生焊缝热裂。在焊接过程中,硫易于氧化合成二氧化硫气体,使焊缝产生气孔。

2) 磷

磷也是由矿石带入的元素。极少量的磷就能显著降低钢的塑性与韧性,在低温时更为严重,这种在低温时使钢严重变脆现象称为"冷脆性"。磷也降低钢的焊接性,当磷含量较高时易产生裂纹,因此磷也属于有害元素。硫、磷在某些情况下对钢有好的影响,如易切削钢,就是含硫、磷较高的钢。由于硫、磷含量较高,钢的塑性、韧性差,切削加工时切屑易碎断,不易磨损刀具,适宜高速切削。

3) 硅

硅是一种有益元素,其含量一般不超过 0.5%。硅是炼钢时作为脱氧剂加入钢中的,它与钢液中的氧及氧化铁结合形成硅酸盐的钢渣,消除氧对钢的不良影响。脱氧后剩余的硅,能提高钢的强度和硬度。

4) 锰

锰在钢中也属于有益元素,其含量一般为 0.25%~0.80%,最高可达 1.2%。

锰是炼钢时作为脱氧剂和除硫剂加入钢中的,能除去有害的氧化铁,能与钢中的硫化合,消除硫的有害作用,改善钢的质量。脱氧后剩余的锰可提高钢的强度和硬度,但降低钢的塑性。

4. 钢的热处理

热处理是提高材料使用性能和改善工艺性能的基本途径之一。常用的钢的热处理有退火、正火、淬火、回火及表面热处理等。

1) 钢的热处理原理

如图 4.3 所示的温度-时间坐标图,钢的热处理工艺一般采用一定的速度将钢加热到一定温度、保温一段时间,再以适当的速度冷却到室温,这就构成了热处理工艺曲线。通过改变工艺规范,可以获得不同的组织,以满足不同零件的性能要求。

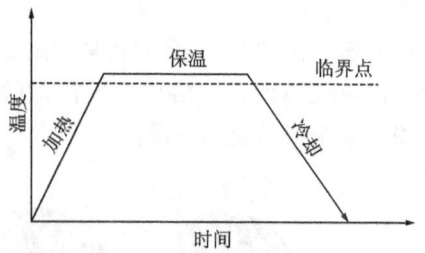

图 4.3 热处理工艺曲线

在 Fe-Fe$_3$C 相图中,A_1,A_2 和 A_{cm} 线是钢在缓慢加热和冷却时的相变温度,即平衡临界温度。在热处理中,加热和冷却速度不可能很慢,实际的临界温度和相图的平衡临界温度存在一定的滞后,即过热和过冷现象。如图 4.4 所示,通常把实际加热时的临界温度用 Ac_1、Ac_3 和 Ac_{cm} 表示,把冷却时的临界温度用 Ar_1、Ar_3 和 Ar_{cm} 表示。

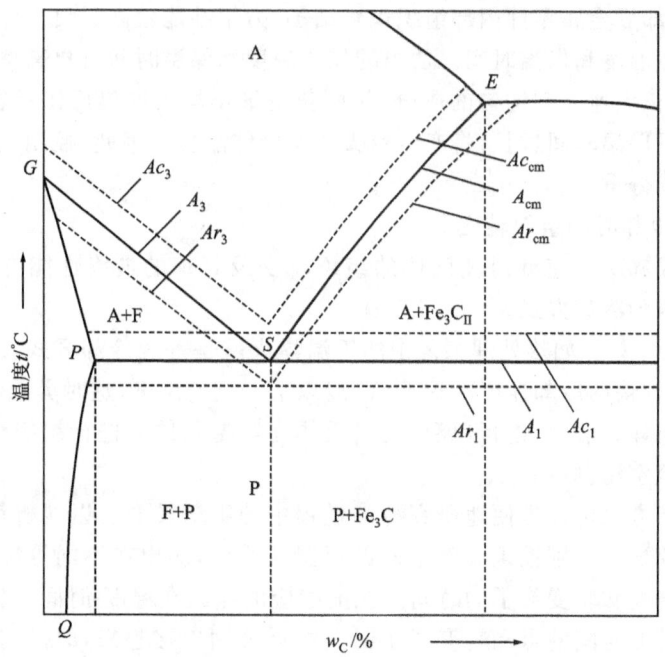

图 4.4 钢加热(冷却)时 Fe-Fe$_3$C 相图上各临界点的实际位置

2) 钢在加热时的组织转变

大多数热处理工艺都是把钢件加热到临界温度 Ac_1 线以上，使其内部组织转变成均匀的奥氏体，这种加热转变过程称为奥氏体化。加热后得到的奥氏体组织状态(均匀性和晶粒大小)对热处理的质量影响很大。

如图 4.5 所示，将共析钢加热到 Ac_1 线时，珠光体向奥氏体转变。奥氏体的形成过程可分为四个阶段：奥氏体晶核在铁素体和渗碳体界面上的形成，如图 4.5(a)；奥氏体晶核的长大，如图 4.5(b)；剩余渗碳体的溶解，如图 4.5(c)；奥氏体的均匀化，如图 4.5(d)。对于亚共析钢或过共析钢，当加热到 Ac_1 线时，钢中的珠光体向奥氏体转变，其余的铁素体或二次渗碳体基本不变。随着温度升高，铁素体或二次渗碳体变成或溶入奥氏体，直至加热温度超过 Ac_3 或 Ac_m 线，钢中的各种组织才会全部转变为奥氏体。

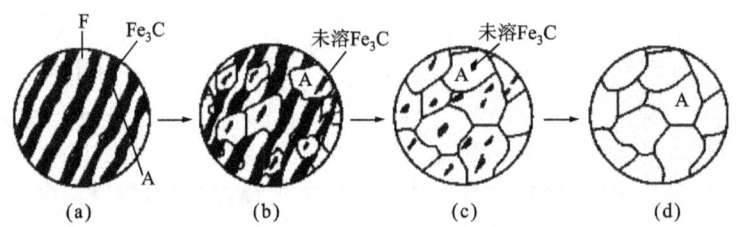

图 4.5 共析钢奥氏体形成过程示意图

奥氏体晶粒的大小对冷却钢的组织和性能有很大影响。加热获得细小、均匀的奥氏体，冷却后金属零件内部组织也较细小，力学性能较高。奥氏体晶粒大小主要取决于加热温度和保温时间。适当的加热温度和保温时间可提高奥氏体的形核率、减缓晶核长大速度和均匀的成分，从而获得细小均匀的奥氏体晶粒；加热温度过高或高温下保温时间过长，将产生粗大的奥氏体晶粒。因此，控制钢的加热温度和保温时间十分重要。

3) 钢在冷却时的组织转变

冷却方式和冷却速度对奥氏体的组织转变及其钢的最终性能有着决定性作用。一般有两种冷却方式。

(1) 等温冷却。如热处理工艺中的等温淬火就是等温冷却方式。将已奥氏体化的钢，先以较快的冷却速度冷却至 A_1 线以下一定的温度，这时奥氏体尚未转变，成为过冷奥氏体。然后，进行保温，使奥氏体在等温条件下进行组织转变，转变完成后再冷却至室温。

等温冷却方式可以方便地研究冷却过程中的组织转变。以共析钢为例，将一组共析钢薄片试样分别投入温度不同的恒温盐浴中，测出在不同等温温度下过冷奥氏体开始转变和转变终了的时间。先把相应的点画在温度-时间坐标图中，然后把表示开始转变时间的点和转变终了时间的点分别连接起来，即得到共析钢过冷奥氏体的等温转变曲线，如图 4.6 所示。由于其形状与字母"C"相似，故称为 C 曲线，又称为 TTT 曲线。它表示了一定成分的钢经奥氏体化后等温冷却转变的时间-温度-组织关系,是制订钢热处理工艺的重要依据。

在 C 曲线中,A_1 线以上是奥氏体稳定存在区;在 A_1 线以下,转变开始线以左的区域是奥氏体不稳定存在区,称为过冷奥氏体区,此区中的过冷奥氏体要经一段孕育期才开始发生组织转变;在转变终了线的右方是转变产物区;在两条曲线之间是转变过渡区,过冷奥氏体和转变产物同时存在;水平线 M_s 为马氏体转变开始线,M_f 线为马氏体转变终了温度线,在 M_s 线与 M_f 线之间为马氏体转变温度区。

孕育期的长短随过冷度而变化,孕育期越长,表明过冷奥氏体愈稳定,反之,则愈不稳定。对于共析钢,在 550℃ 左右等温时的孕育期最短,此处俗称鼻温。在 A_1 线至鼻温之间,随着等温温度的下降,过冷度增大,孕育期变短,转变速度加快。在鼻温至 M_s 线之间,随着等温温度的下降,原子扩散能力降低,孕育期变长,转变速度减慢。在鼻温处过冷奥氏体最不稳定。

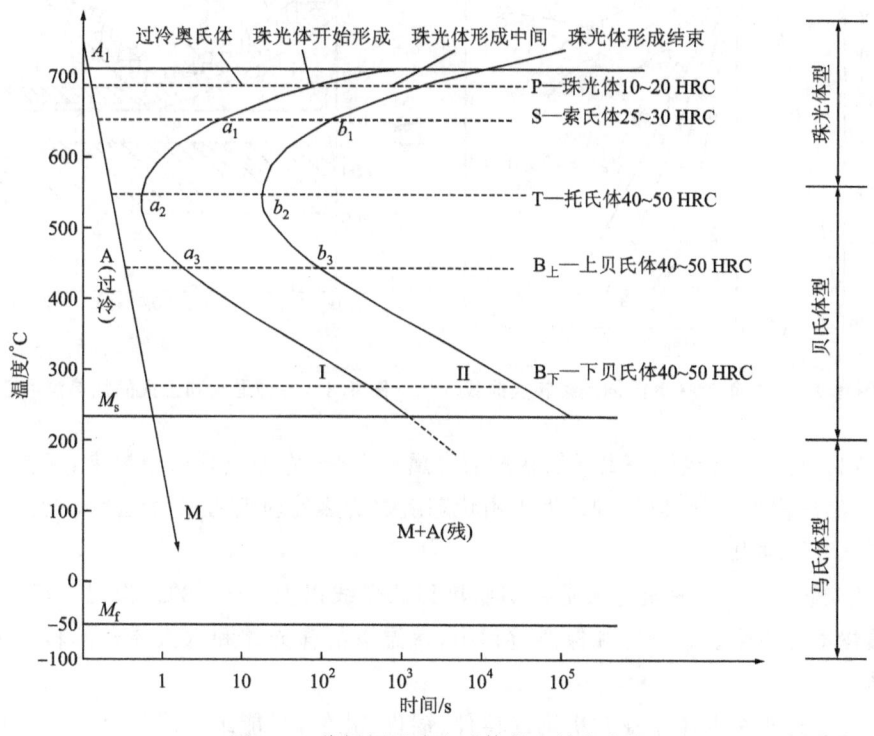

图 4.6　共析钢过冷奥氏体等温转变曲线

(2) 连续冷却。在热处理生产中,一般的水冷淬火、空冷正火和炉冷退火通常采用连续冷却的方式冷却。钢的连续冷却曲线(也称 CCT 曲线)表明了过冷奥氏体连续冷却的转变规律。

① 共析钢过冷奥氏体连续冷却转变分析。图 4.7 是共析钢过冷奥氏体连续冷却转变曲线图。图中 P_s 线为珠光体转变开始线,P_f 线为珠光体转变终了线,AB 线为珠光体转变中止线。由图可知,共析钢在连续冷却时,只有珠光体和马氏体转变,而没有贝氏体转变。

② 马氏体转变。当奥氏体的冷却速度大于钢的马氏体临界冷却速度,并过冷到 M_s 线对应温度以下时,即开始发生马氏体转变。由于马氏体转变温度极低,过冷度很大,而且形成速度较快,因此奥氏体向马氏体转变时难以进行铁、碳原子的扩散,只发生 γ-Fe 向 α-Fe 的晶格改组。固溶在奥氏体中的碳全部保留在 α-Fe 晶格中,形成碳在 α-Fe 中的过饱和固溶体,即称为马氏体。

4) 钢的退火与正火

退火和正火是应用非常广泛的热处理工艺,主要用于铸件、锻件和焊件的预备热处理,目的在于消除冶金及热加工过程中产生的某些缺陷,改善组织及加工性能。各种退火和正火的加热温度范围如图 4.8 所示。

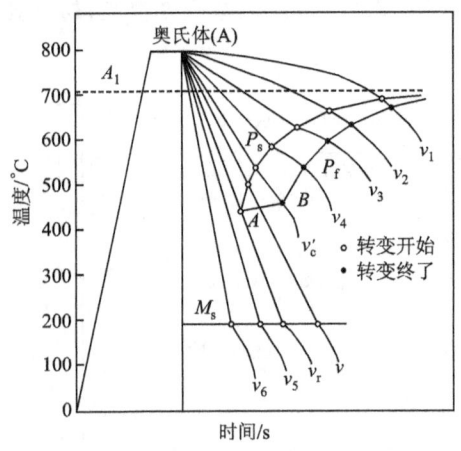

图 4.7 共析钢过冷奥氏体连续转变曲线

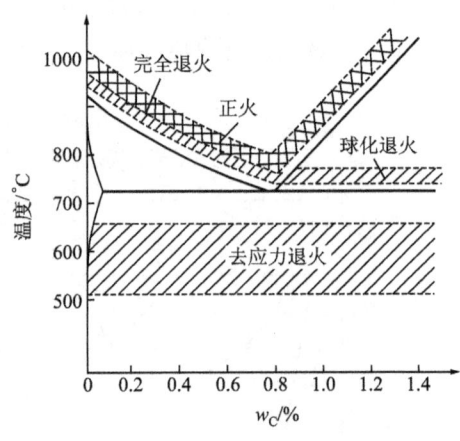

图 4.8 各种退火和正火的加热温度范围

(1) 退火。将组织偏离平衡状态的金属或合金,先加热到适当温度,保持一定时间,然后缓慢冷却,以达到接近平衡状态组织的热处理工艺称为退火。钢件常用的退火有下面几种:

① 完全退火。完全退火是将钢加热到 Ac_3 线以上 30~50℃,保温一段时间,再缓慢冷却下来。在加热和保温过程中,室温下的珠光体和铁素体全部转变为奥氏体。

完全退火主要用于亚共析钢的铸件、锻件、轧件,它能细化晶粒、消除内应力、降低硬度和改善切削加工性。完全退火后的组织为珠光体和铁素体。

② 不完全退火。不完全退火是将钢加热到 Ac_1 线以上 20~30℃,经适当保温后缓慢冷却。在加热和保温过程中,室温下的珠光体全部转变成奥氏体,而过剩相(渗碳体或铁素体)大部分保持不变。

不完全退火主要用于过共析钢。经不完全退火后,钢中的二次渗碳体和珠光体中的片状渗碳体变为球状渗碳体,因此过共析钢的不完全退火又称为球化退火。

③ 去应力退火。由于加热温度较低,又称为低温退火。将钢加热到 Ac_1 线以下某一温度,保温后缓慢冷却。去应力退火过程中不发生奥氏体相变,常用于消除

铸件、锻件和焊件的内应力,以防止变形和开裂。

(2) 正火。将钢加热到 Ac_3 或 Ac_{cm} 线以上 30～50℃,适当保温后在空气中冷却至室温,得到珠光体类型的组织,这种热处理工艺称为正火。与退火相比,正火处理的冷却速度较快,所得到的珠光体组织更细小,钢的强度和硬度均有所提高。

低碳钢多用正火代替完全退火。对于不重要的零件,正火可以作为最终热处理。过共析钢经正火处理可减少二次渗碳体量,消除网状渗碳体,便于进行球化退火。铸件正火可改善铸件性能,使粗大晶粒组织细化,且组织均匀。

5) 钢的淬火与回火

(1) 淬火。将钢加热到 Ac_3 或 Ac_1 线以上 30～50℃,保温一段时间,再快速冷却,以获得马氏体、贝氏体等非平衡组织的热处理工艺称为淬火。淬火是强化钢材的一种重要方法。

① 淬火加热温度。钢的成分不同,其淬火加热温度也不同。亚共析钢的淬火加热温度为 Ac_3+30～50℃;共析钢及过共析钢淬火加热温度为 Ac_1+30～50℃。

② 淬火保温时间。淬火保温时间是根据工件有效厚度及成分确定的,生产中常用有关经验公式估算。

③ 淬火介质。理想的淬火介质对在不同温度的工件有不同的冷却速度。实际应用的水、盐水或碱水、油等任一种淬火介质都满足不了理想淬火速度的要求。

钢淬火的目的主要是为了提高钢的强度、硬度和耐磨性。钢淬火后再与适当的回火相配合,可提高钢的力学性能。

常用的淬火方法如图 4.9 所示。

① 单液淬火。单液淬火法是指将淬火加热的工件放入一种淬火介质中连续冷却到室温的方法。例如,碳素钢在水中淬火,合金钢在油中淬火等均属于单液淬火。这种淬火方法操作简便,易于实现机械化、自动化,但淬火产生的应力较大。

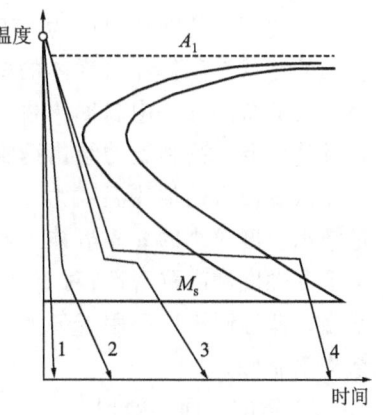

1-单液淬火法; 2-双液淬火法;
3-分级淬火法; 4-等温淬火法

图 4.9 常用的淬火方法

② 双液淬火。将钢件奥氏体化后,先浸入一种冷却能力较强的介质中,在钢件到达 M_s 温度前取出,马上浸入另一种冷却能力较弱的介质中继续冷却的淬火工艺方法。

常用的方法是水淬油冷,其优点是利用了两种介质的特点,获得了较理想的冷却条件。缺点是操作复杂,需要有实践经验,主要用于形状复杂的高碳钢工件及大型合金工件。生产中使用的方法还有水淬空冷、油淬空冷,其作用均是在鼻尖区内较快冷却,而在马氏体点附近冷却要缓慢,以减少淬火应力引起的变形和开裂。

③ 马氏体分级淬火。钢材奥氏体化后,随之浸入温度稍高或稍低于钢的上马

氏体点的液态介质(例如:盐浴)中,保持适当时间,待钢件的内、外层达到介质温度后取出空冷,以获得马氏体组织的淬火工艺。由于分级淬火法转变时钢件内、外温差小,产生内应力小,组织应力小,所以可有效地避免钢件变形或开裂。但由于钢件在液态介质中冷却能力差,所以只适合用于尺寸比较小的工件。

④ 贝氏体等温淬火。钢材或钢件加热达到奥氏体化后,随之快冷到贝氏体转变区间(260～350℃)等温保持,使过冷奥氏体转变成下贝氏体的淬火工艺方法。经这种方法处理的零件强度高,塑性、韧性好,同时淬火应力小,变形小。

(2) 回火。回火的目的在于降低淬火钢的脆性,减小或消除淬火后的内应力,防止变形和开裂,以满足零件的使用要求。

根据加热温度的不同,回火可分为高温回火、中温回火和低温回火。

高温回火的加热温度为500～650℃。高温回火后,钢的组织为索氏体,它是较细的颗粒状渗碳体和铁素体的机械混合物。中碳钢经高温回火后内应力消除较完全,既有一定的强度和硬度,又有良好的塑性和韧性。生产中把淬火和高温回火相结合的热处理工艺称为调质。调质广泛应用于各种重要的机械零件,尤其是在交变载荷下工作的零件,如轴、齿轮、连杆和螺栓等。

中温回火的加热温度为250～500℃。中温回火后,钢的组织为贝氏体,它是极细的球状渗碳体和铁素体的机械混合物,内应力基本消除,弹性极限显著提高,但硬度有所降低。中温回火主要用于碳的质量分数在0.45%～0.90%的各类弹簧及某些要求高强度的结构钢制件。

低温回火的加热温度为150～250℃。低温回火后,钢的组织为马氏体,它是过饱和程度较小的α固溶体。对于高碳钢,减少了淬火应力,降低了钢的脆性,保持了高硬度和高耐磨性;对于低碳钢,获得了较高的塑性、韧性与较高强度的良好配合。低温回火广泛用于各类工具、模具、轴承、渗碳件、表面淬火件以及低碳合金结构钢制件。

6) 钢的表面热处理

传递发动机动力的轴或齿轮等零件,需要具有韧性以经受巨大的旋转力量,同时还需要在接触的部分或齿轮的部分耐磨损,因此要求表面具有高的硬度和耐磨性,而心部应具有足够的塑性和韧性。采用普通热处理难以实现这样的要求,因此采用表面热处理工艺。

常用的表面热处理工艺可分为两类:一类是只改变表面组织而不改变表面化学成分的表面淬火;另一类是同时改变表面化学成分和组织的表面化学热处理。

(1) 表面淬火。通过快速加热,在零件表面很快达到淬火温度而内部还没有达到临界冷却温度时迅速冷却,使零件表面获得马氏体组织而心部仍保持塑性、韧性较好的原始组织的局部淬火方法,叫做表面淬火。

表面淬火的加热方式有感应加热、火焰加热、电解液加热等多种方式,应用较多的是感应加热淬火和火焰淬火。

① 感应加热淬火。感应加热的基础是电磁感应和热传导。利用感应电流通

过工件的热效应,使工件表面迅速加热到 Ac_3 线以上 80～150℃,并快速喷水冷却,其工作原理如图 4.10 所示。

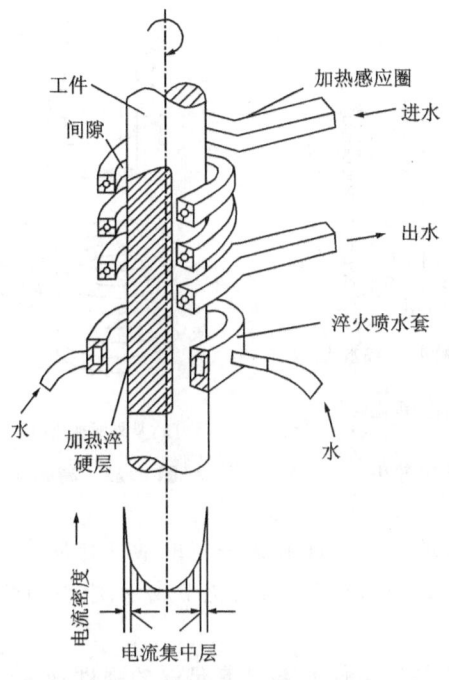

图 4.10　感应加热淬火示意图

根据频率的不同,感应加热装置分为高频(60～300kHz)、中频(110kHz)及工频(50Hz)三种,其淬硬深度随频率降低而增加。常用的高频感应加热淬火,淬硬深度为 0.5～2.5mm。淬火后获得马氏体,表面硬度比一般淬火硬度高 2～3HRC,疲劳强度提高 20%～30%。

感应加热淬火的加热速度快、生产率高、工件变形小、淬火质量高,适宜于大批量生产,对小批量和不规则外形的零件不适宜。由于深度易于控制,易于实现机械化、自动化生产。感应加热淬火一般用于中碳钢或中碳低合金钢,也可用于高碳工具钢或铸铁。

② 火焰淬火。利用氧-乙炔或其他可燃气体形成的高温火焰,喷射到工件表面上,使其迅速加热到淬火温度时立即喷水冷却,从而获得表面淬硬层的表面淬火方法。

火焰淬火淬硬深度一般为 1～6mm,适用于单件或小批量生产的大型零件和需要局部表面淬火的零件。但淬火质量不稳定,零件表面容易过热,生产效率低。

淬火的深度可以用火焰的强度、加热时间以及火焰的移动速度调节。时间越长,火焰的移动速度越慢,淬火层就越深。图 4.11 为火焰淬火的热处理的方法。

③ 高频淬火法。高频淬火是在线圈内流过高频电流,在其磁场内的钢铁制品表面产生涡流电而被加热,然后再急速冷却。

淬火层的深度可以用电功率、频率、线圈的匝距及加热时间等调节。图 4.12 为高频淬火热处理使用的线圈。

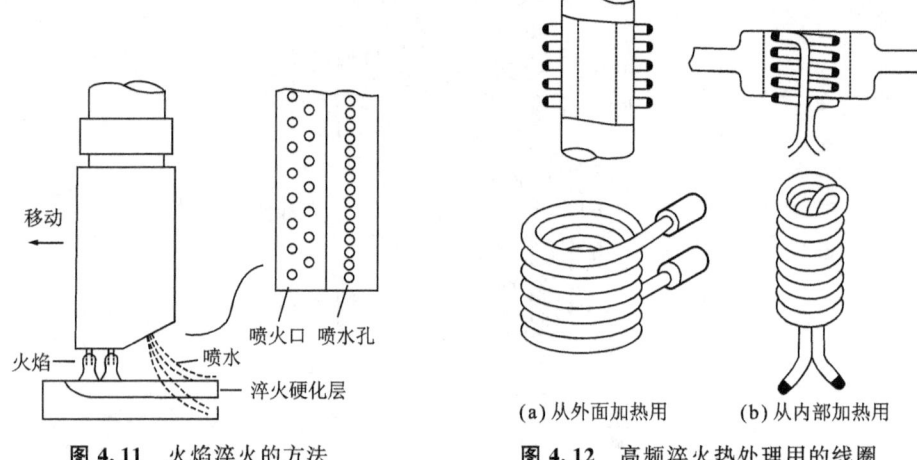

图 4.11　火焰淬火的方法　　　图 4.12　高频淬火热处理用的线圈

（2）表面化学热处理。将工件放在一定的活性介质中加热保温，使介质中的活性原子渗入工件表层，从而改变表层的化学成分、组织和性能的工艺方法称为化学热处理。

化学热处理的目的是使工件心部具有足够的强度和韧性，而表面具有高的硬度和耐磨性，从而提高工件的疲劳强度和表面耐蚀性、耐热性等。根据渗入元素的不同，钢的化学热处理分为渗碳、渗氮、碳氮共渗、渗硫、渗硼、渗金属（如铝、铬）等，以渗碳、渗氮和碳氮共渗最为常用。

① 渗碳。渗碳法是将含碳量少的钢，例如将低碳钢制造的零件放在渗碳剂中加热，碳就会渗入钢的表面，产生硬化层。根据渗碳介质的不同，可分为固体渗碳法、气体渗碳法和液体渗碳法三种。渗碳工艺适合于大量生产，以容易控制渗碳深度的气体渗碳法用得多。

渗碳时只留下要渗碳的部分，其他部分镀铜。放在渗碳剂中加热时，镀铜的地方不渗碳，而只有需要的地方才能渗碳硬化。

固体渗碳法：它是最简单的渗碳方法。将需要渗碳的钢制品与渗碳剂同时放在铁制容器中密闭，在炉中加热（900～950℃）数小时，发生以下的化学反应，碳就渗入钢的表面。

在渗碳剂的表面：
$$C+CO_2 \longrightarrow 2CO$$
在钢的表面：
$$Fe+2CO \longrightarrow FeC+CO_2$$

渗碳的深度由渗碳温度、时间、钢的种类、渗碳剂种类决定，一般温度高则渗碳深。表面层的含碳量一般多为 0.85％～1％，渗碳深度为 0.5～1.5mm。

气体渗碳法：此方法是向密闭的渗碳炉内送入渗碳气体，与钢制品同时加热。渗碳层的含碳量及渗碳深度可以用气体的成分和温度等调节。与固体渗碳法不同在于直接加热钢制品，可以缩短温度上升时间，渗碳后就可直接进行淬火等热处理。因此气体渗碳法适合于批量生产小零件。

液体渗碳法：此方法是加热熔融氰化钠等盐类，将钢制品浸于其中。氰化钠与空气中的氧反应产生一氧化碳和氮，一氧化碳起渗碳作用，氮具有氮化作用。这种渗碳法处理的温度比较低，时间也可以缩短，适合大量生产。但氰化钠有剧毒，必须注意使用。

渗碳多用于低碳钢和低碳合金钢制成的齿轮、活塞销、轴类零件等重要零件。经过渗碳，工件的表层碳的质量分数为 0.85%～1.05%。再经过淬火、低温回火后，表层组织为细针状的高碳马氏体与渗碳体，其硬度、耐磨性及疲劳强度显著提高；内部组织为低碳马氏体或索氏体，具有一定的强度和良好的韧性。

② 渗氮。氮化法是在钢制品的表面制出一层化合物而使表面硬化的方法。将含有少量铬、钼、铝的钢放在 500～520℃ 的氨气中加热 50～100h，可以得到非常硬的表面层。虽然硬化层较薄，在 0.5mm 以下，但处理后不必进行淬火等热处理，所以预先热处理完的钢制品可以在加工后渗氮。氮化法产生的硬度层比渗碳法的硬，而且耐蚀、耐磨性能优良。常用的渗氮方法有气体氮化法和离子氮化法。

气体渗氮法应用较广泛，它是利用氨在 500～600℃ 加热分解，分解出的活性氮原子被工件表面吸附，通过扩散在其内部形成氮化层。适合于渗氮的钢很多，如结构钢、工具钢、不锈钢等。当要求工件表面硬度高、抗磨损、抗疲劳、耐腐蚀，心部有良好的综合力学性能时，常选用含 Cr、Mo、Al、Ti、V 等元素的合金结构钢。渗氮前，工件要进行调质，其高温回火温度应比渗氮温度高。

③ 碳氮共渗。碳氮共渗是将碳、氮原子同时渗入工件表层，形成碳氮共渗层的化学热处理。该方法兼有渗碳和渗氮两种方法的优点：表面硬度高，渗层较深，硬度变化平缓，具有良好的耐磨性和较小的表面脆性。零件共渗后，一般不需要进行其他热处理和机械加工，可直接使用。碳氮共渗的工艺以中温气体碳氮共渗和低温气体碳氮共渗应用最多。液体碳氮共渗使用有毒液体介质，污染环境，已被限制使用。

中温气体碳氮共渗用煤油和氨气作为共渗剂，加热温度在 820～860℃，渗层厚度一般为 0.5～0.8mm，可直接进行淬火和低温回火。常用于各种结构钢制造的机械零件，如齿轮、凸轮以及要求变形小的耐磨零件等。

低温气体碳氮共渗是在 500～600℃ 下进行 1～6h 共渗，氮和碳原子同时渗入工件表面，以渗氮为主，形成约 0.1～0.4mm 的碳氮共渗层，硬度 54～60HRC。普遍用于模具、量具以及要求耐磨的零件。

7) 钢的热处理常见缺陷及预防措施

工件在热处理的过程中，由于工艺措施不当或其他各种因素，将会产生某些缺陷，这些缺陷的存在直接影响着工件的性能。

(1) 过热与过烧。过热是指由于加热温度过高或保温时间过长,导致晶粒显著粗化的现象。其结果是使淬火后得到粗针马氏体,因而脆性增加,疲劳强度降低。

对于过热不严重的工件,碳素结构钢及合金结构钢一般应经过一次正火或退火后再次加热重新淬火。对于高碳钢和合金工具钢,则应通过退火、正火多次处理,然后按正确的淬火工艺重新淬火。

过烧是指当钢的加热温度远远超过了正常的加热温度,致使晶界出现融化和氧化的现象。钢的过烧组织晶粒极为粗大,在晶界上有氧化物网络,力学性能急剧恶化,生产过程中应尽量避免。

(2) 氧化和脱碳。当加热介质是空气或熔盐时,钢表层的铁和碳与加热介质中的氧气、二氧化碳和水蒸气等将在高温下产生化学作用,形成铁和碳的氧化物,这种现象称为氧化。同时,工件表面层的碳由于被氧化从钢内逸出,因而降低了工件表层含碳量,这种现象称为脱碳。氧化会降低零件尺寸精度和表面光泽度,影响淬火质量。脱碳会使表面硬度、耐磨性降低,同时使疲劳强度大大降低。过分氧化、脱碳会造成零件报废。

为防止氧化和脱碳,可采用以下方法处理:
① 隔绝被加热的工件,使工件不与炉气接触。
② 为了控制炉气中氧化性气体的含量,使炉内为中性气氛,通入保护性气体(氨、氮、焦炉煤气等)。
③ 在工件表面敷防氧化涂料,如硼砂、石墨粉、玻璃粉、耐火黏土等。
④ 高级合金钢及精密零件在真空中采用无氧化加热。

(3) 变形和开裂。变形和开裂是热处理中常见的缺陷,其根本原因是热处理时工件内部产生的内应力。

工件在加热和冷却时,其表层与心部或各部温度变化是不一样的。由于工件各部分热胀冷缩程度不一样,引起内部一部分金属对另一部分金属的作用,因而产生了内应力,这种内应力称为热应力。加热和冷却的速度越大,热应力也越大。此外,在热处理过程中,由于工件内各部分组织转变的不一致性或不同时性,导致体积的膨胀与收缩不一致,也会产生内应力,这种内应力称为组织应力。特别是奥氏体向马氏体转变时的体积膨胀,由于受到尚未转变部分的阻碍,组织应力更大。在热应力和组织应力的作用下,工件在热处理时会产生变形或开裂。

对于变形工件,可在未冷透前趁热进行矫正,或在正火后矫正,再进行淬火。若变形过大或产生开裂,工件将报废。为了预防变形或开裂,当淬火时,在马氏体转变区采取减缓冷却速度的方法;在设计时,工件截面积的差别不要过大,截面形状尽量对称以避免尖棱和直角,并且预留较大的磨削余量。

(4) 硬度不足及软点。硬度不足是指工件淬火后达不到硬度要求。当淬火温度过低,保温时间过短,淬火冷却速度不够或回火温度过高以及加热后表面脱碳都会造成零件硬度不足。软点是指工件淬火后,局部硬度偏低的现象。淬火局部地区氧化皮爆开、零件淬火冷却剂使用方式不对、局部脱碳以及淬火后在冷却剂内相对运动不够等,都会在零件表面出现软点。

为了预防硬度不足和软点问题的出现,必须制订合理的热处理操作规范和选择正确的淬火剂。对于一般碳素钢及合金结构钢,如果已经产生硬度不足现象,可经正火后再次加热重新淬火。对合金工具钢最好退火后重新淬火。

8) 热处理新技术

随着材料科学技术的发展,热处理工艺也在不断改进,形成许多新的热处理工艺,如真空热处理、可控气氛热处理、形变热处理等。

(1) 真空热处理。真空热处理是指在真空中进行的热处理。它包括真空淬火、真空退火、真空回火及真空化学处理等。真空热处理是在 $0.0133 \sim 1.33 Pa$ 真空度的真空炉中加热工件。真空热处理的工件表面不氧化、不脱碳、表面光洁、变形小,可显著提高工件耐磨性和疲劳强度。真空热处理工艺操作条件好,有利于实现机械化和自动化,而且污染小、节约能源,因而真空热处理目前发展很快。

(2) 可控气氛热处理。可控气氛热处理是指将炉气成分控制在预定范围内,在热处理加热炉中进行的热处理。零件和炉中气氛通过反应,其表面可以获得或失去某种要求的金属或非金属元素。

可控气氛热处理是现代热处理领域中的先进技术之一。它能保证零件的耐磨性和疲劳强度,并且减少零件热处理后的加工余量及表面的清理工作,缩短生产周期,节能、省时、提高经济效益。

(3) 形变热处理。形变热处理是将塑性变形同热处理有机地结合在一起,获得形变强化和相变强化综合效果的强化方法。这种工艺方法不仅可以提高钢的强韧性,还可以大大简化金属材料或工件的生产流程。

形变热处理的方法有很多,如高温形变热处理、低温形变热处理等。高温形变热处理是在奥氏体稳定区进行塑性变形,然后立即淬火的热处理工艺。在保证强度高于普通热处理工艺的情况下,能大大提高韧性、减少回火脆性、降低缺口敏感性,因此,广泛用于调质钢及加工量不大的锻件或轧材,如曲轴、连杆、弹簧等。低温形变热处理是将钢加热到奥氏体状态后,快速冷却到 Ar_1 线以下,进行 70%~80%的变形,随即淬火、回火的工艺。与普通热处理相比,这种热处理能在保持塑性不变的情况下,大幅度提高钢的强度和抗磨性,适用于某些珠光体与贝氏体之间有较长孕育期的合金钢,如高速钢刀具、合金弹簧钢等。

4.1.2 合金钢

合金钢是指为改善钢的性能,在冶炼时有目的地加入一些合金元素的钢。加入的元素称为合金元素。常用的合金元素有:硅(Si)、锰(Mn)、铬(Cr)、镍(Ni)、钨(W)、钼(Mo)、钒(V)、硼(B)、铝(Al)、钛(Ti)和稀土(Re)等。随着现代汽车工业发展和汽车性能的不断提高,合金钢在汽车制造中的用量比率正在逐年增长。

1. 合金钢的性质

随着添加的元素种类及数量的不同,合金钢具有不同的性质。图 4.13 表示在铁素体中添加各种元素对抗拉强度的影响。由图可知,硅、钛、锰、钼、镍、铝等可有效地提高抗拉强度。

图 4.14 表示添加元素对淬火特性的影响,锰、钼、铬等显示出非常高的淬火性,而镍等比较低。

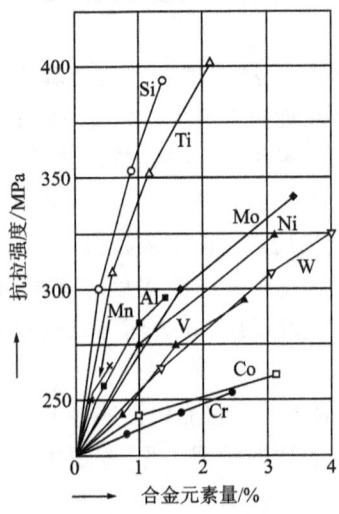 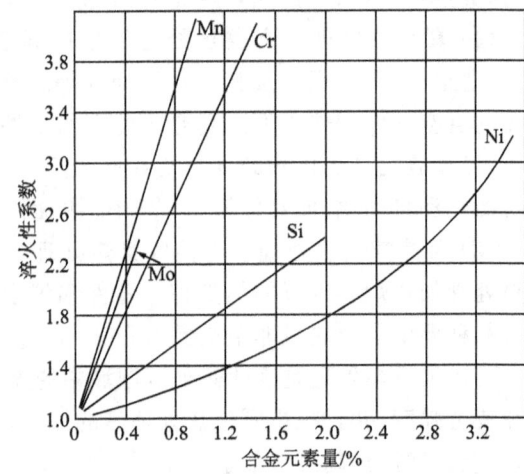

图 4.13 铁素体的合金元素与抗拉强度的关系　　图 4.14 各种元素与淬火性的关系

综合以上添加元素的影响如下。元素名称用元素的符号表示。

① 使淬火性提高的元素:Mn、Mo、Cr、Si、Ni、Ti、V 等。
② 使耐热性提高的元素:Mo、Cr、Si、Ni、Ti、Co、W 等。
③ 使耐磨性提高的元素:V、Mo、W、Cr 等。
④ 使抗拉强度提高的元素:Mo、Si、Ni、Ti、Mn、Al 等。
⑤ 使耐腐蚀性提高的元素:Mo、Cr、Ni 等。

添加到碳素钢里的元素有时要单独加入,有时加入两种以上的元素。特别是以适当的比例添加几种元素时各元素相辅相成的效果,可以使钢具有更加优良的性质。

与碳素钢相比,合金钢的主要优点是:具有良好的淬透性。它与碳素钢在相同的淬火条件下,可获得更深的淬硬层,并使大截面的零件获得均匀一致的组织。在获得同样淬硬层的情况下,又可采用冷却能力较低的淬火介质,以减少零件的变形与开裂,并具有良好的力学性能。它与同等含碳量的碳素钢在相同的热处理条件下相比,具有较高的强度和硬度。在同等强度和硬度条件下,它又具有更好的塑性和韧性,并且具有耐磨、耐腐蚀、耐高温等特殊的物理、化学性能等。但合金钢冶炼较困难,生产成本高、价格昂贵,且焊接、热处理等工艺较为复杂。

2. 合金钢的分类与编号

1) 合金钢的分类

合金钢的种类繁多,常用的分类方法有以下几种。

(1) 按用途分类:

① 合金结构钢:用来制造各种零件和构件的合金钢称为合金结构钢。合金结构钢又可分为低合金结构钢、合金渗碳钢、合金调质钢、合金弹簧钢、滚动轴承钢等。

② 合金工具钢:用于制造各种工具的合金钢称为合金工具钢。根据工具的用途不同,又可分为刃具钢、模具钢和量具钢等。

③ 特殊性能合金钢:有某些特殊的物理、化学性能的合金钢称为特殊性能合金钢,包括不锈钢、耐热钢、耐磨钢等。

(2) 按合金元素含量分类:

① 低合金钢:合金元素总量小于5%的合金钢。

② 中合金钢:合金元素总量为5%~10%的合金钢。

③ 高合金钢:合金元素总量大于10%的合金钢。

2) 合金钢的编号方法

(1) 低合金结构钢。其牌号由代表屈服点的汉语拼音字母(Q)、屈服点数值、质量等级符号(A、B、C、D、E)三个部分按顺序排列组成。例如Q390A,表示屈服点$\sigma_s=390$MPa,质量等级A的低合金结构钢。

(2) 合金结构钢。其牌号由"两位数字+元素符号+数字"三部分组成。前面两位数字代表钢中平均含碳量的质量分数的万倍,元素符号表示钢中所含的合金元素,元素符号后面的数字表示该元素平均质量分数的百倍。合金元素的平均质量分数为1.5%时,一般只标明元素而不标明数值;当平均质量分数为1.5%~2.5%、2.5%~3.5%……时,则在合金元素后面相应地以2、3、4……表示。如果是高级优质钢,则在牌号的末尾加"A"表示。例如:38CrMoAlA,表示平均含钼量、含铬量、含铝量均小于1.5%。

合金弹簧钢的牌号表示方法与合金结构钢的相同。

(3) 滚动轴承钢。在牌号前面加"G"("滚"字的首位字母),后面数字表示平均铬的质量分数的千倍,其碳的含量不标出。铬轴承钢中若含有除铬外的其他合金元素时,这些元素的表示方法同一般的合金结构钢。滚动轴承钢都是高级优质钢,但牌号后不加"A"。例如:GCr15钢,就是平均铬的质量分数为1.5%的滚动轴承钢。

(4) 合金工具钢。这类钢的编号方法与合金结构钢基本相同,区别仅在于:当碳的质量分数小于1%时,用一位数字表示碳的质量分数的千倍;当碳的质量分数大于等于1.0%时,则不予标出。

(5) 不锈钢与耐热钢。这类钢牌号前面数字表示碳的质量分数的千倍。当碳的质量分数小于等于0.03%及碳的质量分数小于等于0.08%时,则牌号前面加

"00"及"0"表示。例如：1Cr18Ni9，表示平均含碳量等于0.1%，含铬量等于18%，含镍量等于9%。

3. 合金钢的用途

1) 合金结构钢

合金结构钢按用途可分为工程用钢和机械制造用钢两大类。工程用钢主要用于制造各种工程结构，这类钢合金含量少，故又称低合金结构钢；机械制造用钢主要用于制造机械零件，通常在热处理后使用。按用途和热处理特点，又可分为渗碳钢、调质钢、弹簧钢、滚动轴承钢等。

（1）低合金结构钢。低合金结构钢虽然是一种低碳（大多数含碳量在0.16%~0.20%）、低合金（一般合金元素总量小于3%）的钢。但由于合金元素的强化作用，把这类钢的屈服点提高到295~460MPa，比碳素钢高25%~50%以上，特别是屈强比（σ_s/σ_b）明显提高，因此又称为低合金高强度钢。用它制造各种结构件，可以减轻重量，提高构件的可靠性和延长使用寿命。因此，低合金结构钢广泛用于制造桥梁、船舶、车辆和高压容器等。

低合金结构钢可按屈服点分为295、345、390、420、460MPa五个强度等级，其中295~390MPa级的应用最广。

低合金结构钢一般经热轧空冷后，不需要热处理就可直接使用。为便于冷弯、冷卷和焊接加工，其含碳量一般不高于0.2%，主要是保证它具有良好的塑性和韧性。钢中常加入锰、硅、钛、钒等合金元素以提高钢的强度和塑性。为提高钢的耐蚀性，钢中也加入一定量的铜合金元素。一些强度级别较高的钢中还加入铬、钼、硼等合金元素以提高钢的淬透性，目的是在空冷下能获得比碳素钢更好的力学性能。

16Mn钢是最常用的低合金结构钢，用它代替Q235A钢可提高强度20%~30%，减轻重量20%~30%。常用于制造汽车的前保险杠、纵横梁等结构件。

常用低合金结构钢牌号、力学性能和应用如表4.2所示。

表4.2 常用低合金结构钢牌号、力学性能和应用

牌号	旧牌号	钢材厚度或直径/mm	力学性能			应用举例
			σ_b/MPa	σ_s/MPa	δ_5/%	
				不大于		
Q295	09Mn2	≤16	440~590	295	22	汽车部件的冲压件、建筑金属构件
	09MnV	≤16	430~580	295	23	
Q345	16Mn	≤16	510~660	345	22	锅炉汽包、化工容器、大型厂房结构
	10MnSiCu	4~10	490~640	345	22	铁路车辆、石油井架、桥梁
Q390	15MnTi	≤25	530~680	390	20	汽车纵横梁、保险杠、压力容器
	15MnV	>4~16	530~680	390	18	压力容器、船舶、桥梁
Q420	14MnVTiRe	≤12	550~700	440	19	桥梁、大型船舶、高压容器

注：δ_5是指试样的标距为5倍直径时的伸长率，即用短试样求得的伸长率。

(2) 合金渗碳钢。合金渗碳钢是用于制造渗碳零件的钢。合金渗碳钢主要用于制造性能要求高或截面尺寸较大,表面要求硬而耐磨,且在承受较强烈的冲击作用工作的零件,心部具有足够高的韧性和塑性的高强度。例如,发动机的气门推杆和活塞销、汽车变速器齿轮、后桥驱动齿轮、万向节等。

合金渗碳钢的含碳量一般为 0.1%~0.25%,较低的含碳量能保证钢的心部具有良好的塑性和韧性。钢中常加入铬、镍、锰、硅、硼等合金元素以提高钢的强度和淬透性。加入钒、钛等合金元素用以细化晶粒、提高渗碳层的耐磨性。

合金渗碳钢种类很多,通常按淬透性分为高淬透性、中淬透性及低淬透性三类。

高淬透性合金渗碳钢,如 20Cr2Ni4、18Cr2Ni4WA 等,这类钢含有较多的铬、镍等元素。其淬透性高,渗碳层和心部的性能都非常优异,主要用来制造承受重载荷及强烈磨损的重、大型零件,如增压柴油机齿轮等。

中淬透性合金渗碳钢,如 20CrMnTi、20SiMnVB 等,这类钢含有合金元素较高,其渗透性和力学性能均较高,可用来制造承受中等载荷的受磨零件,如汽车花键轴、变速器齿轮、驱动桥齿轮等。

低淬透性合金渗碳钢,如 20Cr、20Mn2 等,这类钢由于淬透性不高,心部性能较差,只适于制造承受载荷不大的小型耐磨零件,如发动机的凸轮轴、气门挺杆、气门弹簧座等。

常用合金渗碳钢的牌号、力学性能和应用如表 4.3 所示。

表 4.3 常用合金渗碳钢的牌号、力学性能和应用

牌号	试样毛坯尺寸/mm	力学性能(不小于)					应用举例
		σ_b/MPa	σ_s/MPa	δ_5/%	φ/%	α_k/(J/cm^2)	
20Cr	15	835	540	10	40	60	齿轮、齿轮轴、活塞销、转向节主销
20Mn2B	15	980	785	10	15	70	齿轮、气阀挺杆,可代替 20CrMnTi
20MnVB	15	1080	885	10	45	70	齿轮轴,减速器主、从动齿轮,可代替 20CrMnTi
20CrMnTi	15	1080	835	10	45	70	变速齿轮、十字轴、半轴齿轮、行星齿轮、万向节、中间轴
12CrNi3	15	930	685	11	50	90	重载荷下工作的齿轮、齿轮轴、凸轮轴

(3) 合金调质钢。在汽车结构中某些重要零件,如发动机的连杆、汽车底盘的转向节、半轴等,它们都在多种载荷下工作,承受载荷情况较为复杂,因此,既要求零件具有良好的综合力学性能,又要求有较高的韧性。这类零件通常由合金调质钢制造。

合金调质钢的含碳量一般为 0.25%~0.50%,属于中碳钢。钢中常加入铬、锰、镍、硼等合金元素以增加钢的淬透性,提高钢的强度。其中,镍还可提高钢的韧性。加入钨、钼、钒、钛等合金元素可细化晶粒和提高钢的回火稳定性。

40Cr 钢是最常用的合金调质钢,其强度比 40 钢提高 20%,并具有良好的塑性。常用于制造转向节、气缸盖螺栓等。为节约铬元素,也可用 40MnB 或 40MnVB 代替。

合金调质钢的热处理是调质(淬火+高温回火),如果要求零件表面有较高的硬度和耐磨性,可以调质后再进行表面热处理。

常用合金调质钢的牌号、力学性能和应用如表 4.4 所示。

表 4.4 常用合金调质钢的牌号、力学性能和应用

牌号	热处理				力学性能					应用举例
	淬火		回火		σ_b /MPa	σ_s /MPa	δ_5 /%	φ /%	α_k /(J/cm²)	
	温度/℃	介质	温度/℃	介质	不小于					
40Cr	850	油	520	水、油	980	785	9	45	60	半轴、曲轴、转向节臂、连杆、水泵轴、进气阀、气缸盖、螺栓、曲轴齿轮
45Mn2	840	油	550	水、油	885	735	10	45	60	曲轴齿轮、连杆盖、半轴套管、气缸盖螺栓
35CrMn	850	油	550	水、油	835	—	12	45	80	连杆、曲轴、曲轴齿轮、前轴
40MnVB	850	油	520	水、油	980	785	10	45	60	半轴、转向节臂、转向节主销、变速齿轮、可代替 40Cr 钢
30CrMnTi	850	油	200	水、空气	1170	—	9	40	60	减速器主、从动齿轮、齿轮轴

(4) 合金弹簧钢。弹簧钢是指用于制造各种弹簧的钢种。弹簧的主要作用是吸收冲击能量,缓和机械的振动和冲击作用。例如汽车、拖拉机和机车上的板弹簧,除承受静重载荷外,还要承受因地面不平所引起的冲击载荷和振动。此外,弹簧还可储存能量使其他机件完成预先规定的动作,如气阀弹簧等。其主要的失效形式就是因弯曲或扭转疲劳载荷所导致的弹簧类零件疲劳断裂,以及由材料的弹性极限较低而引起的弹簧的过量变形以致失去弹性等。

合金弹簧钢的含碳量一般为 0.45%～0.70%,含碳量太高会降低钢的塑性和韧性。钢中常加入锰、硅合金元素以提高钢的淬透性和弹性极限。由于在加热时锰元素易产生过热,硅元素易出现脱碳,所以一些有重要用途的弹簧钢还加入少量的铬、钨、钒等合金元素,以防止过热和脱碳,并提高钢的韧性和高温强度。

目前常用 65Mn 钢制作截面直径为 8～15mm 的小型弹簧,如气阀弹簧、离合器压板弹簧等。常用 55Si2Mn、60Si2Mn 钢制作大截面的弹簧,如钢板弹簧等。

合金弹簧钢的牌号、化学成分、力学性能和应用如表 4.5 所示。

表 4.5 合金弹簧钢的牌号、化学成分、力学性能和应用

牌号	化学成分/%					淬火温度/℃	回火温度/℃	力学性能				应用举例
	w_C	w_{Si}	w_{Mn}	w_{Cr}	w_V			σ_s /MPa	σ_b /MPa	δ_{10} /%	φ /%	
								不小于				
65Mn	0.62～0.7	0.17～0.37	0.90～1.20	≤0.25		830 油	540	430	750	9	30	气阀弹簧、离合器弹簧、摇臂轴定位弹簧
55Si2Mn	0.52～0.60	1.50～2.00	0.60～0.90	≤0.35		870 油	480	1300	1200	6	30	载货汽车、越野汽车的钢板弹簧
60Si2Mn	0.56～0.64	1.50～2.00	0.60～0.90	≤0.35		870 油	480	1100	1200	5	25	汽车钢板弹簧、拖曳钩弹簧
50CrVA	0.46～0.54	0.17～0.37	0.50～0.80	0.80～1.10	0.10～0.20	850 油	500	1300	1150	δ_5 10	40	小轿车及轻型车钢板弹簧、气阀弹簧

注:$\delta_{10}(\delta)$ 是指试样的标距为 10 倍直径时的伸长率,即用长试样求得的伸长率。

(5) 滚动轴承钢。滚动轴承是高速转动机械中不可缺少的重要零件之一。工作时接触面上承受极高的交变载荷,交变次数达数万次每分钟,甚至更高,所以主要承受接触疲劳破坏。其表面受到极高的局部压应力,且不仅受滚动摩擦,还有滑动摩擦。因此滚动轴承常见的失效形式主要有因摩擦造成的过度磨损而丧失精度,或产生接触疲劳破坏而形成的麻点剥落。

滚动轴承钢主要用来制造各种滚动轴承元件,如轴承内外圈、滚动体(滚珠、滚柱、滚针)的专用钢,也可做形状复杂的工具、冲压模具、精密量具。根据工作条件和失效形式,滚动轴承钢应具有高的屈服强度和接触疲劳强度,高而均匀的硬度和耐磨性,足够的韧性和淬透性,以及在大气和润滑介质中还应有一定的抗蚀能力。

一般的轴承用钢是高碳钢,其碳的含量在 0.95%~1.15%,属于共析钢,目的是保证轴承具有高的强度、硬度和足够的碳化物,以提高耐磨性。铬的含量约在 0.4%~1.65%。铬的作用主要是提高淬透性,使组织均匀,并增加回火稳定性。用于大型轴承的轴承钢,还需加入硅、锰等元素,以便进一步提高钢的淬透性和强度。滚动轴承钢的纯度要求极高,对硫、磷的限制极严,因硫、磷会形成非金属夹杂物,降低疲劳强度,所以它是一种高级优质钢,但在牌号后面没有"A"字。

常用轴承钢的牌号、化学成分、热处理和应用如表 4.6 所示。

表 4.6 常用轴承钢的牌号、化学成分、热处理和应用

统一数字代码	牌号	化学成分/%						热处理			应用举例
		w_C	w_{Cr}	w_{Mn}	w_{Si}	w_S	w_P	淬火温度/℃	回火温度/℃	回火后硬度/HRC	
B00150	GCr15	0.95~1.05	1.4~1.65	0.25~0.45	0.15~0.35	≤0.025		825~845	150~170	62~66	壁厚 20mm 中、小型套圈, ϕ<50mm 滚珠
B01150	GCr15SiMn	0.95~1.05	1.3~1.65	0.9~1.2	0.4~0.65	≤0.025		820~840	150~170	≥62	壁厚>30mm 的大型套圈,ϕ50~ϕ100mm 滚珠

含铬的轴承钢中,最常用的是 GCr15 钢,它是一种高强度、高耐磨性且具有稳定的力学性能的轴承钢。从化学成分来看,也属于工具钢,所以也用来制造工作性能与轴承类似的耐磨零件,如柴油机上的喷油泵柱塞、喷油嘴针阀等精密零件。在添加锰、硅的轴承钢中,最常用的是 GCr15SiMn 钢,主要用于制造较大的滚动轴承。

2) 合金工具钢

碳素工具钢经热处理后能达到很高的硬度和耐磨性。但因其淬透性低、淬火变形倾向大、红硬性差,所以,尺寸较大、精度高和形状复杂的模具、量具以及切削速度较高的刀具,都采用合金工具钢来制造。

合金工具钢是在碳素工具钢的基础上加入适量合金元素制成的。合金工具钢的碳和合金含量,为了适应不同的用途需要,成分变化很大。按其用途可分为合金刃具钢、量具钢和模具钢等。

(1) 合金刃具钢。合金刃具钢也称合金刀具钢,主要用于制造各种切削工具,

如车刀、铣刀等。刀具在切削过程中承受着高温、高压和强烈的摩擦,因此,要求刀具钢必须具有高的硬度、耐磨性、红硬性以及足够的强度和韧性。

合金刀具钢分为低合金刀具钢和高速钢两种。

① 低合金刀具钢。低合金刀具钢的合金元素含量一般为 3%～5%。钢中常加入铬、锰、硅、钨、钒等合金元素,使钢的硬度和耐磨性比碳素工具钢有较大的提高,并具有很好的淬透性。但由于钢中合金元素加入量少,这类钢的工作温度一般不超过 300℃。主要制造切削速度较低,尺寸较大或形状复杂的刀具。

9SiCr 钢和 CrWMn 钢是最常用的低合金刀具钢。9SiCr 钢有较高的硬度和耐磨性,常用于制造丝锥、板牙、铰刀等。CrWMn 钢的硬度高于 9SiCr 钢,可达 64～66HRC,且热处理变形小,所以常用于制造较精密的刀具,如长铰刀等。

低合金刀具钢的热处理为球化退火,淬火后低温回火。

② 高速钢。高速钢是一种高碳高合金刀具钢,它以高速切削而得名。这类钢热处理后具有高的红硬性,在其切削温度高达 600℃时,仍能保持高硬度(60HRC以上)和高耐磨性。高速钢还具有很高的淬透性,在空冷中也能淬硬,并且刃口锋利,主要用于制造一些重要的、形状复杂的高速切削刀具。

高速钢的含碳量一般为 0.70%～1.65%,较高的含碳量主要是保证其具有高硬度和高耐磨性。钢中常加入钨、钼、铬、钒等合金元素,其总量超过 10%,从而大大提高了钢的淬透性和回火稳定性,使高速钢在高速、高温下进行切削时仍有很高的红硬性和耐磨性。

常用的高速钢有 W18Cr4V,W6Mo5Cr4V2 钢等。主要用于制造车刀、铣刀、钻头和各种成型刀具,还可用于制造冷作模具和具有耐磨性要求的重要机械零件。

高速钢的热处理为高温(1270～1280℃)淬火后,再进行三次高温(560℃)回火。

(2) 量具钢。量规、卡尺、塞规、卡板、样板等量具的工作部分应具有高的硬度(>62HRC)和耐磨性,并且要求热处理变形小、尺寸稳定,保证尺寸精度。

最常用的量具钢为碳素工具钢和低合金工具钢。碳素工具钢淬透性低、变形大,常用于尺寸小、形状简单、精度要求不高的量具。低合金工具钢中因含有少量合金元素,提高了淬透性,采用油淬变形小。为减少残余奥氏体,稳定尺寸,必要时淬火后可采用冷处理,冷处理后仍需 140～160℃ 的低温回火。精度要求高的量具,不仅要淬火、冷处理和低温回火,在精加工过程中,还要进行 110～120℃ 时效处理。

(3) 模具钢。根据工作条件不同,模具钢分为热作模具钢和冷作模具钢。

① 热作模具钢。热作模具是使热金属或液态金属成型的模具,包括热锻模、热挤压模和压铸模等。工作时,使 1100～1200℃ 的高温金属在冲击和压力下产生变形,模具的温度可达 300～800℃。因此模具在较高温度下应具有足够的强度和韧性,同时还应具有良好的导热性和耐热疲劳性能。

常用的热作模具钢是 5CrNiMo、5CrMnMo,它们都是中碳钢。当含碳量过高时，塑性、韧性下降，导热性也下降。含碳量过低，硬度和耐磨性不能满足使用条件。

② 冷作模具钢。冷作模具钢是用于各种冷成型模具，如冷冲模、冷挤模等。这类模具在制作时承受很大的剪切力、冲击力和摩擦力。因此要求模具工作部分有高的硬度（50～60HRC）、耐磨性、强度和韧性。但更重要的是要求热处理变形小，因为这类钢含碳量高，淬火后回火温度低，精加工比较困难。

常用冷作模具钢也分为碳素钢、低合金钢和高合金钢三类。

尺寸小、形状简单、负荷轻的冷作模具，如小冲头、剪薄板的剪刀等可选用T7A、T8A、T10A、T12A等碳素钢制造。这类钢淬透性低，以T10A应用最普遍。

尺寸较大、形状复杂、淬透性要求较高的冷作模具，如冷冲模等，一般选用低合金工具钢9SiCr、9Mn2V或GCr15钢制造。

尺寸大、形状复杂、负荷重、变形要求严格的冷作模具，需要用高合金冷作模具钢，如Cr12、Cr12MoV、Cr12Mo等，这类钢含碳量在1.4%～2.3%、含铬量在11%～12%，具有高硬度、高耐磨性。

3）特殊性能钢

特殊性能钢是指具有特殊物理或化学性能的钢，主要用于制造在特殊条件下工作的零件。特殊性能钢主要有：不锈钢、耐热钢和耐磨钢。

（1）不锈钢。不锈钢是指能抵抗大气或某些化学介质腐蚀的钢。常用的不锈钢主要有铬不锈钢和铬镍不锈钢。

① 铬不锈钢。铬不锈钢的合金元素以铬为主，其含量一般大于13%。大量铬使钢表面形成一层致密的氧化膜，将钢与外部介质隔离，避免金属继续被腐蚀。钢中含碳量一般在0.4%以下，以保证钢有一定的强度。

铬不锈钢一般是在弱腐蚀条件下工作的，其主要牌号有1Cr13、2Cr13和3Cr13、4Cr13等。随含碳量的增加，钢的硬度和强度提高，而耐蚀性则相应减弱。1Cr13、2Cr13钢的含碳量较低，具有良好的耐蚀性和塑性、韧性，适用于制造承受冲击载荷的耐蚀零件，如汽轮机叶片、水压机阀等。3Cr13、4Cr13钢的含碳量较高，淬火后能获得较高的硬度和强度，常用于制造轴承、弹簧、医疗器械等耐磨零件。

② 铬镍不锈钢。铬镍不锈钢的含碳量低，钢中的合金元素以铬和镍为主，其铬含量为18%左右，镍含量为8%～11%。铬镍不锈钢由于存在大量的铬、镍元素，不仅使钢表面形成氧化膜，提高钢的耐蚀性，而且使钢在热处理后能获得单一组织，防止电化学腐蚀的产生，并具有良好的塑性、焊接性和低温韧性。铬镍不锈钢主要用于制造在各种强腐蚀介质中工作的设备，如吸收塔、管道、化工容器等。此外，由于铬镍不锈钢是单一组织，没有磁性，还可用作仪器、仪表中的防磁零件。

铬镍不锈钢的牌号主要有1Cr18Ni9、2Cr18Ni9等。

（2）耐热钢。耐热钢是指在高温下具有良好的抗氧化能力和较高强度的钢。包括抗氧化钢和热强钢两类。

① 抗氧化钢。抗氧化钢是指在高温下有良好的抗氧化能力,并具有一定强度的钢。主要用于制造在高温下工作,而强度要求不高的零件。这类钢常加入足够的铬、硅、铂等合金元素,使钢在高温下与氧接触时表面形成致密的高熔点氧化膜,严密地覆盖在钢的表面,以隔绝高温氧化性气体对钢的继续腐蚀。

常用的抗氧化钢有1Cr13Si3、1Cr13SiAl钢等。如加热炉底板、炉管、渗碳箱等。

② 热强钢。热强钢是指在高温下具有良好抗氧化能力,并有较高强度的钢,主要是提高钢的高温强度和高温抗氧化能力。这类钢常加入铬、镍、钨、钼、硅等合金元素。

常用的热强钢有15CrMo、4Cr9Si2、4Cr10Si2Mo钢等。15CrMo钢是典型的锅炉用钢,适用于制造500℃以下长期工作的零件。4Cr9Si2、4Cr10Si2Mo钢常用于制造汽车发动机排气阀。

(3) 耐磨钢。耐磨钢是指在强烈磨损条件下具有高抗磨损能力的钢。由于其极易硬化,不宜切削加工,又具有良好的铸造性能,因此,耐磨钢的零件大多采用铸造成型。它主要用于制造在强烈冲击和严重磨损下工作的零件,如拖拉机履带、挖掘机铲齿、铁道道岔等。

耐磨钢的含碳量为1.0%～1.3%,含锰量为11%～14%,故又称高锰钢。这类钢经热处理后,虽然硬度不高,但塑性和韧性很好。当它受到强烈冲击和挤压时,表面因塑性变形而迅速产生硬化,硬度达50HRC以上,并使其耐磨性大大提高,而心部仍保持高的塑性和韧性。当表面磨损后,新露出的表面又在冲击和挤压下硬化而获得高的耐磨性。耐磨钢只有在受冲击和挤压下,才显示高的耐磨性,在一般情况下并不耐磨。

常用的耐磨钢为ZGMn13。

4.2 铸　铁

铸铁是含碳量在2.11%～6.69%的铁碳合金。实际常使用的铸铁是含碳3%～4.7%,含硅1%～2.5%,也有根据用途添加其他元素的合金铸铁。工业常见的铸铁,其含碳量一般在2.5%～4.0%范围内,并含有一定量的硅、锰、硫、磷等元素。

铸铁在汽车制造业中应用很广,以质量百分比计算,汽车中铸铁件约占一半以上。常见的发动机缸体、缸盖以及变速器壳体、支架等零件大部分由铸铁制造。铸铁之所以能得到广泛应用,是因为它具有良好的铸造性、耐磨性、减振性及切削加工性。特别是由于采用了球化和变质处理后,使铸铁的力学性能有了很大提高,很多原来用碳素钢、合金钢制造的零件,目前已被铸铁所代替,从而使铸铁的应用更为广泛。

4.2.1 铸铁的组织与性质

1. 铸铁的组织

铸铁的组织随着碳、硅的含量及冷却速度有很大变化。铸铁按碳元素存在的形式不同,可分为白口铸铁、灰铸铁、可锻铸铁、球墨铸铁、蠕墨铸铁等。

(1) 白口铸铁。碳除少量溶于铁素体外,其余碳以渗碳体的形式存在于铸铁中,其断面呈银白色,所以称白口铸铁。由于大量 Fe_3C 存在,所以白口铸铁性能硬而脆,很难进行切削加工。除少量用于制造要求高强度和高耐磨性的零件之外,其余的大部分用来制作炼钢原料和可锻铸铁毛坯。

(2) 灰铸铁。碳主要以片状石墨形态存在于金属基体中,断口呈灰白色。灰铸铁的力学性能高,不仅切削加工性能好,而且生产工艺简单,价格低廉,具有良好的减振性、减摩性和耐磨性,因此是使用最广泛的一种铸铁。

(3) 球墨铸铁。碳主要以球状石墨的形态存在于金属基体中,其力学性能高于灰铸铁,而且还可通过热处理方法进行强化。生产中常用来制作受载荷大且重要的铸件。

(4) 蠕墨铸铁。碳以蠕虫状石墨的形态存在于金属基体中,其力学性能介于灰铸铁和球墨铸铁之间。

(5) 可锻铸铁。碳以团絮状石墨形态存在于金属基体中,韧性和塑性高于灰铸铁,接近于球墨铸铁。

2. 铸铁的性质

铸铁具有如下性质:

(1) 熔点比钢低,凝固时的收缩率小,适合于铸造。
(2) 石墨有润滑、蓄油作用,所以耐磨性、传热性好。
(3) 石墨在组织中是点状分布,机械加工的切削性好。
(4) 表面形成薄而坚固的黑皮层,有耐蚀性,而且容易黏附涂料。
(5) 因内部有石墨,比钢容易吸收振动。
(6) 对碱有较强的耐蚀性,对酸耐蚀性差。
(7) 抗压强度大,抗拉强度和韧性差。

3. 铸铁石墨化及其影响因素

铸铁中的碳以两种形式存在,即化合物状态的渗碳体和自由状态的石墨(以符号 G 表示)。渗碳体结构如前所述,石墨晶体结构为特殊的六方晶格。石墨的强度、硬度极低,塑性、韧性几乎为零。

当铸铁在极其缓慢的冷却条件下结晶,或在铸铁中含有促进石墨形成的元素时,碳便会以稳定的石墨相析出,而不再析出渗碳体。碳以石墨形式析出的过程称为石墨化。铸铁的石墨化可有两种方式:一种是由液相或固相直接析出;另一种先析出渗碳体,随后渗碳体在一定的条件下再分解成石墨。

一般情况下,灰铸铁和球墨铸铁中的石墨主要从液相中析出。可锻铸铁中的石墨则是由白口铸铁经过长时间高温退火,由渗碳体中分解得到。

影响石墨化的因素很多,主要是化学成分和冷却速度。

1) 化学成分的影响

铸铁中影响石墨化的化学元素主要是碳、硅、锰、硫和磷。

(1) 碳和硅。碳和硅是石墨化的强促进元素。在铸铁中碳、硅含量越高,石墨化越充分。但含碳量过高会导致石墨片粗大,降低铸铁的力学性能。

(2) 锰。锰是石墨化的弱阻碍元素。但是,锰能和硫形成硫化锰,减弱了硫对石墨化的不利影响。从某种意义上讲,锰又是石墨化的促进元素。所以,铸铁中锰含量要适当。

(3) 硫。硫是石墨化的强阻碍元素,硫还会降低铁水的流动性,此外还会引起铸铁热裂。所以铸铁中硫含量越低越好。

(4) 磷。磷是石墨化的弱促进元素,同时磷可提高铁水的流动性。但磷含量过高会使铸铁的脆性增加,所以铸铁中也应控制磷的含量。

2) 冷却速度的影响

铸铁在结晶过程中,冷却速度对石墨化影响很大。当冷却速度快时,碳原子来不及扩散,碳原子和铁原子生成渗碳体,石墨化难以充分进行,甚至形成白口铸铁。而冷却速度慢时,碳原子扩散充分,有利于石墨化。冷却速度除和铸型等因素有关外,还和铸件壁厚有关,即铸件壁厚冷却速度慢,铸件壁薄冷却速度快。因此,当铸件化学成分一定时,为了得到预期组织,应限制铸件壁厚;而当铸件壁厚一定时,应限制铸件的化学成分。铸件化学成分和壁厚对铸件组织的影响如图4.15所示。

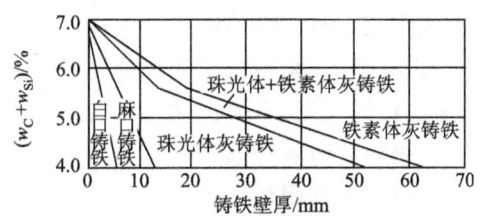

图 4.15 铸件化学成分和壁厚对铸件组织的影响

4.2.2 灰铸铁

灰铸铁是汽车制造工业中应用最多的一种铸铁。灰铸铁中的碳大部分或全部以自由状态的片状石墨形态存在,其断口呈暗灰色,所以称灰铸铁。

1. 灰铸铁的组织和性能

灰铸铁成分为:含碳量在 2.6%~3.5%,含硅量在 1.0%~2.2%,含锰量在 0.5%~1.3%,含硫量≤0.15%,含磷量≤0.3%。

灰铸铁的组织包括金属基体和片状石墨两部分。由于冷却速度和化学成分不同,生成三种不同基体组织的灰铸铁。

1) 铁素体灰铸铁(F+G)

铁素体灰铸铁中的绝大多数碳以片状石墨形态存在,只有少量的碳溶于 α-Fe 中形成铁素体。其显微组织为铁素体基体上分布着片状石墨。

2) 珠光体灰铸铁(P+G)

珠光体灰铸铁在冷却结晶过程中,一部分碳以石墨形态存在,另一部分碳以渗碳体形式形成珠光体。其显微组织为珠光体组织中分布着片状石墨。

3) 珠光体+铁素体灰铸铁(F+P+G)

珠光体+铁素体灰铸铁在冷却结晶过程中,大部分碳以片状石墨形态存在,小部分碳形成渗碳体,渗碳体和部分铁素体形成珠光体。其显微组织为珠光体和铁素体上分布着片状石墨。

图 4.16 是灰铸铁的显微组织图。由图中可知,灰铸铁的组织是在金属基体(白色部分)上分布着一些片状的石墨(黑色部分)。由于石墨的强度和塑性几乎为零,所以灰铸铁中的片状石墨就如同金属基体上分布着许多细小的裂纹。这些裂纹破坏了基体组织的连续性,减少了有效的承载面积,同时在裂纹尖角处产生应力集中,使灰铸铁的抗拉强度、塑性和韧性比同样基体的钢低很多。铸铁石墨越多,分布越不均匀,对金属基体的破坏越严重,力学性能越差。但片状石墨对铸铁的抗压强度影响不大,所以灰铸铁的抗压强度和硬度与相同基体的钢基本一致。

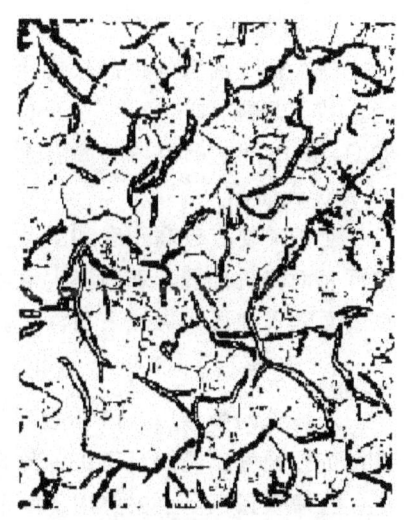

图 4.16 灰铸铁的显微组织

石墨虽然降低了铸铁的力学性能,但由于石墨的存在,也使灰铸铁系列具有优良的性能。例如,铸铁切削加工性好,刀具磨损小。这是由于切削铸铁时,石墨起着减摩和断屑作用。由于石墨本身的润滑作用,以及它从铸件表面脱落时,留下的微孔便于储存润滑油,使铸铁又有良好的耐磨性。石墨的组织松软,能吸收振动,因而铸铁也有良好的减振性。此外,灰铸铁还有良好的铸造性,它的熔点比钢低,流动性好,冷却收缩率小。

三种不同基体的灰铸铁中,珠光体灰铸铁的强度、硬度、耐磨性最高,铁素体灰铸铁最低,珠光体+铁素体灰铸铁介于二者之间。

2. 灰铸铁变质处理

为进一步提高灰铸铁的机械性能,需要对灰铸铁进行变质处理,即在铁水出炉之后、浇注以前在铁水中加入少量的变质剂,改变原铁水的结晶条件,以获得细晶粒的珠光体和细片状石墨组织。经变质处理后的灰铸铁称为变质铸铁。

由于变质铸铁力学性能较高,所以常用来制造对力学性能要求较高、截面尺寸变化较大的铸件,如气缸、曲轴、凸轮等。

3. 灰铸铁的热处理

灰铸铁的热处理只能改变基体组织,不能改变石墨的形状、大小、数量和分布情况，因此对灰铸铁的力学性能影响不大。常用的热处理方法有以下几种。

1) 去内应力退火

去内应力退火通常安排在切削加工之前，其目的是为了消除铸件铸造冷却时所产生的内应力。其工艺是：加热温度为500~550℃，加热速度为60~80℃/h，保温时间取决于加热温度和铸件壁厚。一般壁厚<20mm时，保温时间为2h。铸件的壁厚每增加25mm，保温时间增加1h。常用随炉冷却的方法进行冷却，冷却速度为20~50℃/h，温度下降到150~200℃时出炉，空冷至室温。

2) 高温退火

高温退火的目的是消除铸件中的白口铸铁，降低铸件的硬度，改善切削加工性能。其工艺是：加热温度为850~900℃，保温时间为2~5h，随炉冷却到400~500℃出炉，再进行空冷。高温退火后可降低硬度20~40HBS。

3) 表面淬火

对于需要有较高硬度和耐磨性的铸件表面，如气缸体上的气缸孔内壁面等，应进行表面淬火处理。表面淬火常用火焰加热淬火、接触电阻加热表面淬火、感应加热表面淬火和激光加热表面淬火。淬火后硬度可达59~61HRC。

4. 灰铸铁的牌号与应用

灰铸铁的牌号用"HT+数字"格式表示，其中"HT"代表"灰铁"，数字代表其最低抗拉强度。例如，HT250表示最小抗拉强度为250MPa的灰铸铁。

灰铸铁在汽车上主要用于制造形状复杂，但力学性能要求不高的箱体、壳体等结构件，如缸体、缸盖、变速器壳等。

常用灰铸铁的牌号与应用如表4.7所示。

表4.7 灰铸铁的牌号与应用

牌号	铸铁类别	铸件壁厚/mm	铸件最小抗拉强度σ_b/MPa	适用范围及举例
HT100	铁素体灰铸铁	2.5~10	130	低载荷和不重要零件，如盖、外罩、手轮、支架、重锤等
		10~20	100	
		20~30	90	
		30~50	80	
HT150	珠光体+铁素体灰铸铁	2.5~10	175	承受中等应力(抗弯应力≤100MPa)的零件，如支柱、底座、齿轮箱、工作台、刀架、端盖、阀体、管路附件及一般无工作条件要求的零件
		10~20	145	
		20~30	130	
		30~50	120	
HT200	珠光体灰铸铁	2.5~10	220	承受较大应力(抗弯应力≤300MPa)和较重要零件，如气缸体、齿轮、机座、飞轮、床身、缸套、活塞、刹车轮、联轴器、齿轮箱、轴承座、液压缸等
		10~20	195	
		20~30	170	
		30~50	160	
HT250		4.0~10	270	
		10~20	240	
		20~30	220	
		30~50	200	

续表 4.7

牌 号	铸铁类别	铸件壁厚 /mm	铸件最小抗拉强度 σ_b/MPa	适用范围及举例
HT300	孕育铸铁	10～20	290	承受高弯曲应力(≤500MPa)及抗拉应力的重要零件,如齿轮、凸轮、车床卡盘、剪床和压力机的机身、床身高压液压缸、滑阀壳体等
		20～30	250	
		30～50	230	
HT350		10～20	340	
		20～30	290	
		30～50	260	

4.2.3 可锻铸铁

可锻铸铁俗称马铁,是用碳、硅含量较低的铁水浇铸成白口铸铁件,经长时间的高温退火,使渗碳体(Fe_3C)分解而获得的具有团絮状石墨的铸铁。可锻铸铁是指它的塑性较好,实际上并不能用于锻造。

1. 可锻铸铁的组织和性能

可锻铸铁的成分通常为:含碳量在2.2%～2.8%、含硅量在1.2%～2.0%、含锰量在0.4%～1.2%、含磷量≤0.1%、含硫量≤0.2%。

采用不同的退火方法,可得到可锻铸铁的不同组织结构。全部渗碳体均石墨化后,得到组织为铁素体基体和团絮状石墨的可锻铸铁。因其断口呈黑色,故称黑心可锻铸铁。若只有部分渗碳体石墨化,则得到组织为珠光体基体和团絮状石墨的可锻铸铁,称为珠光体可锻铸铁。这两种可锻铸铁的显微组织如图4.17所示。

由于可锻铸铁中的石墨呈团絮状,因此极大程度地减轻了对金属基体的割裂作用和应力集中现象,所以其强度比灰铸铁高很多,塑性和韧性也有较大的提高。

可锻铸铁因基体组织不同,其性能也不相同。黑心可锻铸铁具有较高的塑性和韧性,而珠光体可锻铸铁则具有较高的强度、硬度和耐磨性,但塑性和韧性低于黑心可锻铸铁。

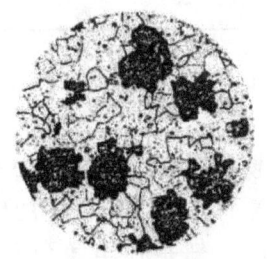
(a) 黑心可锻铸铁

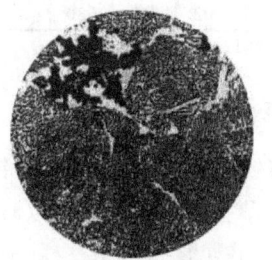
(b) 珠光体可锻铸铁

图 4.17 可锻铸铁的显微组织

2. 可锻铸铁的牌号与应用

黑心可锻铸铁的牌号用"KTH+数字-数字"格式表示,珠光体可锻铸铁的牌号用"KTZ+数字-数字"格式表示。其中"KT"代表"可铁"两字,"H"和"Z"分别代表"黑"字和"珠"字,第一组数字表示最低抗拉强度,第二组数字表示最低伸长率。例如,KTZ450-06 表示最低抗拉强度为 450MPa,最低伸长率为 6%的珠光体可锻铸铁。KTH370-12 表示最低抗拉强度为 370MPa,最低伸长率为 12%的黑心可锻铸铁。

由于可锻铸铁既有较好的铸造性,又有较高的强度和一定的塑性与韧性,因此,主要用于制造形状复杂、强度和韧性要求较高的零件。因为当铸件壁较厚、尺寸较大时,其心部的冷却速度不够快,铁液浇注时难以获得整个截面的白口组织。所以仅适用于薄壁和小型零件,如汽车上的轮毂、差速器壳等。

虽然可锻铸铁的力学性能比灰铸铁好,但它所用的原料是白口铸铁,成本较高,而且仅适用于薄壁小型零件,所以随着球墨铸铁的发展,原来使用可锻铸铁制造的零件逐渐被球墨铸铁替代。

常用的黑心可锻铸铁和珠光体可锻铸铁的牌号、力学性能与应用如表 4.8 所示。

表 4.8 黑心可锻铸铁和珠光体可锻铸铁的牌号、力学性能与应用

种类	牌号	力学性能(不小于)			硬度 /HBS	应用举例
		σ_b /MPa	$\sigma_{0.2}$ /MPa	δ/%		
黑心可锻铸铁	KTH300-06	300	—	6	不大于 150	适于在冲击载荷和静载荷下要求气密性好的零件,如管道配件,中、低压阀门
	KTH330-08	330	—	8		适于承受中等冲击载荷和静载荷的零件,如机床扳手、车轮壳、钢绳轧头
	KTH350-10	350	220	10		适于在较高的冲击、振动及扭转负荷下工作的零件,如汽车的差速器壳、后桥壳、前后轮毂、转向机壳、钢板弹簧支架
	KTH370-12	370	—	12		
珠光体可锻铸铁	KTZ450-06	450	270	6	150～200	适于承受较高载荷、耐磨损并要求有一定韧性的重要零件,如曲轴、凸轮轴、连杆、齿轮、活塞环、摇臂、扳手
	KTZ550-04	550	340	4	180～230	
	KTZ650-02	650	430	2	210～260	
	KTZ700-02	700	530	2	240～290	

注:试样直径为 12mm 或 15mm。

4.2.4 球墨铸铁

球墨铸铁简称球铁。球墨铸铁是通过灰铸铁在浇铸前向铁液中加入一定量的球化剂和孕育剂,促使石墨以球状析出而获得的。球墨铸铁中的碳全部或大部分以球状石墨形态存在。目前应用最多的球化剂是稀土镁合金,孕育剂是硅铁。

1. 球墨铸铁的组织和性能

球墨铸铁的化学成分与灰铸铁相比,其含碳量较高、含锰量较低,对硫和磷的

限制严格,并含有一定量的稀土镁。由于作为球化剂的稀土镁阻止碳的石墨化作用,并使共晶点右移,所以球墨铸铁的含碳量较高,一般含碳量为 3.6%～4.0%,含硅量为 2.0%～3.2%。锰有去硫、脱氧的作用,并可稳定和细化珠光体。对珠光体基体时,含锰量为 0.6%～0.8%;对铁素体基体时,含锰量<0.6%。硫、磷都为有害元素,一般将含硫量控制在<0.07%,含磷量控制在<0.1%。

球墨铸铁根据化学成分(主要是碳、硅)与冷却速度不同,可得到三种不同基体组织的球墨铸铁,分别为铁素体球铁、铁素体-珠光体球铁和珠光体球铁。图 4.18 所示为它们的显微组织。

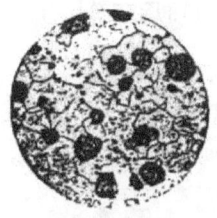 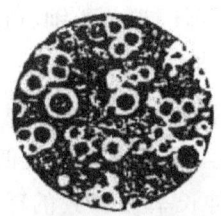 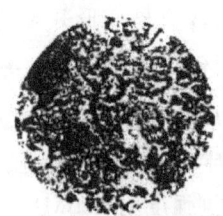

(a) 铁素体球铁　　　　(b) 铁素体-珠光体球铁　　　　(c) 珠光体球铁

图 4.18　球墨铸铁的显微组织

由于球墨铸铁中的石墨呈球状,使其对基体割裂作用和应力集中作用减至最小,因此基体的强度利用率高。在所有铸铁中,球墨铸铁的力学性能最高,与相应组织的铸钢相似;冲击疲劳抗力高于中碳钢;屈强比是钢的 2 倍。但球墨铸铁的塑性和韧性均低于铸钢。

球墨铸铁的力学性能与基体组织和球状石墨的状态及分布有关。石墨球越细小,越圆整,分布越均匀,则球墨铸铁的强度、塑性、韧性越好。铁素体基体具有较高的塑性和韧性;珠光体基体强度、硬度较好,耐磨性较高;马氏体基体硬度最高,但韧性最低;贝氏体基体具有良好的综合力学性能。

球墨铸铁具有近似于灰铸铁的某些优良的铸造性、减摩性、切削加工性等。但是,球墨铸铁也有一些缺点,如化学成分要求严格、白口倾向大、凝固时收缩率大等,因而对熔炼、铸造工艺要求高,生产成本高。

2. 球墨铸铁的热处理

由于球墨铸铁的基体组织利用率可达 70%～90%,所以可以通过不同的热处理来改变其基体组织和性能。常用的热处理方法如下。

1) 退　火

常用的热处理方法为低温退火。它是将铸件加热到 720～760℃,保温一段时间(2～6h)后随炉冷却到 600℃,然后出炉空冷。退火的目的是为了使铸件消除铸造内应力,获得良好的塑性和韧性,并改善切削加工性能。

2) 正　火

正火是目前对球墨铸铁使用最广泛的一种热处理。它是将铸件加热到 880～920℃,保温一段时间(不超过 1h)后出炉空冷。正火的目的是提高铸件的强度、硬度和耐磨性。

3) 调质

调质的淬火温度为860～900℃，回火温度为550～620℃。调质的目的是为了使铸件能获得良好的综合力学性能。

4) 等温淬火

等温淬火是将铸件加热到860～900℃，经适当保温后，放入260～350℃的盐浴中经过60～90min的等温处理，然后取出空冷。等温淬火的目的是使铸件能获得高强度、高硬度又有高韧性的综合性能。它主要适合于要求综合力学性能好、外形复杂、淬火易变形开裂的重要零件，如凸轮轴、齿轮、滚动轴承套等。

3. 球墨铸铁的牌号与应用

球墨铸铁的牌号用"QT＋数字－数字"格式表示。其中"QT"代表"球铁"，第一组数字表示最低抗拉强度，第二组数字表示最低伸长率。例如，QT450-10表示最低抗拉强度为450MPa，最小伸长率为10%的球墨铸铁。

由于球墨铸铁具有良好的力学性能和加工工艺性能，并能通过热处理强化，因此它可代替铸造碳素钢、可锻铸铁、合金铸铁以及合金钢等，制造一些受力复杂，强度、韧性和耐磨性要求高的零件，如主减速器齿轮、柴油机曲轴、凸轮轴、连杆等。

常用球墨铸铁的牌号、力学性能与应用如表4.9所示。

表4.9 球墨铸铁的牌号、力学性能与应用

牌号	基体组织类型	力学性能				应用举例
		σ_b/MPa	$\sigma_{0.2}$/MPa	δ/%	HBS	
		不大于				
QT400-18	铁素体	400	250	18	130～180	承受冲击、振动的零件，如汽车、拖拉机的轮毂、驱动桥壳、差速器壳、拨叉，农机具零件，中低压阀门，上、下水及输气管道，电机机壳，齿轮箱，飞轮壳等
QT400-15	铁素体	400	250	15	130～180	
QT450-10	铁素体	450	310	10	160～210	
QT500-7	铁素体＋珠光体	500	320	7	170～230	机器座架、传动轴、飞轮、电动机架、内燃机的机油泵齿轮、铁路机车车辆轴瓦等
QT600-3	珠光体＋铁素体	600	370	3	190～270	载荷大、受力复杂的零件，如汽车、拖拉机的曲轴、连杆、凸轮轴、气缸套，部分磨床、铣床、车床的主轴，机床蜗杆、蜗轮，轧钢机轧辊，大齿轮，小型水轮机主轴，气缸体，桥式起重机大小滚轮等
QT700-2	珠光体	700	420	2	225～305	
QT800-2	珠光体或回火组织	800	480	2	245～335	
QT900-2	贝氏体或回火马氏体	900	600	2	280～360	高强度齿轮，如汽车后桥螺旋锥齿轮，大型减速器齿轮，内燃机曲轴、凸轮轴等

4.2.5 蠕墨铸铁

蠕墨铸铁是在一定成分的铁水中加入孕育剂和蠕化剂进行孕育处理和蠕化处理后，获得的具有蠕虫状石墨的铸铁。我国目前常用蠕化剂和孕育剂主要是稀土镁合金、稀土硅钙铁合金和稀土硅铁合金等。

蠕墨铸铁中石墨为短蠕虫状,呈互不相连的短片,因此称"蠕墨"。蠕虫状石墨的形态与片状石墨相似,但较短而厚,头部较圆,形似蠕虫,是介于球状和片状之间的一种过渡型石墨形态。因此,它的性能也介于球墨铸铁和灰铸铁之间,即既具有灰铸铁良好的导热性、减振性、切削加工性和铸造性能等,又有与球墨铸铁相近的抗拉强度、塑性和韧性。

蠕墨铸铁化学成分与球墨铸铁相似。主要化学成分为:含碳量在3.5%~3.9%,含硅量在2.1%~2.8%,含锰量在0.4%~0.8%,含硫量、含磷量均小于0.1%。

蠕墨铸铁的牌号用"RuT"表示。其中"RuT"代表"蠕铁",数字代表其最低抗拉强度。例如,RuT260表示最低抗拉强度为260MPa的蠕墨铸铁。蠕墨铸铁的应用范围正在逐步扩大。目前主要用于经受热循环载荷、要求组织致密、强度较高,形状复杂的零件,如大型柴油机的气缸体、气缸盖、气缸套、进排气管,汽车制动器的制动盘、制动鼓,大型电动机外壳,阀体,机座等,也可代替高强度灰铸铁。

表4.10所示为蠕墨铸铁的牌号、力学性能和用途。

表4.10 蠕墨铸铁的牌号、力学性能和用途

牌 号	基体类型	力学性能(不小于)			硬 度 HBS	应用举例
		σ_b/MPa	$\sigma_{0.2}$/MPa	δ_5/%		
RuT260	铁素体	260	195	3.0	121~197	制造活塞环、缸套、制动盘、制动鼓、玻璃模具、钢珠研磨盘、吸淤泵体等
RuT300	铁素体+珠光体	300	240	1.5	140~217	带导轨面的重型机床件、大型齿轮箱体、大型龙门铣横梁、盖、座、制动鼓、飞轮、玻璃模具、起重机卷筒、烧结机滑板等
RuT340		340	270	1.0	170~249	排气管、变速器壳、缸盖、纺织机械零件、液压件、小型烧结机齿条等
RuT380	珠光体	380	300	1.0	193~274	增压器废气进气壳体、汽车、拖拉机的某些底盘零件等
RuT420		420	335	1.0	200~280	

4.2.6 合金铸铁

常规元素高于规定含量或含有一种或多种合金元素,使其具有高强度或某种特殊性能的铸铁,统称为合金铸铁。汽车上常用的合金铸铁为耐热铸铁、耐磨铸铁、高强度合金铸铁。

1) 耐热铸铁

耐热铸铁是在铸铁中加入硅、铝等合金元素,使铸铁表面在高温下形成一层致密的氧化膜(如SiO_2、Al_2O_3等),保护内层不被连续氧化。并且,这还可以提高铸铁的相变点,保证铸铁在工作温度范围内不发生固态相变,不发生石墨化过程,以减少由此造成的体积变化与显微裂纹。

耐热铸铁按其成分可分为硅系、铝系、硅铝系及铬系等。其中铝系耐热处理脆性较大,硅系耐热铸铁价格较贵。目前,汽车制造过程中主要采用硅系和硅铝系耐热铸铁,用于制造进排气门座及排气管、密封环等。

2) 耐磨铸铁

耐磨铸铁是在铸铁中加入少量磷、铜、锰、钴、铝等合金元素,可以大大提高铸铁的耐磨性。通常把珠光体灰铸铁中磷的含量提高到 0.4%~0.7%,加入 Cr、W、Cu 等合金元素,成为高磷铸铁。其中磷与铁素体或珠光体组成磷共晶,以磷共晶形式存在。它以断续网状分布在珠光体基体上,形成坚硬骨架,使铸铁耐磨性显著提高。现代发动机的气缸套和活塞环一般选用耐磨铸铁制造,在耐磨合金铸铁制的气缸套中,主要以高磷合金铸铁为主。活塞环一般用含钨、铬、锰的高磷铸铁制造。近年出现的钒钛耐磨合金铸铁和廉价的含硼耐磨铸铁也具有良好的耐磨性能。

3) 高强度合金铸铁

高强度合金铸铁是在稀土镁球墨铸铁中加入 Cu、Mo 等元素,能细化珠光体,增加珠光体数量,从而大大提高铸铁的强度和硬度。在含有镍、铬、钼的合金铸铁中,镍可以细化铸铁组织,铬是碳化物形成元素,有利于获得珠光体组织,并可细化晶粒,使石墨大小更均匀。钼也能细化晶粒,提高铸铁的强度和韧性。这类铸铁常用来制造强度要求较高的重要零件。例如,稀土镁铜钼合金铸铁经正火和回火后,可制造柴油机曲轴、连杆,也可经等温淬火后代替 18CrMoTi 合金钢制造汽车变速器的齿轮。CrMoCu 合金铸铁由于具有良好的综合力学性能,常用来制造发动机气缸套等零件。

4.3 铸 钢

铸钢是冶炼后直接铸造成型的钢种。在实际生产中,一些形状复杂、难于进行锻造,而且要求有较高的强度和塑性,并承受冲击载荷的大型零件,通常采用铸钢制造。随着铸造技术的进步,铸钢件在组织、性能、精度和表面粗糙度等方面都已接近锻钢件,可以不经切削加工或只需少量切削加工后使用,能大量节约钢材和成本,因此得到了更加广泛的应用。

铸钢的含碳量一般在 0.15%~0.6%,含碳量过高,塑性不足,易产生冷裂;硫、磷的含量一般不超过 0.04%。

铸钢的牌号根据 GB5613—1985 规定,采用"铸"和"钢"二字的汉语拼音的第一个大写正体字"ZG"表示。若是工程用铸钢,用 ZG+两组数字表示。第一组数字表示铸钢的屈服强度,第二组数字表示其抗拉强度。例如 ZG230-450,表示屈服强度为 230MPa、抗拉强度为 450MPa 的工程用铸钢。若是铸造碳素钢,则用 ZG+一组数字表示,后面的一组数字表示该铸造碳素钢的平均万分含碳量。例如 ZG15,表示平均含碳量为 0.15% 的铸造碳素钢。

生产上的铸钢主要有两大类,如下所述。

1) 碳素铸钢

碳素铸钢按用途分为一般工程用碳素铸钢和焊接结构用碳素铸钢,如表 4.11 所示。

表 4.11 碳素铸钢的牌号、性能与用途

种类与钢号		对应旧钢号	力学性能(≥)					应用举例
			σ_b/MPa	σ_s/MPa	δ_5/%	φ/%	A_{KV}/J	
一般工程用碳素铸钢	ZG200-400	ZG15	400	200	25	40	30	良好的塑韧性、焊接性能,用于受力不大、要求高韧性的零件
	ZG230-450	ZG25	450	230	22	32	25	一定的强度和较好韧性、焊接性能,用于受力不大、要求高韧性的零件
	ZG270-500	ZG35	500	270	18	25	22	较高的强韧性,用于受力较大且有一定韧性要求的零件,如连杆、曲轴
	ZG310-570	ZG45	570	310	15	21	15	较高的强度和较低的韧性,用于载荷较高的零件,如大齿轮、制动轮
	ZG340-640	ZG55	640	340	10	18	10	高的强度、硬度和耐磨性,用于齿轮、棘轮、联轴器、叉头等
焊接结构用碳素铸钢	ZG200-400H	ZG15	400	200	25	40	30	由于碳的质量分数偏下限,故焊接性能优良,其用途基本同于 ZG200-400、ZG230-450 和 ZG270-500
	ZG230-450H	ZG20	450	230	22	35	25	
	ZG275-485H	ZG25	485	275	20	35	22	

注:表中力学性能是在正火(或退火)+回火状态下测定的。

2) 低合金铸钢

低合金铸钢是在碳素铸钢基础上,提高 Mn、Si 的含量,以发挥其合金化的作用,另外还可添加 Cr、Mo 等合金元素。常用的牌号有 ZG40Cr、ZG40Mn 和 ZG35CrMo 等。低合金铸钢的综合力学性能明显优于碳素铸钢,大多数用于承受较重载荷、冲击和摩擦的机械零件,如各种高强度齿轮、高速列车车钩等。为充分发挥合金元素作用以提高低合金铸钢的性能,通常对其进行热处理,如退火、正火、调质和各种表面强化热处理。

铸钢与铸铁相比,其流动性差,凝固时偏析严重、收缩率大,易形成分散的缩孔,并且内应力大,易使铸件变形和开裂。随着工艺技术的提高,愈来愈多的铸钢件由球墨铸铁所替代。

4.4 有色金属及其合金

通常把铁和铁碳合金称为黑色金属,将黑色金属以外的其他金属都称为有色金属。黑色金属是汽车使用的主要材料,但有色金属中特别是铝合金、铜合金以及轴承合金等在汽车上应用也很广泛。有色金属具有比黑色金属更为优良的物理性能和化学性能。铅和铝合金的密度小,属于轻金属。有关试验测定,若用铝合金制造汽车的车身和气缸体,整车重量可减轻 40%。也就是说,汽车的速度和载重量可以增大,而耗油量相应减少,所以铝是实现汽车轻量化的一种重要的材料。另外铝、铜及其合金还具有电、磁、热、耐蚀等特殊性能,可以满足某些汽车零件的特殊性能要求。

4.4.1 铝及铝合金

铝及铝合金是汽车的重要材料之一。铝及铝合金的密度小,有良好的延性及展性,属于轻金属。如果它能形成氧化膜,耐蚀性会非常好,更有导电性、导热性优

良等许多优点。高纯度的铝非常软,要制造汽车零件应改善性质提高强度,一般使用适量添加其他金属的铝合金。现代汽车工业中,铝的使用量和使用率每年都在增加。例如汽车发动机的重要零件活塞,就是用铝合金制造的。另外,某些汽车的缸体、缸盖也是用铝合金制成的。在国外铝制车轮已成为标准安装件。

1. 纯 铝

1) 性 能

纯铝的突出优点是密度小($2.72g/cm^3$),大约是铜的1/3,属于轻金属;熔点低,约为660℃;凝固后是面心立方晶格,塑性好。纯铝的强度低,切削加工性差,其可焊性也很差。温度改变时晶格类型不变,因而纯铝不能通过热处理方法提高其强度。纯铝具有良好的导电性和导热性,仅次于银、铜、金。在质量相同的情况下,纯铝的导电能力是铜的两倍。一吨纯铝做成的导线、电缆可相当于两吨铜用。纯铝的抗氧化、耐腐蚀的能力也很强,因其表面与氧接触容易生成一层致密的氧化膜,把氧与腐蚀介质和铝隔离开。

2) 牌号和应用

工业纯铝按杂质含量多少分为一号铝、二号铝、三号铝……六号铝。其牌号以铝字的汉语拼音"L"后面加数字表示。数字表示铝的顺序号,如L2为二号工业纯铝,L3为三号工业纯铝。顺序号越大,纯度越低,杂质含量越多。工业纯铝因其强度、硬度低,因此常用于制作电线、电缆、配制铝合金。纯铝在汽车上应用较少,主要用于空气压缩机垫圈、排气阀座垫片、汽车铝牌等。

2. 铝合金

1) 铝合金的分类

在铝中加入适量的Si、Cu、Mg、Mn等元素后,就可获得强度较高的铝合金。有些铝合金可以通过热处理来进一步提高其强度,有些则只能通过冷压力加工来提高强度。有的铝合金σ_b可达490～588MPa,与低碳钢的强度差不多。

铝合金大致分为铸造用及延展材料用,又根据热处理或合金元素的种类分类如图4.19所示。

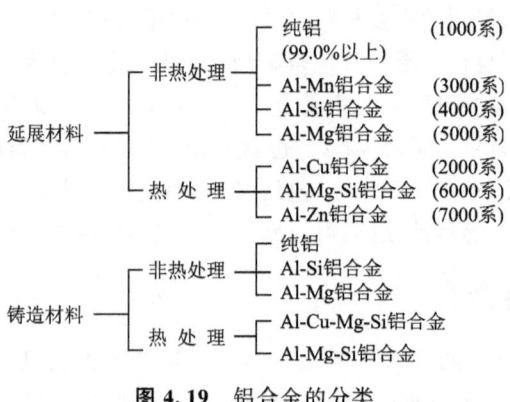

图4.19 铝合金的分类

适用铝合金材料的有发动机零件、变速器外壳、水箱、电气零件、轮毂等。其他如天窗或机器罩也有所使用。

商业用车如铝车厢、冷藏车车厢、绞盘等。近年在赛车及二轮车的车架材料上,铝合金材料的使用率也正在增大。

2) 铝合金的热处理

铝合金热处理是通过固溶、时效处理来改变铝合金的力学性能,如图 4.20 所示。

将可热处理强化的铝合金加热到 α 相区,保温使其获得均匀的单相 α 固溶体,在水中急冷,使 α 固溶体来不及发生脱溶反应,这种热处理称为固溶热处理。经过固溶热处理的铝合金塑性得到改善,但强度、硬度没有明显提高。

固溶热处理后的铝合金所形成的饱和 α 固溶体在常温下不稳定,放置一段时间后会析出第二相,过渡到稳定的非饱和状态。由于第二相析出会导致晶格畸变,从而使铝合金的强度、硬度提高,而塑性下降,这种现象称为时效强化(或时效)。铝合金时效强化

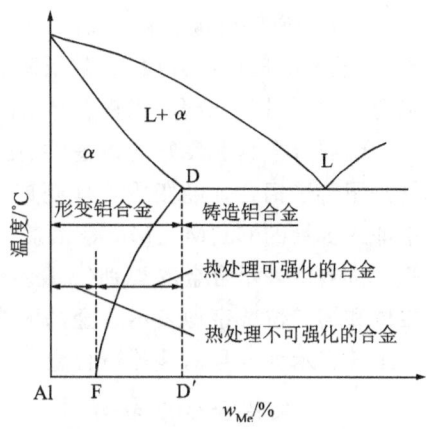

图 4.20 铝合金相图的一般分类

效果与加热温度有关,时效温度越高,则时效过程越快,但强化效果越差。若人工时效时间过长,加热温度过高,反而使合金软化,这种现象称为过时效。

室温下发生的时效称为自然时效,高于室温进行的时效称为人工时效。固溶热处理后几小时内,强度、塑性无明显变化,这段时间称为孕育期。生产上常在孕育期进行各种冷变形加工。

3) 常用铝合金

(1) 形变铝合金。这类铝合金的特点是塑性好,可以进行冷热状态下的压力加工。形变铝合金可分为:

① 防锈铝合金。其牌号用"LF+顺序号"表示,属于铝-锰或铝-镁组成的二元合金系。其性能特点是强度适中、塑性好、耐蚀能力强,所以称为防锈铝合金。防锈铝合金的抛光性好,且能长时间保持光亮的表面。它不能通过热处理提高强度,只能通过冷压力加工提高其强度。防锈铝合金适用于制造负荷轻的冲压件和要求耐腐蚀、保光泽的零件,如客车上的装饰件、客车外皮、铆钉及其他零件。

② 硬铝合金。其牌号用"LY+顺序号"表示。它是由铝-铜-镁或铝-铜-锰组成的三元合金系。它可通过热处理提高其强度和硬度,最大的缺点是耐腐蚀性比纯铝差。硬铝在汽车上应用不多,常用于制作铆钉等零件,如铆制前后制动蹄用的铆钉。热处理方法与钢的热处理不同,是淬火时效处理(淬火时效处理:通过淬火和长时间放置或加热保温使材料强度、硬度提高的方法)。其过程是:铝合金加热到

淬火加热温度,经适当保温后在水中快速冷却,但此时其强度、硬度反而变低。

③ 超硬铝。其牌号用"LC+顺序号"表示。它是在硬铝中再加入锌元素组成的四元系合金,可通过热处理提高强度,其强度值超过了硬铝。它主要用于飞机上的一些结构件。

④ 锻造铝合金。其牌号用"LD+顺序号"表示。其成分和性能与硬铝相似,但它在加热时具有极高的塑性,可进行热压力加工。常用于锻造或冲压的方法制造各种零件。它主要用于制造飞机零件。

(2) 铸造铝合金。铸造铝合金简称铸铝,在汽车上有较多的应用。因为塑性差,一般不能进行压力加工,常用铸造的方法制成各种形状复杂的汽车零件。铸造铝合金包括:铝硅合金、铝铜合金、铝镁合金、铝锌合金等,其中以铝硅合金使用较多。铝硅合金具有良好的铸造性、耐蚀性和机械性能。汽车上的铝活塞和气缸盖就是用铸造铝合金经变质处理制成的。为了提高活塞的高温强度,常在硅铝合金中加入少量的 Cu、Mg、Mn 等元素。铸造铝合金的牌号用"ZL"及三位数字表示。第一位数字表示合金的类别(1 表示铝硅,2 表示铝铜,3 表示铝镁,4 表示铝锌),第二位和第三位数字均表示合金的顺序号。顺序号不同,其化学成分也不同。例如,ZL108 表示为 8 号铝硅铸造合金。

3. 铝及铝合金在轿车上的应用

1) 纯铝的应用

纯铝导电性能好,其线材在轿车电器上用做电线、电缆。纯铝导热性好,可制作需要热传导的零件,如加热器、散热器、蒸发器、油冷却器等。纯铝耐蚀性好,可制作装饰件、铭牌。由于纯铝强度低,结构上用得很少,一般仅用做垫片、垫圈。

2) 形变铝合金的应用

形变铝合金在现代轿车上的应用品种有板材、型材、锻件、管材等,可以通过焊接、粘接等连接成组合件。

驱动系统零件中,对强度和高温强度要求不高的零件可用硬铝和防锈铝制作。欧美有些汽车公司用铝较多,摇臂和一些托架、悬架采用铝锻件。车轮既可用形变铝合金,也可用铸造铝合金。其轮辋由板材成型,轮辐由板材成型或锻造成型,轮辋与轮辐可以用金属极惰性气体保护焊焊接。车身上面板可用防锈铝或硬铝生产,诸如车门、发动机罩、行李厢罩、车盖,一些框架可采用铝合金型材。铝制保险杠也可用防锈铝或硬铝制造,有板材加工而成的,也有挤压型材加工而成的。

3) 铸造铝合金的应用

轿车上应用的铝合金以铸铝为主。

发动机部分气缸体是铝铸件。发动机的曲轴箱、气缸盖、活塞、连杆、进气歧管、发动机后盖、发动机架及泵壳等也可采用铝铸件。气缸体和气缸盖要求材料导热性好、耐蚀,已有很多汽车公司采用铝合金气缸。现代轿车发动机活塞几乎都用铸铝,这是因为铸铝可以减小活塞往复运动的惯性、减轻曲轴配重、提高效率,并具有良好的导热性、小的热膨胀系数,以及在350℃左右有较好的力学性能。发动机所用成分多选用共晶的铝硅合金,也有选择含硅量在16%~20%的过共晶铝硅合金。有的铝硅合金通过添加稀土元素可提高高温力学性能及降低热膨胀系数。

底盘的车架、车桥、悬架、离合器壳、变速器换挡拨叉、减速器、转向器壳、转向操纵轴管、转向轮毂、制动鼓、制动器活塞等一般采用铝铸件。车架、车桥等零件选用铝合金,不仅可减轻重量,还有利于减振。

4.4.2 铜及铜合金

铜及铜合金是汽车制造中不可缺少的材料。汽车上主要使用的有纯铜、黄铜和青铜。据统计,一辆载货汽车需要20kg左右的铜。铜的最大特点是具有良好的导热性和导电性,并具有良好的耐蚀性和耐磨性。

1. 纯 铜

纯铜的外观呈紫红色,所以又称为紫铜。

1)性　能

纯铜的熔点是1083℃,密度为$8.9g/cm^3$,其晶格为面心立方晶格。晶格不随着温度的变化而改变,所以不能用热处理方法提高其强度。纯铜的导电性和导热性很好,仅次于银,常用来制造电线、电缆等导电体。纯铜有良好的塑性,可以拉成很细的铜丝,也能压制成透明的铜箔。它还具有良好的耐蚀性,常温下在大气、淡水、磷酸和不含氧的酸中均有良好的稳定性。但在潮湿的空气中铜能和二氧化碳、或与醋酸发生作用而腐蚀。

2)牌号和应用

工业纯铜按杂质含量多少可分为一号铜、二号铜、三号铜、四号铜四种。用"T+顺序号"表示其牌号,顺序号越大,杂质含量越多。纯铜主要用来制造导电体与铜合金。

2. 铜合金

根据合金的成分不同可分为黄铜和青铜。

1)黄　铜

黄铜是铜与锌组成的合金。它的颜色随含锌量的增加而由黄红色变为淡黄色。根据化学成分的不同又分为普通黄铜和特殊黄铜两种,根据工艺和用途不同又分为压力加工黄铜与铸造黄铜。

(1)普通黄铜。普通黄铜是仅由铜和锌组成的合金。普通黄铜的机械性能比纯铜高,价格便宜,不易腐蚀,塑性好,能进行热压力加工和冷压力加工。如图4.21所示,其机械性能随含锌量的多少而

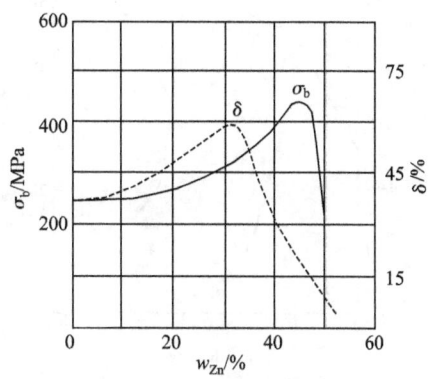

图4.21 黄铜的机械性能与含锌量的关系

变化。当含锌量在30%～32%时,黄铜的塑性最好;含锌量在39%～42%时,塑性下降而强度达最大值;当含锌量>42%后,塑性继续下降而强度急剧下降。因此工业用黄铜的含锌量一般在35%～40%。

普通黄铜的牌号用"H+数字"表示,后面的数字是表示含铜量。如H62是表示含铜量为62%,含锌量为38%的普通黄铜。若前面有"Z"表示是铸造黄铜。普通黄铜常用来制作汽车上的散热器、分水管、油管接头、汽油滤清器滤芯等零件,普通黄铜在汽车上的应用如表4.12所示。

表4.12 普通黄铜在汽车上的应用

牌 号	零件名称
H90	排气管垫密圈外壳、水箱本体、冷却管、暖风散热器的散热管等
H68	水箱上、下储水室,水箱上、下储水室夹片,水箱本体主片、暖风散热器主片
H62	水箱进出水管、加水口座及支承、水箱盖、暖风散热器、进出水管、曲轴箱通风阀及通风管

(2)特殊黄铜。特殊黄铜是在普通黄铜中加入其他合金元素组合而成的。常加入的有铝、硅、锰、锡等元素,相应地称为铝黄铜、硅黄铜、锰黄铜、锡黄铜等。加入合金元素后能进一步提高强度,铝还能提高耐磨性、锡还能提高耐腐蚀性。特殊黄铜的牌号用"H+主加元素符号+数字"表示。例如HPb59-1表示含铜量为59%、含铅量为1%的铅黄铜。HSn90-1表示含铜量为90%、含锡量为1%的锡黄铜。特殊黄铜的最大优点是耐磨性好,可以制造汽车上一些易磨损或经常摩擦的零件,如转向节衬套、钢板弹簧衬套等。特殊黄铜在汽车上的应用如表4.13所示。

表4.13 特殊黄铜在汽车上的应用

牌 号	零件名称
HPb59-1	化油器配制针、制动阀阀座 化油器进水阀本体、主量孔,功率量孔,急速油量孔,曲轴箱通风阀座、储气筒放水阀本体及安全阀座
HSn90-1	转向节衬套,行星齿轮及半轴齿轮支承垫圈

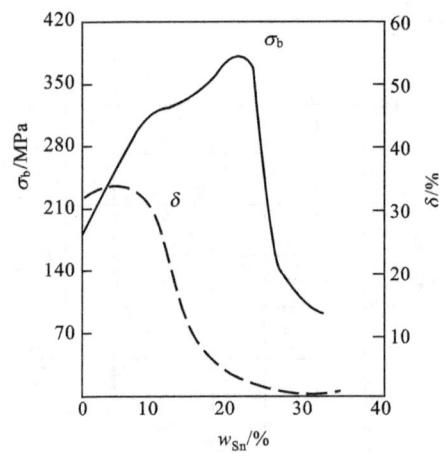

图4.22 青铜的机械性能与含锡量的关系

2)青 铜

(1)青铜的分类。黄铜和白铜(铜镍合金)以外的铜合金统称为青铜。根据化学成分又可分为锡青铜和无锡(特殊)青铜两类。

①锡青铜。以锡为主添加元素的铜合金称为锡(普通)青铜。如图4.22所示,锡青铜的性能随着含锡量的增加,其强度和塑性也随之升高。当含锡量超过5%～6%时,强度继续升高,但塑性开始下降;当含锡量超过20%时,强度开始下降,塑性很低。由此可知,工业生产中锡

青铜的含锡量常在10%以下，以保证锡青铜具有较高强度的同时，也具有一定的塑性和韧性。

② 无锡青铜。以硅、铅、锰等为添加元素的铜合金称为无锡青铜，生产中使用较多的是硅青铜和铝青铜。无锡青铜具有较高的强度、耐磨性和良好的耐蚀性。

硅青铜：以硅为主添加元素的铜合金。它具有良好的铸造性和冷、热加工性。含硅量为2%~5%的硅青铜的弹性和耐蚀性高。常用于制造要求耐腐蚀使用的零件，如齿轮、蜗轮、蜗杆等。在硅青铜中加入镍可提高合金的力学性能，且具有较好的导电性、导热性和耐蚀性，广泛用来制作长距离的空架导线。在硅青铜中加入铅可提高合金的耐磨性，可代替磷青铜或铅青铜制造高级轴瓦。

铝青铜：以铝为主要添加元素的铜合金。常用铝青铜的含铝量在5%~11%，含铝量在5%~7%时塑性最好，含铝量10%时强度最高。铝青铜价格低廉，力学性能高于黄铜和锡青铜，可用热处理方法强化，若再加入Fe、Mn、Ni等元素，还可提高力学性能，而且耐腐蚀性和耐磨性也高。因此，铝青铜常用来代替锡青铜制造强度和耐磨性要求较高的零件，如齿轮、蜗轮、轴承等。压力加工铝青铜还常用来制造仪器中要求耐腐蚀的零件和弹性零件。

(2) 青铜的牌号。青铜用"Q+主加元素符号+添加元素符号+一组或几组数字"表示。第一组数字表示主加元素的百分含量，后几组数字表示各添加元素的百分含量。若为铸造青铜前面用"ZCu"来代替Q，其后标明主加、添加元素符号和百分含量。

(3) 青铜在汽车上的应用。利用锡青铜的耐磨性和耐腐蚀性等优点，青铜常用于制造汽车上承受摩擦而受力较小的零件，如气缸衬套等。在无锡青铜中，铅青铜是制作耐磨零件的理想材料，而硅青铜由于弹性和耐蚀性好，常用于制作在潮湿环境中工作的弹簧，如汽车上的水箱盖、弹簧等。青铜在汽车中的应用如表4.14所示。

表4.14 青铜在汽车上的应用

牌 号	零件名称
QSn4-4-2.5	连杆衬套
	连杆衬套、发动机摇臂衬套
ZCuSn5Pb5Zn5	离心式机油滤清器上、下轴承
QSi3-1	水箱盖出水阀弹簧、空气压缩机松压阀阀套、车门铰链衬套
ZCuPb30	曲轴轴瓦、曲轴止推垫圈

4.4.3 滑动轴承合金

目前，机器上使用的轴承有滚动轴承和滑动轴承两大类。虽然滑动轴承传动效率不如滚动轴承，但其具有承压面积大、无噪声、工作平稳等优点，所以常用于高速重载的场合，如发动机的连杆轴承和曲轴轴承等。

轴承合金材料一般用来制造滑动轴承的轴瓦、内衬和止推垫片等零件。

1. 轴承合金的组织特性

1) 轴承合金的性能

轴承合金根据使用目的有各种各样的要求,但主要有以下几点:

① 塑性。

② 韧性。

③ 耐咬黏性。

④ 耐疲劳性。

⑤ 耐蚀性。

⑥ 耐磨性。

耐疲劳性与耐咬黏性、塑性、韧性的要求是相反的,一种金属材料不能满足上述全部条件。如果把轴承合金与钢板结合,则对耐疲劳性与耐咬黏性、塑性、韧性的要求就可能兼顾。

2) 轴承合金的组织特征

根据上述性能要求,理想的轴承合金组织应是软基体上分布着硬质点,或硬基体上分布着软质点,如图 4.23 所示。当轴承工作一段时间后,轴承的软质点(或软基体)被磨凹,使硬质点(或硬基体)凸出表面以承受载荷,并抵抗自身磨损,凹下去的地方可以储存润滑油,保证有较低的摩擦系数。同时软组织有较好的磨合性、抵抗冲击和振动的能力。

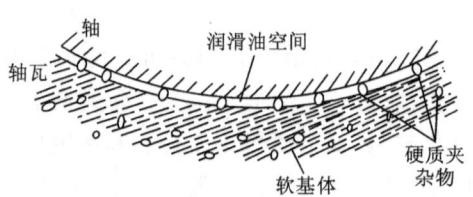

图 4.23　轴承合金的组织特征

2. 常用轴承合金

1) 锡基轴承合金

锡基轴承合金以锡为基础,加入锑、铜等合金元素的轴承合金,又名锡基巴氏合金。其牌号表示方法是:在元素符号前加"Z"("铸"字的拼音首字)和"Ch"("承"字的拼音首字),其后为基本元素和主要添加元素。

锡基轴承合金具有适中的硬度、较低的摩擦系数,并有较好的塑性和韧性,以及优良的导热性和耐蚀性。锡基轴承合金适用于制作车速低、负荷轻和挤压强度小的汽车使用的轴承、衬套等。

2) 铅基轴承合金

铅基轴承合金是以铅为基础,加入锑、锡、铜等合金元素的轴承合金,又称铅基巴氏合金。

铅基轴承合金的特点是其强度、硬度、韧性均低于锡基轴承合金,且摩擦系数较大,所以只用于制造中等负荷的轴承。汽车发动机主轴承、4吨以下载货汽车的连杆或曲轴轴承等均选用铅基轴承合金。

3) 铜基轴承合金

常用的铜基轴承合金是含铅量约为30%,含铜量约70%的铜铅合金,牌号为"ZQPb30"。

铜基轴承合金的特点是:具有良好的润滑作用,抗压强度、疲劳强度、硬度、导热性均比巴氏合金高,并有低的摩擦系数,因此,可用于承受高载荷、高速度及在高温下工作的轴承。例如航空发动机及高速柴油机曲轴轴承。

铜铅合金轴承因其耐腐蚀性不好,制造工艺复杂,成本较高,所以其应用受到一定限制。

4) 铝基轴承合金

铝基轴承合金包括铝锑镁轴承合金和高锡铝基轴承合金。前者以铝为基础,加入4%的锑、0.3%~0.7%的镁元素组成的合金。该轴承合金具有良好的塑性、韧性,且屈服强度较高,目前已大量应用在低速柴油机的轴承上。后者是以铝为基础,加入约20%的锡和1%的铜元素。该轴承合金具有高的疲劳强度、良好的耐热、耐磨和耐蚀性。这种合金应用在汽车、拖拉机、内燃机上,尤其大范围的应用在连杆轴承上。

铝合金轴承中,高锡铝合金适合于轿车发动机使用,而对含硬质点的铝合金轴承,则适于与球墨铸铁轴配用。将曲轴轴瓦材料由巴氏合金改为高锡铝合金,消除了止推片脱落现象,又提高了轴瓦的使用寿命。

4.4.4 其他有色金属

随着汽车工业的不断发展,对汽车轻量化、降低排放污染的要求,有色金属在汽车上的应用越来越多。镁、钛、锌等合金在汽车上的用量也越来越广泛。

1. 镁及其合金

随着汽车工业的发展,镁合金已在发动机、底盘、车身等各方面大量应用,可用于制造曲轴箱壳、变速器壳、离合器壳、阀体、支架、衬套、按钮等50多种零件。

1) 镁合金的特性

根据镁的物理、化学特性,纯金属镁的应用范围较小,而是大量采用加有铝、锌、锆等元素的镁合金。镁合金主要有以下特性:

(1) 质量轻。镁在结构用金属材料中是最轻的。与其他金属材料相比,相同质量时,镁金属材料的强度和刚性较大。

(2) 尺寸稳定性好。镁合金在约100℃时仍呈现出很好的尺寸稳定性。加有铝、锌元素的铸造镁合金,在超过100℃的温度条件下长期使用时,只是产生永久膨胀量,能抵抗以后膨胀量。

(3) 抗震性好。铸铁的衰减能是很大的,而纯镁以及含锆量为0.6%的镁合金则具有远比铸铁更大的衰减性,因而抗震性好。

(4) 切削加工性。镁合金比其他合金在机械加工时的切削抗力小,因而可以加大切削速度、进刀量和切削深度,缩短了机械加工时间。

(5) 工艺性。镁适用于铸造、压延、锻造等多种工艺方法。仅进行压延、挤压加工时,在常温时的工艺性较差,提高加工温度后延展性增加;到达250℃时,无论哪种工艺方法效果都很好。

2) 镁合金的特点及用途

纯镁是精炼钛或锆时的还原剂,也用做各种合金的元素。镁合金比铝轻但价格高,很少用在汽车上。镁合金分为延展用及铸造用,用在汽车上的几乎都是铸造用镁合金。如表4.15所示铸造用镁合金的特点及用途。

表4.15 镁合金的种类及用途

种 类	牌 号(JIS)	特 点	使用示例
Mg-Al-Zn	MC1	有强度及韧性,但铸造性稍差。适合铸造形状简单的铸件	一般铸造用
	MC2	有韧性,铸造性好。适合耐压铸件	一般铸件、曲轴箱、变速器等
Mg-Al	MC5	有强度及韧性,适合耐压铸件	一般铸件,内燃机零件等
Mg-Zn-Zr	MC6	用于要求有强度及韧性的场合。用人工时效硬化处理使其韧性提高	高强度铸件
	MC7	用于要求有强度及韧性的场合。用人工时效硬化处理使其韧性提高	高强度铸件
Mg-Zn 稀土类元素	MC8	有铸造性、焊接性、耐压性。虽然常温下强度低,但高温下强度降低不多	耐热用铸件,内燃机用零件,齿轮等

2. 钛及钛合金

钛的密度为$4.54g/cm^3$,熔点1668℃,导热性差。纯钛塑性好,强度低($\sigma_b=230\sim260MPa$),容易加工成形,可制成细丝和薄片。工业纯钛中含有氢、碳、氧、铁、镁等杂质元素,少量杂质可使钛的强度和硬度显著提高,而塑性和韧性明显降低。钛在硫酸、硝酸、盐酸和碱溶液中有优良的耐蚀性,且抗大气和海水腐蚀的能力超过不锈钢和铜合金,抗氧化能力优于大多数奥氏体不锈钢。

钛合金的抗拉强度σ_b可达1500MPa,其比强度是常用金属材料中最高的。钛合金既是很好的耐热材料,可在500~600℃下工作,又有很好的低温韧性,是唯一能在超低温(-253℃)下使用的工程金属材料。钛合金的主要缺点是硬度低、耐磨性不好和切削加工性能较差等。

3. 锌及锌合金

锌的密度为$7.18g/cm^3$,其合金强度比较高,铸造性能好,价格低。缺点是塑性比较低,耐热和耐蚀性差,容易产生晶间腐蚀,不易焊接。锌合金适合做受力不大而形状复杂的小型结构件及装饰件,也可进行壳型铸造。现在轿车上的锌合金铸件包括汽油泵壳、进油接头、机油泵、变速器轴承壳、方向盘调整臂、车门手柄、车轮罩、后视镜壳体、刮水器零件、喇叭、车灯具零件、玻璃升降器转动轴和手柄、安全带锁扣、内饰件等。

4.5 粉末冶金材料

粉末冶金材料是通过粉末冶金法而获得的材料。其制品中存在着微孔,属于多孔材料。

1. 粉末冶金法及其应用

将几种金属或非金属粉末混匀,压制成型,然后烧结成为零件或材料的生产方法,称为粉末冶金法。其生产过程如下：

(1) 粉末制取。根据材料性质不同,常用的粉末制取方法有机械粉碎法、电解法、喷射法等,也可以几种方法混合使用。

(2) 粉末混料。将几种不同材料的粉末按一定比例配制好后,由混料器充分混合。

(3) 粉末压制成型。将混合料装入压模中,在压力机上以 500～600MPa 的压力加压成型。由于存在原子吸引力和咬合作用,使制件有一定强度。

(4) 烧结。压制成型后的材料强度不高,还必须在有保护气氛的高温炉中进行烧结。烧结时由于原子间的扩散,使粉末颗粒间结合力增加,强度也显著提高。

粉末冶金法既能制取普通冶金方法难以获得的特殊材料,也是一种精密的无屑或少屑的加工方法,具有节约材料、节省工时等特点,因而在工业上被广泛使用。粉末冶金法常用来制造结构材料、摩擦材料、硬质合金、难熔材料及一些特殊材料。

2. 常用的粉末冶金材料

1) 含油轴承材料

含油轴承材料是由粉末冶金材料制成的轴承材料。使用前,先浸入润滑油,由于粉末冶金的多孔性,可吸附大量润滑油,因此被称为含油轴承。工作时,由于轴承发热,使金属粉末膨胀,孔隙容积缩小将润滑油压到工作表面,起到润滑作用。停止工作时,润滑油又渗入到孔隙中,因此含油轴承有自动润滑作用。常用的含油轴承材料有铁基和铜基两种。铁基含油轴承材料常用铁-石墨粉末冶金材料和铁-硫-石墨粉末冶金材料。铜基含油轴承材料常由 ZCuSn5Zn5 青铜粉末与石墨粉末制成。

含油轴承用来制作中速、轻载,特别是不经常加油的轴承。目前,已广泛用于汽车、工程机械和电动机中。

2) 粉末冶金摩擦材料

粉末冶金摩擦材料是具有高摩擦系数、高耐磨性能的金属和非金属复合材料。通常由强度高、导热性好、熔点高的金属作为基体,并加入能提高摩擦系数的摩擦组分(如 Al_2O_3、SiO_2 等),以及能抗咬合、提高减摩性的润滑组分(如 Pb、Sn、MoS_2、石墨等)组成。根据基体材料不同分为铜基摩擦材料和铁基摩擦材料两类。

铜基摩擦材料常用于汽车的离合器和制动器,在湿摩擦条件下工作,摩擦系数为 0.1~0.12,摩擦表面温度不超过 70~80℃。铁基摩擦材料多用于各种高速重载机器的制动器,如载重汽车、大型工程机械,也可用于汽车和工程机械的干式离合器;在干摩擦条件下工作,摩擦表面温度可达 1000℃,摩擦系数为 0.35~0.45。

3) 硬质合金

硬质合金是以碳化钨(WC)、碳化钛(TiC)等高熔点、高硬度的碳化物为基体,加入钴(或镍)作为黏合剂的一种粉末冶金材料。

硬质合金具有硬度高(86~93HRA)、红硬性高(900~1000℃)、耐磨性好的优点,主要用来制造刃具。其切削速度比高速钢高 4~10 倍,使用寿命可提高 5~8 倍,而且还能加工硬度在 50HRC 左右的硬质材料及难加工的不锈钢等韧性材料。

常用的硬质合金分为以下几类。

(1) 金属陶瓷硬质合金:

① 钨钴类(YG)。主要成分为碳化钨(WC)和钴(Co)。这类合金强韧性好,但硬度和耐磨性稍差,适用于制作切削脆性材料(铸铁、青铜等)的刀具。

② 钨钴钛类(YT)。主要成分为碳化钨(WC)、碳化钛(TiC)和钴(Co)。由于碳化钛的加入,这类硬质合金硬度、耐磨性及红硬性高。在工作时易形成一层氧化钛薄膜,使切屑不易黏附,但强韧性差。因此,适用于制作加工塑性材料的刀具。

上述两种硬质合金,同类合金中钴含量较低时,合金具有较高的硬度、耐磨性及红硬性,但韧性低。所以,钴含量较低的合金,适用于制作做精加工刀具,反之则适用于制作粗加工刀具。

③ 通用类硬质合金。这类合金是在钨钴钛类硬质合金中加入碳化钽(TaC),以取代部分碳化钛,主要用来制作切削高锰钢、不锈钢、耐热钢的刀具。

(2) 钢结硬质合金。钢结硬质合金是一种以碳化物作为硬质相,以合金钢(高速钢、不锈钢)粉末作黏合剂,混合烧结而成的一种新型刀具材料。

常用硬质合金的代号、牌号、成分、性能及用途如表 4.16 所示。

表 4.16 常用硬质合金的代号、牌号、成分、性能及用途

类别	代号	牌号	化学成分/%				物理、力学性能				用途
			w_{WC}	w_{TiC}	w_{TaC}	w_{Co}	密度 ρ/(g/cm³)	硬度/HRA	抗弯强度/GPa	冲击韧度/(kJ/m²)	
钨钴类合金 YG	K01	YG3X	97			3	14.9~15.5	91	1.03	87.9	铸铁、有色金属及其合金的精加工、半精加工
	K05	YG6	94			6	14.6~15.0	89.5	1.37	79.6	铸铁、有色金属及其合金的半精加工、粗加工
	K10	YG6X	93.5		<0.5	6	14.6~15.0	91	1.32	79.6	铸铁、冷硬铸铁高温合金的精加工、半精加工
	K20	YG8	92			8	14.5~14.9	89	1.47	75.4	铸铁、有色金属及其合金的粗加工,也可用于断续切削

续表 4.16

类别	代号	牌号	化学成分/%				物理、力学性能				用 途
			w_{WC}	w_{TiC}	w_{TaC}	w_{Co}	密度 ρ /(g/cm³)	硬度 /HRA	抗弯强度 /GPa	冲击韧度 /(kJ/m²)	
钨钴钛类合金 YT	P30	YT5	85	5		10	12.5~13.2	89.5	1.28	62.8	碳钢、合金钢的粗加工,也可用于断续切削
	P20	YT14	78	14		8	11.2~12.0	90.5	1.18	33.5	碳钢、合金钢连续切削时粗加工、半精加工、精加工,也可用于断续切削时的精加工
	P10	YT15	79	15		6	11~11.7	91	1.13	33.5	
	P01	YT30	66	30		4	9.3~9.7	92.5	0.883	20.9	碳钢、合金钢的精加工
通用合金 YW	M10	YW1	84~85	6	3~4	6	12.6~13.5	92	1.2		不锈钢、高强度钢与铸铁的粗加工与半精加工
	M20	YW2	82~83	6	3~4	8	12.4~13.5	91	1.35		不锈钢、高强度钢与铸铁的粗加工与半精加工

✴✴✴✴✴✴✴✴✴✴✴✴ 思考题 ✴✴✴✴✴✴✴✴✴✴✴✴

1. 钢材按其外形可分为哪几类?
2. 钢按其化学成分分为哪几类?它们的组成元素分别是什么?
3. 试分析碳素钢的组织、力学性能随含碳量增加的变化规律。
4. 常存杂质元素对钢的性能都有哪些影响?
5. 叙述钢的热处理方法及其组织的转变过程。
6. 正火与退火的主要区别是什么?生产时应如何选择正火与退火?
7. 45钢经调质处理后,硬度为240HBS,若再进行180℃回火,能否使其硬度提高?为什么?
8. 淬火的目的是什么?试确定45钢及T12钢的加热温度,并说明原因。
9. 退火与回火都可以消除钢中的应力,这两种方法在生产中是否可以通用?
10. 合金钢都有哪些类型?
11. 为什么低合金高强度结构钢的强韧性比含碳量相同的碳素钢好?
12. 弹簧钢的最终热处理为何采用淬火+中温回火?
13. 一般结构钢能否用来做刃具?工具钢能否用来制作结构件?为什么?
14. 合金元素在钢中的作用是什么?
15. 什么是铸铁?它与碳素钢相比有何优缺点?
16. 铸铁根据什么分类?分为哪几类?各有什么特点?
17. 有一灰铸铁件,经检查发现石墨化进行的不完全,有少量渗碳体存在,试分析产生的可能原因都有哪些?
18. 灰铸铁的基本组织有哪几种?试述基体组织对灰铸铁性能的影响。
19. 球墨铸铁是怎样获得的?为什么它的力学性能比其他铸铁都高?
20. 什么叫铸铁的石墨化?影响铸铁石墨化的主要因素有哪些?
21. 特殊性能合金钢的分类方法及其各自的特征是什么?

22. 形变铝合金和铸造铝合金是怎样区分的？
23. 铜锌合金的性能与含锌量有何关系？
24. 汽车活塞常用哪种铝合金？其性能如何？
25. 试述滑动轴承合金的性能要求是什么？常用滑动轴承合金有哪些？
26. 汽车常用的有色金属有哪几种？
27. 不同铝合金可通过哪些途径达到强化目的？
28. 铝及铝合金在轿车上的应用有哪些？
29. 铜及铜合金在轿车上的应用有哪些？

第 5 章 非金属材料

非金属材料是指除金属材料以外的其他材料。金属材料虽然具有力学性能高,热稳定性好,导电、导热性好等优点,但也存在密度大、耐腐蚀性差、电绝缘性差等缺点,因而无法满足生产的需要。非金属材料有许多金属材料不具备的特点,因此已成为现代工业中必不可少的材料。

非金属材料种类繁多,主要包括高分子材料、陶瓷材料和复合材料。

5.1 高分子材料

高分子材料是以高分子化合物为基料的一类材料的总称。高分子化合物简称高分子,又称为聚合物或高聚物。高分子材料在自然界中广泛存在,例如,天然橡胶、羊毛、蚕丝、蛋白质、核酸、淀粉、纤维素等都是天然高分子物质。

5.1.1 高分子材料的特性

1. 高分子化合物的组成

组成高分子材料的分子是长链分子,即由若干原子按一定规律重复地连接成具有成千上万甚至上百万质量、最大伸直长度可达毫米量级的长链分子,因此高分子材料又被称为聚合物材料。它们的分子量都在几千、几万、几十万或几百万以上,表 5.1 列举了一些物质的分子量。

表 5.1 常见几种物质的分子量

低分子物质				高分子物质				
水	石英	乙烯	单糖	天然高分子物质			人工合成高分子物质	
H_2O	SiO_2	C_2H_4	$C_6H_{12}O_6$	橡胶	淀粉	纤维素	聚苯乙烯	聚氯乙烯
18	60	28	180	200 000~500 000	>20 000	570 000	>50 000	5 000~160 000

高分子化合物一般由一种或几种简单的低分子化合物通过共价键重复连接而成,分子量虽然很大,但其化学组成并不复杂。所以,高分子化合物也称为高聚物或聚合物。例如,聚乙烯是由低分子乙烯组成,聚氯乙烯是由低分子氯乙烯组成。

2. 高分子材料的分类及命名

1) 高分子材料的分类

高分子材料种类繁多,根据材料来源、性能和用途、工艺的不同,有多种分类方法。

按照高分子材料的来源,可分为天然高分子材料和合成高分子材料。天然高分子材料如天然橡胶、皮革、棉纤维等。合成高分子材料如合成橡胶、塑料、化学纤维等。

按高分子材料的性能和产品用途不同,可分为塑料、橡胶、纤维、聚合物基复合材料、黏合剂和涂料等。

按高分子材料的热行为及成型工艺特点不同,可分为热塑性高分子材料和热固性高分子材料。

2) 高分子材料的命名

高分子材料的命名方法主要有两种:一种是根据商品的来源或性质确定名称,如电木、有机玻璃、塑料等。这种命名方法不能反映高分子化合物的结构和特性。另一类是根据单体原料名称命名,并在它的前面加一个"聚"字。如由乙烯加聚反应生成的聚合物就叫聚乙烯,由氯乙烯加聚反应生成的聚合物就叫聚氯乙烯。对于缩聚反应和共聚反应生成的聚合物,则在单体后面加"树脂"或"橡胶"。如酚醛树脂、乙丙橡胶、丁酯橡胶。有一些工程塑料,如环氧树脂、聚酯则以该类材料的特征化学单元环氧基、氨基、铬基为基础命名的。许多聚合物化学名称的英文缩写也被广泛的采用。如 PE(聚乙烯)、PP(聚丙烯)、PVC(聚氯乙烯)等。

3. 高分子材料的性能

1) 高分子材料组织结构的特点

任何物质的各种性质都与其结构有关。高分子材料和其他材料一样,它们所具有的各种性能都是由不同的化学组成和组织结构决定的。要想合理地使用高分子材料,必须从不同的微观层次上了解高聚物组成和组织结构特征与性能的关系,才能制造出独有性能的高分子材料。

高分子材料的组织结构的主要特点是:

① 大分子链是由众多简单单元重复连接而成的,链的长度大约是链直径的 10^4 倍。

② 大分子链具有柔性、可弯曲性。

③ 大分子链间以分子间的范德华力结合在一起,或通过链间的化学键交联在一起,范德华力大小和交联程度对性能有很大的影响。

④ 高聚物中大分子链凝聚态结构有晶态和非晶态两种类型。

决定高分子材料基本性质的主要因素是高分子链的结构。由于高分子材料分子量大,使其物理、力学性能与低分子物质相比有明显的差别。高分子材料的化学稳定性、耐腐蚀性能也同样与大分子结构有密切关系。由饱和的化学键所构成的某些高分子化合物,缺乏与介质形成电化学作用的自由电子或运动离子,因而不会发生电化学腐蚀。对于不同的高分子材料来说,由于组成高分子的连接所含的原子或基团不同,以及这些原子在空间排列的不同,从而导致高分子材料间性质有所差异,甚至存在很大的区别。

2) 高分子材料性能的主要特点

塑料、橡胶等高分子材料与金属材料、无机非金属材料一样,具备力学性能、电学性能、热学性能和化学性能等。高分子材料结构的特殊性,使其在性能上具有以下的特点:

① 质量较轻、许多高分子材料呈透明状。
② 可作为电的绝缘体。
③ 导热性能差。
④ 耐水、大多数耐酸、碱、盐、溶剂、油脂等介质腐蚀。
⑤ 摩擦系数小、易滑动。
⑥ 有缓冲作用、能吸收振动和声音。
⑦ 热膨胀较大,低温会发脆,耐热温度低。
⑧ 有蠕变、应力松弛现象的黏弹特性。
⑨ 多数具有柔软性,橡胶类或塑料材料具有高弹性。
⑩ 使用过程中会出现"老化"现象。

与金属材料、无机非金属材料相比较,高分子材料的性能特别是机械性能变化范围最大。在上述诸多性能中,高弹性是其他材料所不具有的性能。高分子材料还能同时表现出黏性液体和弹性固体力学行为的黏弹性,所以又称黏弹性材料。黏弹性是高分子材料的又一重要机械性能,而且该性能对温度和时间的依赖特别强烈。

高分子材料不能大量作为结构材料使用的重要原因之一是:高分子材料的实际强度、刚性与金属材料比较相对较低,但它可以通过改变性能或复合的方法来改善或提高性能,其使用范围必将随着材料科学的发展而扩大。

5.1.2 塑 料

1. 概 述

1) 合成树脂和塑料

树脂是分子量不固定的,在常温下呈固态、半固态或半流动态的有机物质。它们在受热时能软化或熔融,在外力作用下可呈塑性流动状态。树脂可分为天然树脂和合成树脂两大类。

合成树脂是由人工合成的一类高分子量的聚合物的总称,简称树脂,它的最重要的应用是制造塑料。

塑料是以树脂为基础原料,加入(或不加)各种助剂、增强材料和填料,在一定温度、压力下加工成型或交联固化成型而得到的固体制品或材料。塑料与树脂的区别为:树脂是指加工前的原始聚合物,塑料则指加工后的一种合成材料及制品。

在实际应用中合成树脂常和塑料通用。

2) 塑料的组成

大多数塑料的组成成分是合成树脂和添加剂,个别塑料由纯树脂组成。添加剂包括填料、增强材料、增塑剂、稳定剂、固化剂、着色剂、润滑剂、阻燃剂、发泡剂以及抗静电剂等。稳定剂和润滑剂是塑料中必须加入的添加剂,其他组分则根据塑料种类和用途的不同而有所增减。加入添加剂的目的是为了改善塑料的成型加工性能、制品的使用性能以及降低成本等。

(1) 合成树脂。合成树脂是塑料的主要组分,约占塑料全部组分的 40%～100%。其作用是将全部组分胶粘起来,并赋予塑料最主要的特性。树脂的性能直接关系到物料成型加工过程和成型加工后制品的性能。影响塑料性能的因素有分子量及分子量分布、颗粒结构、粒度、结晶度、密度、水分、低分子量挥发物含量等。

(2) 填料。填料又称为填充剂,它是一种化学性质比较稳定的惰性物料,是制造压塑粉的主要原料之一。它的作用是提高塑料的机械强度、降低成本、改进性能。常用的填料有高岭土、石膏、碳酸钙、滑石粉、碳黑、石棉、木屑等。过去填料主要用于热固性塑料,如酚醛树脂中加入 20%～60% 木屑作填料。

(3) 增强材料。它是纤维性组织,具有增加树脂能力的惰性材料,是制造增强塑料的主要原料之一。常用的有玻璃纤维、棉纤维、石棉布以及在一些新型高强度塑料中应用石墨纤维等。增强材料的作用除了提高塑料的物理性能外,还可以显著提高塑料的强度。工业上常用的玻璃钢就是由一些树脂,如聚酯、酚醛树脂、环氧树脂等和玻璃纤维配合而成的。

(4) 增塑剂。凡能增加树脂体系塑性的物质均可称为增塑剂。增塑剂可渗透进入高聚物链段之间,削弱聚合物链间的作用力,从而在一定温度和压力下使聚合物分子链容易运动,增加聚合物的可塑性、流动性和柔软性,改善加工性能。增塑剂用量一般不超过 30%。

(5) 稳定剂。稳定剂的作用主要是防止成型过程中高聚物受热分解或长期使用过程中高聚物受光和氧的作用而老化降解,因此有热稳定剂、光稳定剂和抗氧剂等名称。

热稳定剂主要用于聚氯乙烯和其他含氯聚合物。热稳定剂有盐基性铅盐、有机锡、复合稳定剂等主稳定剂和环氧化合物、亚磷酸酯等副稳定剂。主稳定剂和副稳定剂之间配合使用常能起到协同效应。

树脂暴露在日光或强的荧光下,由于吸收了紫外光能量,引发了自动氧化反应,导致降解,使制品的外观和物理、力学性能劣化,这一过程称为光氧化或光老化。凡能抑制这一过程的物质称为光稳定剂,主要有碳黑、氧化锌和一些无机颜料。

能够减缓树脂自动氧化反应速度的物质称为抗氧剂。抗氧剂有胺类、酚类、含硫化合物、含磷化合物、有机金属盐类等。

(6) 固化剂。凡能与树脂中的不饱和键或反应基团起作用而使树脂固化的物质,称为固化剂。一般热固性树脂在成型前必须加入固化剂,以促使塑料的线形或网状的分子结构相互交联,变成体型结构的坚硬固体。例如,用于环氧树脂的固化剂有胺类、酸酐类、聚酯类等;用于聚酯树脂的有过氧化物等;用于酚醛树脂的固化剂有六次甲基四胺。

(7) 着色剂。凡是能够改变塑料固有颜色而使塑料制品具有各种鲜艳色彩的物质,称为着色剂。着色剂分为无机颜料和有机染料两类。

(8) 润滑剂。凡能改善塑料在加工成形时的流动性和脱模性的物质称为润滑剂。它的作用是在塑料成形过程中附着在材料表面以防止黏着设备和模具,增加流动性,使塑性制品表面光亮、美观。常用的润滑剂有硬脂酸盐、脂肪酸和酰胺、石蜡等。

(9) 阻燃剂。大多数塑料是可以燃烧的,这就限制了它在各个工业部门中的应用。若在塑料中加入含磷、氯、溴原子基团等物质,则可提高塑料的抗燃烧能力,这样的物质就叫做阻燃剂。

(10) 发泡剂。能够使塑料形成微孔结构或蜂窝状结构的物质称为发泡剂。常用的发泡剂有碳酸氢钠、碳酸铵、亚硝酸铵、偶氮化合物、亚硝基化合物、卤化烃以及氨气、二氧化碳等。

(11) 抗静电剂。塑料制品广泛用于电气、电子工业以及其他部门。但塑料具有容易带静电的缺点,这给生产和生活带来许多危害。抗静电剂一般是有机氮化物(如酰胺、胺类及季铵化合物)以及具有聚醚结构的化合物。

3) 塑料的优缺点

(1) 优点:

① 相对密度为 0.9~2.5,质量很轻。

② 可使用金属模具加工,尺寸精度高。

③ 有金属不具备的光泽及手感。

④ 耐水性、耐蚀性、耐药品性优良。

⑤ 隔音、防震性能好。

⑥ 电气绝缘性、隔热性好。

⑦ 耐冲击性比玻璃强。

⑧ 容易实现涂覆、镀金属、印刷等表面加工处理,着色也容易。

为提高塑料的机械性质,在其中加入玻璃纤维等,以强化耐热性、强度、硬度等,其总称为玻璃钢。

(2) 缺点:

① 热、紫外线、氧等,能使塑料产生龟裂、裂纹、外观变化或变色等。

② 耐荷重性、耐疲劳性低。

③ 能耐弱酸性及弱碱性,但可溶解于有机溶剂或变形。

④ 在低温下变脆,在高温下易发生热变形。

2. 种类及用途

按照塑料对热的反应形式，可以分为热塑性塑料与热固性塑料。

1) 热塑性塑料

热塑性塑料受热时变软，表现为塑性，但冷却后又变硬，恢复固体的性质。一般成型性好，缺点就是不耐热。表 5.2 为主要热塑性塑料的性质及用途。

表 5.2 热塑性塑料的种类、性质及用途

树脂名	代号	连续耐热温度/℃	性质	用途	应用的汽车零件
聚乙烯	PE	82～100	有用低压法制造的硬质材料及高压法制造的软质材料。比水轻，耐药品性、电气绝缘性优良，但耐热性差	绝缘材料、电气机械零件、水管、包装材料等	底盘封釉、水箱、制动油储存瓶
聚氯乙烯	PVC	65～80	不易燃，不漏水漏气。强度、电气绝缘性、耐药品性良好，加入增塑剂可变得柔软	管材、电线外皮、胶带、化工厂的配管、玩具等	薄板、内部配线束线
聚苯乙烯	PS	66～77	也称苯乙烯。无色透明，敲击有金属音。电气绝缘性优良，容易划伤，溶于稀料	餐具、容器、塑料模型（玩具）、电视机和收音机外壳等	车顶衬材
聚甲基丙烯酸甲酯	PMMA	60～88	无色透明有光泽，韧性好、易加工。溶于汽油或稀料	照明、防风玻璃、广告灯、隐形眼镜等	标牌类、前灯后灯罩
聚酰胺	PA	80～121	也叫尼龙。白色透明，耐磨性、耐冲击性、耐热性好	容器、齿轮、拉锁、医疗器具等	转速表驱动齿轮、水箱、风扇、制动油储存瓶
聚碳酸酯	PC	121	透明无色或略带黄色，耐酸不耐碱。韧性及耐热性好	电气机械零件、螺栓、机械零件、电话机外壳、信号灯罩、餐具等	调节手柄
聚丙烯	PP	121～160	与聚乙烯相似。耐热性优良、有光泽、耐弯曲	容器、电气零件等	底盘封釉材料、水箱格栅、方向盘、轮罩
聚醛树脂	POM	85	也叫乙缩醛树脂。白色透明，韧性强、耐磨性好	齿轮、拉锁、机械零件等	方向盘外缘、调节手柄
丙烯腈-丁二烯-苯乙烯	ABS	60～121	也叫 ABS 树脂，多不透明。耐冲击性优良	电视机和收音机的零件、合成木材等	仪表板、内饰材料、罩、水箱格栅、开关、旋钮等

2) 热固性塑料

热固性塑料固化后保持原有性质，即使再加热也不再显示塑性，在成型加工过程中有化学变化，必须等到固化终了才能从模具里取出制件，生产率较低。坚硬、耐热性好，适合做结构材料。表 5.3 示出主要热固性塑料的性质及用途。

表5.3 热固性塑料的种类、性质及用途

树脂名	代号	连续耐热温度/℃	性质	用途	应用的汽车零件
酚醛树脂	PF	177～260	电气绝缘性、耐酸性、耐热性、耐水性优良,强度较好,不易燃	配线用具、电视机和收音机的零件、齿轮、轴承、制动器衬材、食器、黏合剂等	化油器隔热
尿素树脂	UF	160～190	无色,可自由着色。与苯酚树脂性质相似,但耐水性稍差	电器零件、配线用具、纽扣、玩具、涂料、黏合剂等	
三聚氰胺树脂	MF	152～181	与尿素树脂相似,但耐水性好。有陶器的性质,表面硬	电器零件、配电盘、机械零件、食器、涂料、黏合剂等	车身表层涂料
不饱和聚酯树脂	UP	149～177	电气绝缘性、耐热性、耐药品性优良。若用玻璃纤维作增强材料则韧性好	电气机械零件、钓鱼竿、餐桌、安全头盔等	
环氧树脂	EP	166～260	耐药品性优良,与金属的黏合性好	机械零件、工具、夹具、涂料、黏合剂、道路铺装、地板材料等	分电器盖

3. 强化塑料

为改善塑料的强度及耐热性,在苯酚树脂、聚碳酸酯、ABS树脂、聚乙烯等树脂中加入玻璃纤维,称为强化塑料。

强化塑料在单一方向的强度,如抗拉强度达到765MPa以上,抗弯强度达到660MPa以上,已经超过碳素钢的强度值,而且相对强度也超过软钢。作为机械材料,其使用范围正在扩大,如制造齿轮、皮带轮、照相机、车辆等的零件。

此外,塑料中加入黄铜、钢铁等金属纤维的技术也取得进展,可以使抗拉强度及抗弯强度更为提高,作为结构材料有更广泛的使用前途。

用于强化塑料的纤维主要有玻璃纤维、碳纤维等。其他也有用碳化硅纤维、硼纤维等,还有用钼、钨、不锈钢等金属纤维。机械性质也随使用纤维的种类、形状、含有量、制造方法而不同,但强度都接近压铸金属。还可以使强化塑料具有热变形温度高、膨胀系数小、成型收缩小,在低温时具有高冲击强度的特点。所以用来制作齿轮、皮带轮等机械材料。在汽车零件方面,也用在汽车的后备厢或车身的外板。

4. 塑料在轿车上的应用

为实现轿车轻量化、提高轿车的舒适性和安全性,近年来,各国轿车塑料制品的用量日益增多。目前每辆轿车上的塑料用量已达9%左右。

1) 在轿车结构件和内外装件上的应用

塑料在轿车结构件和内外装件上的应用,主要是为了满足轿车轻量化、提高安全性、节约能源消耗、降低生产成本等要求。

目前,许多通用塑料、工程塑料及其增强塑料都能在不同程度上替代钢、铜、不锈钢、铝合金、无机玻璃等材料,用来制造轿车结构件或内外装件。其中,最常用的是聚丙烯、聚氯乙烯、聚乙烯等。表5.4列举了轿车结构件和内外装件上的塑料品种及其应用实例。

表5.4 轿车结构件和内外装件上的塑料品种及其应用

塑料名称	应用实例
聚丙烯、玻纤增强聚丙烯、无机填料增强聚丙烯、电镀级聚丙烯	取暖及通风系统、车厢、发动机舱、车身、灯壳、水箱面罩、工具箱、备胎罩、电瓶、电线接线柱、接线盒盖、消声器等
聚氯乙烯、氧化聚氯乙烯、玻纤增强聚氯乙烯、热固性低发泡聚氯乙烯	仪表板罩、汽车顶盖内衬、后盖板表皮、操纵杆盖板、备胎罩、转向盘、货厢衬里、窗玻璃升降器盖、保险杠套、电线包覆层、货车地板等
低密度聚乙烯、高密度聚乙烯、超高分子量聚乙烯	挡泥板、顶篷和门的减振材料、行李厢垫、空气导管、汽油箱、储罐等
高抗冲 ABS、超高抗冲 ABS、高刚性 ABS、电镀 ABS、透明 ABS、氧化共混 ABS	后挡泥板、仪表板、收音机罩、空气排气口、转向盘喇叭盖、调节器手柄、格栅、后护板、上通风盖板、车轮罩、百叶窗、支架、镜框等
有机玻璃、珠光有机玻璃、甲基丙烯酸甲酯共聚模塑料	窗玻璃、仪表玻璃、窥镜、反光镜、油标、罩盖、仪表壳、车灯玻璃等
尼龙-6、尼龙-66、尼龙-1010、玻纤增强尼龙、MC尼龙	汽油箱盖、头枕支架、遮阳板支架、保险杠裙、燃油滤清器盖、汽车牌照框架、进气口外板、车轮罩、散热器水箱、后端板、燃油管道、气制动管道、泵壳、转向柱套、接线柱、熔断器壳、轴承架、刮水器齿轮、门外侧手柄、飞轮盖等
均聚甲醛、共聚甲醛、玻纤增强聚甲醛	油箱盖、制动单向油阀、排水阀、燃油泵、制动泵壳体、燃料节流泵、化油器空气入口、减振器、轴承保持架、悬置球节、转向臂、格栅、水泵叶轮、记速器齿轮、刮水器齿轮和枢轴、开关滑动板、门外侧手柄、遮阳板托架和框架、门调节器手柄、驾驶室内镜框、加热器风扇和操纵杆、空调和真空调节阀等
聚碳酸酯、玻纤增强聚碳酸酯	信号灯玻璃、灯具、仪表标牌、遮阳板、窗玻璃、风扇、保险杠等
PBT、玻纤增强 PBT、阻燃 PBT、发泡 PBT、PET、玻纤增强 PET	车尾板、前挡泥板延伸部分、灯座、车牌支架、开关接插件、点火线圈架和外壳、接线柱座、分电器盖、电气接线盒、空调器阀门、调速器电缆连接管、废气净化系统阀门、安全带、车轴连接杆、天线杆、操纵杆手柄、调速器油箱、气泵壳体、发动机罩壳、燃油泵壳体等
玻纤增强不饱和聚酯模塑料	保险杠、电器壳体、点火器盖、挡泥板等
反应性注射成型聚氨酯(RIM)	保险杠、散热器格栅、扰流板、翼板等
聚四氟乙烯、玻纤增强聚四氟乙烯、铅和青铜填充聚四氟乙烯、聚三氟氯乙烯、聚六氟丙烯	各种垫片、垫圈、活塞环、阀座、轴承、缓冲环、滑块等

2) 在轿车软饰件上的应用

塑料在轿车软饰件上的应用,主要是满足轿车饰件的安全、美观、舒适等性能。在轿车软饰件上的应用要求塑料具有良好的吸振性、耐热性、防老化性和机械强度,以及质量轻、手感好、成型工艺简便和使用寿命长等。

轿车软饰件主要是指轿车车身内外各种质地柔软、坚韧的装饰部件,其中以内饰件为主。轿车中典型的塑料软饰件如表5.5所示。

用于制造轿车软饰件的塑料,主要有聚氨酯泡沫塑料、聚氯乙烯、聚苯乙烯、聚丙烯和玻璃纤维增强丙烯腈-苯乙烯共聚物等,其中以聚氨酯泡沫塑料最为重要。

表 5.5 车中典型的塑料软饰件

内饰件名称	塑料名称
座椅缓冲垫、头枕	聚氨酯泡沫塑料
扶手、仪表板缓冲垫	聚氨酯泡沫塑料、聚氯乙烯
仪表盖板、前支柱装饰条、控制箱体	ABS
仪表板芯材	玻纤增强丙烯腈-苯乙烯共聚物
仪表板托架、车门前饰板芯材、制动杆手柄、中后支柱装饰条	聚丙烯
转向盘	聚丙烯、聚氨酯
车门内饰板表皮、车顶棚内衬表皮	聚氯乙烯
车门内饰板隔离层、车顶棚内衬隔离层	聚氨酯、聚苯乙烯
车顶棚内衬托架	聚丙烯、聚苯乙烯

5.1.3 橡 胶

橡胶是一种具有高弹性的高分子材料。由于它具有高弹性,优良的伸缩性、吸振性、绝缘性、耐磨性、隔音性,因此广泛应用于制造密封件、减振件、传动件、绝缘件及轮胎等。橡胶的主要缺点是易老化,耐油能力差。

橡胶制品在汽车制造和维修中应用很广泛。橡胶不仅用来制造轮胎,而且还被广泛用来制作风扇皮带、各种皮管、油封、门窗密封胶条、制动皮碗等。

1. 橡胶的组成

橡胶是在生胶的基础上加入适量的配制剂制成的高分子材料。橡胶的性能主要取决于生胶的性质。

按其生胶的来源分为天然橡胶与合成橡胶。天然橡胶是将橡胶树流出的胶乳,经过凝固、干燥、加压等工序制成的片状固体物,主要成分为异戊二烯。合成橡胶是以石油、天然气、煤等为原料,通过化学合成的方法制成的与天然橡胶性能相似的高分子材料。合成橡胶的品种很多,如丁苯橡胶、氯丁橡胶、硅橡胶等。

配合剂的作用是为了提高和改善橡胶的性能。常用配合剂有硫化剂、促进剂、防老化剂、填充剂、发泡剂和着色剂等。

2. 橡胶的分类

1) 天然橡胶

从橡胶树的内皮流出的白色乳液混合甲酸或醋酸后的凝固物称为生橡胶。生橡胶受强大外力拉长后并不复原,而是软化。生橡胶的耐药品性也弱,所以制成有实用性的橡胶还要加入硫磺等,在 100~150℃下加热,称为硫化。除硫磺外,如果添加碳黑可以增强橡胶的强度及耐磨性。

硫的含量在 15% 以下的称为软橡胶,柔软而有弹力、用在轮胎的胎面。硫的含量在 30% 以上的是硬橡胶。这种橡胶虽然不柔软,但电气绝缘性、耐水性、耐药品性、耐老化性优良。

2）合成橡胶

为了补充急剧增长的橡胶需求及克服天然橡胶的缺点，人们开发了合成橡胶。合成橡胶又叫人造橡胶。天然橡胶是由称作异戊二烯的物质组成的，所以合成与这种组织相似的丁二烯或氯丁二烯就可以生产许多合成橡胶。

合成橡胶根据性能和用途，可分为通用橡胶和特种橡胶两大类。凡是性能与天然橡胶差不多，物理、机械和加工性较好，可以做轮胎和其他一般橡胶配件，称作通用合成橡胶；而具有特殊性能，专供耐油、耐热、耐寒、耐化学腐蚀等制品使用，称作特种合成橡胶。

合成橡胶的弹性和抗拉强度不如天然橡胶，但耐磨性、耐热性等性能优良，用于各种车轮、内胎、传动皮带、胶管、衬垫材料等。

3．橡胶的基本性能

1）极高的弹性

这是橡胶独特的性能。它的伸长率可达到 500%～600%。橡胶在开始受负荷时变形量很大，随着外力的增加，抵抗变形的力也迅速增加，起到一种缓冲的作用。因而橡胶可以做减轻碰撞、敲击和吸收振动的零件，如发动机支架软垫等。

2）良好的热可塑性

在一定温度下橡胶失去了弹性而具有可塑性，这就是热可塑性。橡胶在热可塑性状态下很容易加工成各种形状和不同的尺寸。外力消除后，加工后的形状和尺寸可以保持下去。根据这一特性，可以把橡胶加工成不同形状的配件。

3）强黏着性

橡胶具有与其他材料粘成整体而不易分离的能力。橡胶特别能牢固地与毛、棉、尼龙等材料粘接在一起。汽车的胶管和外胎都是由帘布层与橡胶牢固地粘接在一起制成的。

4）其他性能

橡胶还有耐磨、耐蚀、绝缘性和较高的强度等。

橡胶的主要缺点为：

（1）容易老化。在贮存和使用过程中，橡胶的机械性能和绝缘性等会发生变化。另外，随着时间的增加，橡胶会出现变色、发黏或变硬、变脆龟裂，最后不能使用，这种现象叫做橡胶的老化现象。橡胶老化是氧化作用造成的。阳光、高温和机械变形（如轮胎在行驶过程中发生挠曲变形）都会使氧化作用加快，加速老化过程。

（2）抗拉强度及硬度低。在橡胶中加入某些配合剂以后，可以提高橡胶的机械性能。

4．汽车常用橡胶制品

1）汽车常用橡胶

用于汽车的橡胶种类、性质及用途如表 5.6(a) 及表 5.6(b) 所示。

表 5.6(a)　橡胶的种类、性质及用途

性质＼分类	天然橡胶（NR）	丁二烯橡胶（BR）	苯乙烯-丁二烯橡胶（SBR）	异丁烯-异戊二烯橡胶（IIR）	乙烯-丙烯橡胶（EPM）
相对密度	0.91～0.93	0.91～0.94	0.93～0.94	0.91～0.93	0.86～0.87
加工性	优	优	优	可	良
硬度	10～100	30～100	30～100	20～90	30～90
伸长率/%	100～1000	150～800	100～800	100～800	100～800
断裂强度	优	良	可	良	可
耐磨性	优	优	优	良	良
耐热性（最高使用温度/℃）	120	120	120	150	150
耐寒性（脆化温度/℃）	－50～－70	－70	－30～－60	－30～－55	－40～－60
耐老化性	良	良	良	优	优
耐臭氧性	不可	不可	不可	优	优
耐光性	良	良	良	优	优
耐火性	不可	不可	不可	不可	不可
体积电阻率(25℃)/(Ω·cm)	10^{10}～10^{15}	10^{14}～10^{15}	10^{10}～10^{15}	10^{16}～10^{18}	10^{12}～10^{15}
耐汽油、轻油性	不可	不可	不可	不可	不可
耐酸性	良～可	良～可	良～可	优	优～良
耐碱性	良	良	良	优	优
主要用途	轮胎胎面橡胶、橡胶管、传动皮带、衬垫材料	同左	制动蹄片类、制动油管、轮胎胎面橡胶	车轮内胎、电线外皮、橡胶管、传动皮带	制动蹄片类、水箱热水胶管、电线外皮

表 5.6(b)　橡胶的种类、性质及用途

性质＼分类	氯丁二烯橡胶（CR）	腈基丁二烯橡胶（NBR）	丙烯酸酯橡胶（ACM）	硅橡胶（Q）	氟橡胶（FKM）
相对密度	1.15～1.25	1.00～1.20	1.09～1.10	0.95～0.98	1.80～1.82
加工性	优	优	可	良	可
硬度	10～90	15～100	40～90	30～90	50～90
伸长率/%	100～1000	100～800	100～600	50～500	100～500
断裂强度	良	良	可	可～不可	良
耐磨性	优～良	优～良	良	可～不可	优
耐热性（最高使用温度/℃）	130	130	180	280	300
耐寒性（脆化温度/℃）	－35～－55	－10～－20	0～－30	－70～－120	－10～－50

续表 5.6(b)

性质＼分类	氯丁二烯橡胶（CR）	腈基丁二烯橡胶（NBR）	丙烯酸酯橡胶（ACM）	硅橡胶（Q）	氟橡胶（FKM）
耐老化性	优	良	优	优	优
耐臭氧性	良	不可	优	优	优
耐光性	优	良	优	优	优
耐火性	良	可～不可	可～不可	良～不可	优
体积电阻率(25℃)/(Ω·cm)	10^{10}～10^{12}	10^9～10^{10}	10^8～10^{10}	10^{11}～10^{15}	10^{15}～10^{18}
耐汽油、轻油性	良	优	优	可～不可	优
耐酸性	优～良	良	良～可	良～可	优
耐碱性	优	良	良～可	优	可～不可
主要用途	水箱胶管、风扇皮带、车窗密封橡胶圈、防震橡胶、电线外皮	耐油胶管、衬垫材料、油封、膜片	油封、高温耐油制品、密封衬垫材料	电气零件、医疗用衬垫材料	耐热、耐药胶管、衬垫材料、阀芯、油封

2）轮　胎

轮胎安装在轮毂上，支承着全车的重量，行驶时使车轮和路面可靠附着而不会打滑，并能吸收振动和冲击。轮胎由外胎、内胎和垫带组成。内胎中充满空气，外胎用来保护内胎，起承受负荷与路面摩擦的作用。外胎由帘布层、缓冲层、胎面、胎侧和胎圈等部分构成。垫带用来防止轮辋磨损内胎。

随着汽车工业的发展，对汽车用轮胎提出了更高的要求，如需要改善汽车的行驶性能、增加车速、乘坐舒适等，普通结构的轮胎已不能满足目前使用的要求，因而出现了许多新型结构的轮胎，选择耐磨性好的天然橡胶和合成橡胶构成的胎面层，以及高强度纤维所构成不同形式的帘布层等可制造各种机能的轮胎，以适应各种汽车的应用。新型轮胎（如子午线轮胎）有一系列的优点：行驶性能好、行驶温度低、行驶里程高、耐磨性好、节省燃料、缓冲性能好、乘坐舒适等。

3）橡胶配件

汽车用橡胶配件主要有各种胶管、传动带、油封及高压密封、减振缓冲胶垫、窗玻璃密封条等。这些橡胶配件应用于汽车各种部位，数量虽不多，但对汽车的质量与性能具有重要作用。

汽车用胶管包括水、气、燃油、润滑油、液压油的输送管，其中，液压制动胶管、气压制动胶管、其他制动胶管、水箱胶管、动力转向液压胶管、离合器液压胶管等是汽车上重要的机能件。

汽车用的胶带大多是无接头的环形带。汽车的偏心轴等传动带多采用齿形三角带，要求传动速度准确、耐高速、噪声低、使用时间长。

橡胶密封件以油封为主，包括密封圈、衬垫等，用于前后轴、曲轴、离合器、变速器、差速器、制动系统和排气系统等部位。油封制品虽然体积小，但对整车性能却有着十分重要的影响。

另外,汽车门窗玻璃密封条用于防止风雨侵袭,所采用的橡胶原料多为乙丙橡胶,也有将氯丁橡胶或丁苯橡胶与乙丙橡胶并用的,以达到经久耐用的目的。

4) 风扇皮带

风扇皮带是汽车上常用的一种橡胶制品。主要的作用是用于传递曲轴皮带轮和水泵、发电机、压缩机等皮带轮之间的动力。风扇皮带是一种三角皮带,特点是:没有接头,传动平稳均匀;嵌在皮带轮槽里面,靠轮槽两侧面传递动力,不容易滑动,短距离及高速传动时的效率高;缓冲弹性好,不会影响或损坏传动机件的精度。

5.1.4　胶粘剂

胶粘剂又名黏合剂或粘接剂,俗称胶。它是既能把同种材料粘接在一起,也能将性质迥然不同的两种材料粘接在一起的新型连接材料,特别适用于粘接弹性模量与厚度相差较大、不宜采用其他连接方法连接的材料,以及薄片或薄膜材料等。胶粘技术是一种实用性很强并已在许多领域得到广泛应用的新技术、新工艺,已成为一门新兴的独立的边缘学科。它具有经济、快速、牢固、节能等特点。

1. 胶粘剂的组成

胶粘剂通常是一种混合料,由基料、固化剂与硫化剂、增塑剂与增韧剂、稀释剂及其他辅料配合而成。

1) 基　料

基料又称粘料,是胶粘剂的基本成分。常用的基料包括天然聚合物、合成聚合物、无机化合物。

2) 固化剂和硫化剂

固化剂和硫化剂又分别称为交联剂和硬化剂,是合成粘接剂中最主要的配合材料,其作用都是直接或者通过催化剂(或称促进剂)与基料进行化学反应,使原来是热塑性的基料交联成坚韧或坚硬的体型网状结构。

固化剂主要用于基料为合成树脂的胶粘剂中。其种类和用量随基料品种不同,如胺类、酸酐、聚酰胺、双氰胺等。硫化剂主要用于基料为橡胶的胶粘剂中,主要有硫、过氧化物、金属氧化物等。

3) 增塑剂与增韧剂

增塑剂是能增进固化体系塑性的物质,它在合成胶粘剂中能提高弹性和改进耐寒性。例如,邻苯二甲酸二甲酯就是一种增塑剂。

增韧剂是能提高胶粘剂的韧性、改善胶层抗冲击性的物质。常用的增韧剂有聚酰胺、聚氨酯、松香、液体聚硫橡胶等。

4) 稀释剂

稀释剂是用于降低胶粘剂黏度、改善施工性能的物质,可分为活性和非活性两类。前者参与固化反应，常用的有环氧丙烷、环氧戊烷、环氧丙烷丁基醚等。后者不参与反应，即常用的溶剂，如丙酮、乙醇、甲苯、二甲苯等。

5）填　料

胶粘剂加入填料后可降低成本，提高粘接强度、耐热性和尺寸稳定性，改善导电和导热性能。常用的有石棉纤维、玻璃纤维、瓷粉等。此外，还有提高粘接力的偶联剂，防止胶粘剂长期受热分解的稳定剂以及改善色调的染料或颜料。

2．胶粘剂的分类

通常将胶粘剂分为合成胶粘剂、天然胶粘剂和无机胶粘剂三大类。合成胶粘剂按其基料组成不同又可分为热固性树脂胶粘剂、热塑性树脂胶粘剂、橡胶型胶粘剂和混合型胶粘剂。按其使用性能和用途可分为结构型胶粘剂、非结构型胶粘剂（或称通用型胶粘剂）和特种胶粘剂。随着合成材料工业的迅速发展，合成胶粘剂已占主导地位，用途越来越广。天然胶粘剂是由天然有机物制成的，按来源分有植物胶粘剂、动物胶粘剂和矿物胶粘剂。无机胶粘剂是由无机化合物为基料的胶粘剂，化学组分主要是无机盐和氧化物，其耐热性、耐老化性较好，并且不污染环境。

3．胶粘剂在汽车上的应用

胶粘剂和密封胶在汽车工业中已成为粘接各种零部件和防止泄漏的重要材料，在汽车防震、隔热、防漏、防松等方面起着重要作用。我国每辆汽车上胶粘剂和密封胶用量约为30kg，其中车身用胶量居首位。

1）在汽车零部件胶接上的应用

胶粘剂在汽车上的应用范围十分广泛，其典型胶接部位如图5.1中的阿拉伯数字所示，胶接部位与胶粘剂种类如表5.7所示。

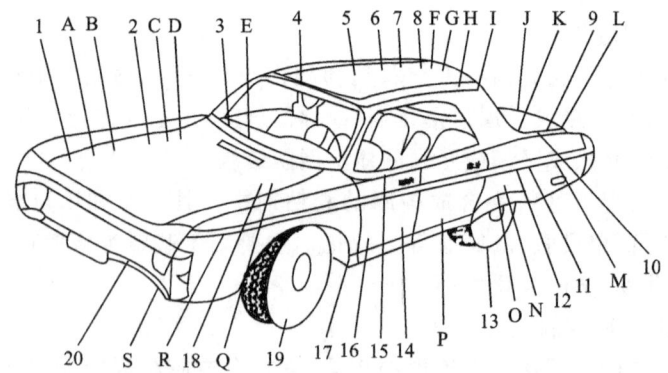

图5.1　典型胶接部位（数字表示胶结部位、英文字母表示密封部位）

2）在汽车密封上的应用

汽车上有许多需要密封的部位，其典型的密封部位如图5.1中的英文字母所示，密封部位与密封胶种类如表5.8中所示。

表 5.7 胶接部位与胶粘剂种类

部位	胶接零部件	胶粘剂种类
1	发动机机罩内外挡板胶接	热固化乙烯基塑料溶胶
2	车身外的贴花加工	丙烯酸酯压敏胶
3	挡风玻璃胶接	聚硫多组分反应性高含固量胶粘剂
4	聚氯乙烯顶篷接缝胶接	聚酯、聚酰胺热熔胶
5	顶篷隔音衬垫胶接	丁苯橡胶为基料的溶剂型胶粘剂
6	聚氯乙烯顶篷胶接	氯丁橡胶为基料的溶剂型胶粘剂
7	顶篷拱型加固梁与顶篷的结构胶接	热固化高含固量的聚氯乙烯塑料溶胶
8	顶篷衬里胶接	丁苯橡胶为基料的溶剂型胶粘剂
9	压盖板防雨条胶接	氯丁橡胶为基料的溶剂型胶粘剂
10	后盖隔音材料胶接	高含固量的再生胶
11	聚氯乙烯成型防护侧条胶接	丙烯酸酯压敏胶
12	接缝装饰条胶接	丙烯酸酯或橡胶型压敏胶
13	制动衬里与闸瓦胶接	酚醛-缩醛、酚醛-丁腈或酚醛-缩醛-有机硅等热固性胶粘剂
14	木纹聚氯乙烯侧面装饰板胶接	丙烯酸酯压敏胶
15	座椅衬垫与聚氯乙烯塑料片胶接	丁苯胶或乙烯-醋酸乙烯共聚体热熔胶
16	车门内装饰板胶接	氯丁橡胶溶剂型胶粘剂
17	车门防风防雨条胶接	氯丁橡胶溶剂型胶粘剂
18	电动机皮带与离合器的结构胶接	酚醛-丁腈胶等热固性胶粘剂
19	闸瓦底座与圆衬垫的胶接组装	酚醛树脂胶
20	装饰标、商标等胶接	丙烯酸酯型压敏胶

表 5.8 密封部位与密封胶种类

部位	密封零部件	密封胶种类
A	气缸盖垫片密封	半干性黏弹型密封胶
B	螺栓密封	氯丁橡胶乳液或厌氧胶
C	绝热隔板接缝密封	再生胶
D	绝热隔板密封	环氧树脂胶或聚氨酯胶
E	外层窗玻璃密封	丁基橡胶-聚异丁烯胶
F	后窗玻璃密封	丁基胶
G	后窗外层辅助密封	软性丁基橡胶-聚异丁烯胶
H	顶篷排水槽外密封	聚氯乙烯塑料溶胶
I	顶篷至车舱后部位塑料挡板胶接密封	高含固量聚氯乙烯塑料溶胶
J	油箱输油管密封	高含固量、可膨胀、热固化氯丁胶
K	行李厢接缝密封	高含固量聚氯乙烯塑料溶胶
L	后盖排水槽外缝密封	高含固量热固化聚氯乙烯塑料溶胶
M	非膨胀性焊接内缝密封	高含固量热固化聚氯乙烯塑料溶胶
N	可膨胀性焊接内缝(后盖挡板及挡泥板)密封	可膨胀、热固化丁苯胶
O	挡泥板、高低板填充密封	高含固量聚氯乙烯塑料溶胶
P	底板内缝密封	以沥青为基料的高含固量胶粘剂
Q	罩板总装的膨胀性焊接缝密封	丁苯胶
R	减震器垫片密封	热固化氯丁胶
S	油漆层下的外缝密封	高含固量、热固化型聚氯乙烯塑料溶胶

5.1.5 涂 料

汽车用涂料品种多、用量大,并且需要具备独特的施工性能和漆膜性能,因而早已成为一种专用涂料。为适应汽车的现代化涂装工艺的需要和适应汽车涂层的高装饰性及防腐蚀性能的要求,近些年来开发了不少新涂料。

1. 涂料的分类

汽车用涂料可按在汽车上的使用部位、涂装工艺和在涂层中所起的作用分类。

1) 按在汽车上的使用部位分类

(1) 汽车车身用涂料。汽车用涂料主要是指车身用涂料。车身涂层一般是由底层、中间层和面层三层或者由底层和面层两层构成。车身用涂料是汽车用涂料的主要代表。

(2) 货厢用涂料。其质量要求比车身用涂料要求低,一般为底、面两层涂层。

(3) 车轮、车架等部件用的耐腐蚀的涂料。主要要求漆膜坚韧、耐磨、抗石击,耐腐蚀性好,且耐机油。

(4) 发动机部件用涂料。因发动机不能高温烘烤,所以要求涂料能常温快干,漆膜耐汽油、耐机油、耐热性应较好。

(5) 底盘用涂料。因车桥、传动轴等总成不能高温烘烤,所以所用涂料应能常温干燥,漆膜耐水、耐机油、耐石击、耐腐蚀等性能应良好。

(6) 铸锻件、毛坯和冲压件半成品用涂料。涂装的目的是防锈和打底,所用涂料一般属于防锈底漆类,要求具有较好的防锈和力学性能。

(7) 车内装饰件用涂料。主要要求具有较高的装饰性,良好的附着力和耐磨性。

(8) 特种用途涂料。包括蓄电池固定架用耐酸涂料,汽油箱内表面用耐汽油涂料,消声器、排气管用耐热涂料,以及密封涂料、防声绝热涂料等。

2) 按涂装工艺及在涂层中的作用分类

(1) 汽车用底漆。底漆是直接涂装在经过表面预处理的工件表面上的第一道涂料,是整个涂层的基础。底漆必须具有良好的附着力,防锈、防腐蚀,与中间层、面层有良好的配套性和施工性。底漆的演变过程大致是:油性底漆→硝基底漆→醇酸树脂底漆或酚醛树脂底漆→环氧树脂底漆→浸用水性底漆→阳极电泳用底漆→阴极电泳用底漆→粉末底漆。

(2) 汽车用中间层涂料。这是介于底漆涂层和面漆涂层之间的涂层所用的涂料,包括通用底漆又称为底漆二道浆、二道浆又称为腻子,俗称填密、封底漆四种不同作用的涂料。中间层涂料的主要作用是改善底层的平整度,为面漆涂层提供良好的基底以提高整个涂层的装饰性。对于装饰性要求不太高、表面又很平整的载货汽车涂装,在流水线生产的场合有时不采用中间层以简化工艺。对于装饰性要求高的中、高级轿车则几乎都采用中间层涂料。中间层涂料应与底、面层配套良好,结合力强,具有填平性和良好的打磨性、耐潮湿,不应引起涂层起泡。

(3) 汽车用面漆。面漆是涂装施工中最后涂层用的涂料,它直接影响汽车涂装的装饰性、外观和耐候性等。面漆涂料的演变过程大致为:油性漆→硝化纤维磁漆→醇酸磁漆→氨基醇酸磁漆和丙烯酸漆→粉末涂料和非水分散体涂料等。常用的面漆有氨基醇酸树脂系漆、丙烯酸系漆、聚氨酯系漆、醇酸树脂系漆、硝基漆和过氧乙烯系漆等。

3) 按用途分类

目前采用的汽车涂料按用途分类如表 5.9 所示。

表 5.9　汽车涂覆用的各种涂料

	涂料	涂覆法	主要成分	目的
车身外板	底层涂覆	电泳	① 环氧树脂 ② 顺丁烯二酸化油 ③ 聚酯 ④ 聚丁二烯做成水溶性	钢板接缝、厢型构造内部及车身外板的防锈
	中间层涂覆	喷漆	① 聚酯 ② 环氧树脂	耐翻边、表面涂覆层加工及一般涂膜性能
	表面层涂覆	喷漆	① 三聚氰胺醇酸树脂 ② 丙烯 ③ 聚氨基甲酸酯	美观、耐候性及确保一般涂膜性能
车底	汽车底盘	电泳、浸渍、喷漆	① 环氧树脂 ② 顺丁烯二酸化油 ③ 聚酯 ④ 聚丁二烯 ⑤ 三聚氰胺醇酸树脂 ⑥ 苯酚	车底盘防锈
	隔音涂料 耐冲击涂料	喷漆	① 塑料溶胶 ② 沥青质	车底盘隔音、防震、耐冲击性
其他	自然干燥型修补用涂料	喷漆、刷漆	① 高牢固硝基漆 ② 丙烯硝基漆 ③ 聚氨基甲酸酯	修补
	防锈剂	喷漆、刷漆	① 防护蜡 ② 各种树脂	车底盘、厢型构造内部防锈
	涂膜保护剂	喷漆、刷漆	① 防护蜡 ② 粉剂	保护涂膜
	密封剂	专用喷枪充填	① 塑料溶胶	钢板接缝的防尘、防水、防锈
	塑料用涂料	喷漆	① ABS ② 丙烯 ③ PP	保险杠、仪表板等其他零件的美观、耐候性

注:电泳是一种电化学的涂覆方法。有将被涂覆物作为阳极的阴离子电泳及作为阴极的阳离子电泳,现在主要使用防锈能力优良的阳离子电泳。

涂料由涂膜形成主要素,涂膜形成次要素,涂膜形成辅助要素及颜料构成。

涂膜形成主要素是形成涂膜的主要成分,汽车上使用的合成树脂涂料的种类及特点如表 5.10 所示。

涂膜形成次要素是使涂膜性能提高的添加成分。根据需要可使用增塑剂、硬化剂、干燥剂等。

涂膜形成辅助要素是保持涂料为液体状。用来调整涂覆时涂料的流动性,在干燥过程中会蒸发掉。它并不残留在最后形成的涂膜里,被称为溶剂。主要有机溶剂如表5.11所示。近来也常用水溶性涂料,所以溶剂不仅是稀料。

表5.10 主要合成树脂涂料的种类及特点

合成树脂的种类	干燥时间	特点	说明
醇酸树脂	6h （常温）	耐候性比较好,耐碱性差	是最一般的合成树脂涂料,用于素色(非金属)
氨基醇酸树脂	30min （140℃）	涂膜坚硬美观	也叫做三聚氰胺树脂涂料
硅变性醇酸树脂	6h （常温）	耐候性好	
不饱和聚酯树脂	1～3h （常温）	无溶剂,可厚涂	用于油灰填充凹缝
环氧树脂	16h （常温） 30min （120℃） 20min （150℃）	耐水、耐药品、附着性好,耐候性较差	
聚氨基甲酸酯	1～2h （常温）	耐磨性、耐候性好	用于金属色
丙烯树脂	30～40min（常温） 30min （140℃） 20min （170℃）	保色性、耐候性好 保色性、耐候性优良	也叫丙烯漆,用于金属色
水溶性烤漆	30min （160℃）	可电泳涂覆	用于底层涂覆

表5.11 溶剂的种类

区分	溶剂	区分	溶剂
碳氢化合物系	甲苯	酮系	丙酮
	二甲苯		甲基乙基甲酮
	乙苯		甲基异丁基酮
	己烷		二丙酮醇
醇系	甲醇	酯系	醋酸乙基
	乙醇		醋酸丁基
	n-丁醇		

颜料除了赋予涂膜色彩,还使涂膜具有耐久性、耐热性、耐光性及防锈效果等。颜料的种类如表5.12所示。

表5.12 颜料的种类

色相	颜料名称	化学结构	相对密度
白	氧化钛(无机颜料)	TiO_2	3.8～4.1 3.9～4.2
	氧化锌(无机颜料)	ZnO	5.6
黑	碳黑(无机颜料)	C	1.8
红	铁丹(无机颜料)	Fe_2O_3	3.8～5.1
	大红(有机颜料)	(有机化学结构式)	1.48

续表 5.12

色相	颜料名称	化学结构	相对密度
黄	铬黄(无机颜料)	$PbCrO_4$（主成分）	5.58~6.04
	汉撒黄·G(无机颜料)	(偶氮结构含 H_3C, NO_2, $N=N$, $HO-C-CH_3$, $C-NH-$, $O=C$)	1.35~1.48
蓝	群青(无机颜料)	$Na_6AL_6Si_6O_{24}S_2$	2.20~2.70
	铜钛菁蓝	酞菁铜结构（Cu 中心配合物）	1.54~1.74

2. 涂覆的工艺过程

涂料用在汽车车体及零件的最后的涂覆加工。涂覆的目的在于防锈与美观。特别是车体外板,要求在各种环境下,长时间持续使用而涂膜不破损、钢板不生锈。还要求涂膜的光泽及色彩不降低,仍保持美观。因此在汽车上使用的涂料要根据汽车各部分涂覆的目的采用适当的成分与涂覆方法。

汽车车体的涂覆工程,一般卡车及轻型汽车要进行底漆及面漆 2 道涂覆工艺,而轿车则要经过底漆、中间层漆、面漆 3 道涂覆工艺。

(底层涂覆)
车身工厂→涂覆前处理→前处理去水分干燥→电泳涂覆→电泳涂覆干燥→隔音涂覆→
(中间层涂覆) (表面层涂覆)
防翻边涂覆→填缝→中间层喷漆→烤漆干燥→表面水砂纸打磨→去水分干燥→喷面漆→烘烤干燥→装配工厂

1) 涂覆前处理

涂覆前处理,是使车身材料表面出现隔离层以强化防锈能力,同时可强化底漆与材料表面的结合力。

2) 前处理去水分干燥

通过热风循环干燥炉使前处理后的水分蒸发、干燥。炉温一般是 80~120℃,干燥时间为 10~30min。

3) 电泳涂覆

这是为了使车体从涂料液里通过,达到各部分防锈而实施的底层涂覆。一般用阳离子的涂覆方法,电泳膜的厚度由通电时间及电压控制。

4) 电泳涂覆干燥

电泳涂覆后进行的干燥。一般是 180~200℃,干燥时间为 30min 左右。

5) 隔音涂覆

隔音涂覆是为了缓和行驶时来自驱动系统和路面的震动或噪音,保护车体免受路面的砂石、泥水的损害。膜厚 2mm 左右。

6) 防翻边涂覆

防翻边涂覆是为了防止车身被车轮卷起的碎石、杂物等撞击损伤,在车身底部的涂覆。

7) 填　缝

汽车车身由多块钢板拼合而成,其间有缝隙。为防止行驶时泥水、尘土进入缝隙,用填缝灰泥充填。

8) 中间层喷漆

清扫车身表面后进行中间层喷漆,以提高防翻边涂覆及面漆涂覆的性能。多数使用静电喷涂。

9) 烘烤干燥

中间层喷漆后,在热风循环的干燥炉内以 140~150℃ 的温度烘烤 20~30min。

10) 表面水砂纸打磨

用水砂纸或旋转磨削机磨削涂覆面,除去灰尘等附着物,将涂覆面平滑后再轻度擦毛以增加表面积,使其与表面涂覆膜能密切结合。

11) 去水分干燥

水砂纸打磨的部分用热风干燥炉烘烤。一般是 100~120℃,时间为 10~15min。

12) 喷面漆

车身涂覆的最后加工工序,使用喷漆枪,也有的采用静电喷漆。

13) 烘烤干燥

与中间层烘烤程序一样,一般是 140~150℃,时间为 20~30min。完成以上工艺,再检查加工状态,然后喷防锈涂层,涂覆工程结束。

5.2　陶瓷材料

陶瓷是以天然或人工合成的各种无机化合物为基本原料,经原料处理、成型、干燥、烧制等工序制成无机非金属固体材料。陶瓷是现代工业中很有发展前景的一类材料。

传统的陶瓷材料是指硅酸盐类材料,主要用于制造陶瓷和瓷器,这些材料都是用黏土、石灰石、长石、石英等天然硅酸盐类矿物制成的。现代的陶瓷材料已有了巨大变化,许多特种陶瓷(新型陶瓷)已经远远超出了硅酸盐的范畴,主要为高熔点的氧化物、碳化物、氮化物、硅化物等的烧结材料。近年来,还发展了金属陶瓷,主要指用陶瓷生产方法制取的金属与碳化物或其他化合物的粉末制品。所以,一般认为,陶瓷材料是各种无机非金属材料的通称。

陶瓷除了用高温将天然黏土或岩石烧成的陶瓷器以外,还包括玻璃、水泥、砖等无机的非金属物质。其性质坚硬,耐热性、耐蚀性、耐久性优良,但质地脆,加工困难是其缺点。

5.2.1 陶 瓷

1. 陶瓷的组织结构

陶瓷是由金属和非金属元素的化合物构成的多晶固体材料,晶体结构比金属复杂得多。它们主要是以离子键为主的晶体(例如 MgO、Al_2O_3)和以共价键为主的共价晶体(SiC、Si_3N_4),但大多数为两者的混合型晶体。尽管陶瓷的种类繁多,也可用三种相来归纳,即晶相、玻璃相和气相,如图 5.2 所示。以上三种相的数量、形状及分布对陶瓷的性能起着决定性的作用。

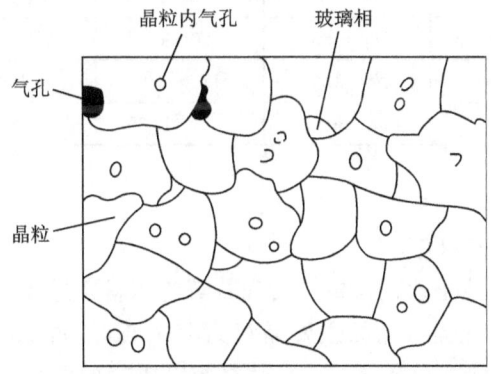

图 5.2 陶瓷显微组织

1) 晶 相

晶相是陶瓷的主要组成相。它是由固溶体或化合物所组成,且一般是多晶体,存在着晶粒和晶界。同金属一样,细化晶粒和亚晶粒也可以强化陶瓷材料。从晶格结构上看,常见的有氧化物结构和硅酸盐结构两类。陶瓷材料的主要性能是由晶相决定的。陶瓷晶体也存在着点、线、面等缺陷,它们都对性能有很大影响。

2) 玻璃相

玻璃相是陶瓷烧结时各组成物和杂质通过一系列物理化学作用形成的一种非晶态的低熔点固体。玻璃相的主要作用是将分散的晶相粘接在一起,起到降低烧成温度,抑制晶体长大以及填充气孔空隙的作用。玻璃相强度低、热稳定性差,因此工业陶瓷应限制玻璃相所占的体积分数,一般在 20%~40%。

3) 气 相

陶瓷中的气相就是气孔。气孔的数量、形状、分布对性能产生较大的影响。气孔往往产生应力集中,又是裂纹源,组织致密性下降,降低了材料的强度和电击穿能力,使材料脆性增大,所以应减少气孔量。但是,轻质材料、保温材料则希望增加气孔量。一般来说,气相约占陶瓷体积的5%~10%。

普通陶瓷的组织通常由晶相、玻璃相、气相组成。对特种陶瓷来说,由于对其性能要求更高、更严,因此,它的组织只能由晶相和气相(<5%)或极少量的玻璃相组成。而金属陶瓷则是仅由晶相和极少量的气相(<0.5%)组成。

2. 陶瓷的特性

近几年,在陶瓷本来具有的特性上,又制造出在电特性、磁特性、光学特性、高温特性等方面有着特别优良功能的材料,用来制造各种传感器、执行机构、显示元件、耐高热零件等。主要陶瓷的特性如表5.13所示。

表5.13 主要陶瓷的特性

特 性	单 位	氮化硅(Si_3N_4)	碳化硅(SiC)	氧化铝(Al_2O_3)	氧化锆(ZrO_2)
硬 度	HV	1550~1700	2600~3700	1800~2200	1200~1300
杨氏弹性系数	GPa	100~330	380~470	350~370	190~320
刚性率	GPa	75~120	175~185	150	80
泊松比	—	0.22~0.27	0.13~0.25	0.23~0.27	0.30~0.32

3. 陶瓷的分类

1) 普通陶瓷(传统陶瓷)

传统陶瓷是以高岭土、长石、钠长石和石英为原料经过成型和高温烧结制成的一种多相固体材料。这类陶瓷的主要晶相为莫来石,约占25%~30%;玻璃相占35%~60%;气相占1%~3%以上。通过改变组成物的配比、溶剂、辅料以及原料的细度和致密度,可以获得不同特性的陶瓷。

传统陶瓷含有较多的玻璃相,所以结构疏松、强度较低,在一定的温度下会软化、耐高温性能不如现代陶瓷,一般最高使用温度为1200℃左右。

2) 特种陶瓷(现代陶瓷)

特种陶瓷的化学组成、内部结构、性能和使用效能等各方面均不同于传统陶瓷。它是以精制、高纯的化工产品为原料,并严格控制各个工艺过程,其中包括采用各种成型、烧结或其他先进工艺。在性能方面也是传统陶瓷所望尘莫及的,强度之高可与金刚石相媲美。柔韧如铸铁,透明如玻璃,可像人体五官那样敏感、智能。

(1) 氧化铝陶瓷(又名高铝陶瓷)。主要成分是Al_2O_3和SiO_2,其中Al_2O_3的含量在45%以上。根据陶坯中主要晶相的不同,氧化铝陶瓷可分为刚天瓷、刚玉、莫来石及莫来石瓷等。按Al_2O_3含量分为75瓷、95瓷和99瓷。其中常用的刚玉瓷性能最优,所含玻璃相和气相极少,硬度高(莫氏硬度为9)、机械强度比普通陶瓷高3~6倍,抗化学腐蚀能力和介电性能好,且耐高温(熔点为2050℃)。其缺点是脆性大、抗冲击性和抗热震性差,不宜承受环境温度剧烈变化。

(2) 氮化硅陶瓷。氮化硅陶瓷是将硅粉经反应烧结法或将Si_3N_4粉经热压烧结法制成的。前者称为反应烧结氮化硅,后者则称为热压氮化硅。氮化硅是共价化合物,键能相当高,原子间结合很牢固。因此,它的化学稳定性高,除氢氟酸外,能承受各种无机酸、王水、碱液的腐蚀,也能抵抗熔融的有色金属的侵蚀,同时具有优异的电绝缘性能以及高的硬度、良好的耐磨性。从强度上考虑,热压氮化硅中几乎不存在气相,因而组织致密、强度高。反应烧结氮化硅约含有20%~30%的气相,强度不及热压氮化硅。

反应烧结氮化硅常用于耐磨、耐腐蚀、耐高温、绝缘的零件。如泵的机械密封环,可比普通陶瓷寿命提高6~7倍。常用于制作高温轴承、热电偶套管,输送铝液的电磁泵的管道,阀门和炼钢生产上的铁液流量计等。

(3) 碳化硅陶瓷。碳化硅是把石英、碳装入电弧炉中,在1900~2000℃高温下合成的。

碳化硅陶瓷热稳定性好、耐磨性、耐腐蚀性强。它的制造方法与氮化硅陶瓷一样,也有反应烧结和热压烧结两种工艺用来生产碳化硅陶瓷。碳化硅的最大特点是高温、高强度。一般陶瓷材料到1200~1400℃时强度显著降低,而碳化硅在1400℃时抗弯强度仍保持500~600MPa的较高水平。其热传导能力强,在陶瓷中仅次于氧化铝陶瓷。

4. 陶瓷的制造与加工

制造陶瓷的一般工艺流程如图5.3所示。先在一种至几种原料里配合必要的添加物,根据所需形状分别用压制成型、转台成型、挤出成型、铸造成型、流入成型等方法,加工干燥后烧成制品。在此过程中按照原料的纯度、添加物的种类、配合的比例、成型方法等决定了制品的特性。陶瓷材料的主要用途如表5.14(a)和表5.14(b)所示。

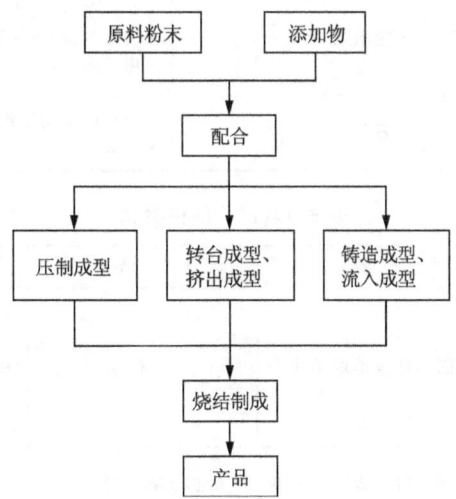

图5.3 常用的制造陶瓷方法

表 5.14(a)　陶瓷材料

材料的种类 \ 形态	单晶体	烧结体或非晶体	粉体
氧化锌(ZnO)	—	・电阻体	・白色颜料 ・导电涂料
氧化钛(TiO_2)	・宝石（金红石） ・轴承	・耐蚀容器 ・电阻体	・白色颜料
氧化锡(SnO_2)	—	・电阻体	・导电釉药
钛酸钡($BaTiO_3$) 钛酸盐或锆酸盐	—	・电容器 ・压电体 ・焦电体	—
硫化镉(CdS)	・化合物半导体	・微粒子烧结体 （Cd^{2+}离子传感器）	・颜料 ・荧光体
氧化铝(Al_2O_3)	・宝石（红宝石、蓝宝石） ・唱针 ・轴承	・集成电路基板 ・透光性（钠灯管） ・切削工具 ・耐热耐蚀容器 ・耐火物品	—
氮化硅(Si_3N_4)	—	・耐热强度材料 ・耐热容器 ・耐火物品	—
碳化硅(SiC)	—	・耐热强度材料 ・耐热容器 ・耐火物品	・抛光材料 ・磨削材料
氧化锆(ZrO_2)			
氮化硼(BN)	—	・切削工具	—
碳（金刚石、石墨、非晶体）(C)	・宝石（钻石）	・切削工具（金刚石） ・耐热容器（石墨） ・电波吸收体	・磨削材料（金刚石） ・润滑材料（石墨）
二氧化硅(SiO_2)	・石英振子	・集成电路用掩模基板 ・石英坩埚	—

表 5.14(b)　陶瓷材料

多孔质体或贯通孔体	薄膜	纤维	复合体或结合体
・气体传感器	・表面弹性波延迟元件	—	・提高气体传感器的灵敏度及选择性 ・（铂、铅等的载体） ・压敏电阻（与 Bi_2O_3 的复合体）
・催化剂载体 ・气体传感器	・热线反射玻璃用的被膜	・耐热性隔热材料	—
・气体传感器	・热线反射玻璃用的被膜	—	・接点材料（与银的复合体）

续表 5.14(b)

多孔质体或贯通孔体	薄　膜	纤　维	复合体或结合体
• 二次电子倍增管	• 电容器 • 表面弹性波延迟元件	—	• 正温度系数热敏电阻（晶界为绝缘体） • 在二级正温度系数热敏电阻的表面形成 Bi_2O_3 的薄层 • 柔性压电体（聚氟化及聚偏氯乙烯的复合体）
—	—	—	• 太阳电池（与 Cu_2S 的复合体）
• 吸附材料 • 催化剂载体 • 蜂窝状催化剂载体	• 陶瓷涂膜 • 集成电路用绝缘基板	• 耐热性隔热材料 • 金属陶瓷用的强化材料	• 金属陶瓷（与金属的复合体）
—	• 陶瓷涂膜 • 集成电路用绝缘被膜	—	—
—	—	• 耐热性隔热材料 • 金属陶瓷用的强化材料	• 磨石 • 金属陶瓷
—	—	—	• 部分稳定化的氧化锆，刀具、剪刀、氧浓度差电池
• 吸附剂（非晶体）	—	• 碳纤维（非晶质）	• 切削工具 • 与金属或树脂的复合体
• 吸附剂 • 催化剂载体 • 二次电子倍增管	—	• 玻璃纤维强化用素材 • 光通信用光缆（超高强度）	• 玻璃纤维 • 强化塑料

5. 陶瓷在汽车上的应用

作为结构材料和功能材料，陶瓷在汽车中有广泛的用途。应用在汽车上的陶瓷，从特性上可以分类为结构用陶瓷及功能性陶瓷。

1) 结构用陶瓷

结构用陶瓷是发挥陶瓷所具有的耐热性、耐磨性、重量轻等各种特点加以应用。材料主要有氮化硅、碳化硅等。用在增压器的涡轮、气门锁紧臂的端部、水泵或空调压缩机的机械密封。为克服作为结构材料陶瓷的脆性，目前正在开发研究复合有高强度、高弹性的纤维强化陶瓷。

2) 功能性陶瓷

功能性陶瓷运用了陶瓷所特有的压电性、热特性、离子传导性、磁性等优良的电气特性。功能性特种陶瓷主要用于汽车调控系统的敏感元件制作中，如氧传感器及传动装置传感器等。在汽车上的典型使用例子如表 5.15 所示。

表 5.15 功能性陶瓷的使用示例

零件名称	材料	特性	零件的功能
点火塞	氧化铝 Al_2O_3	绝缘性	汽油发动机混合气点火
起动点火塞	氮化硅 Si_3N_4	—	柴油发动机起动时点火
混合气加热器	钛酸钡 $BaTiO_3$	电阻的正温度特性	低温时加热混合气
增压探测器	钛酸钡 $BaTiO_3$	—	防止过电流
马达磁心	铁素体 $BaO \cdot 6Fe_2O_3$	磁性	用永久磁铁使马达小型化
氧传感器	氧化锆、氧化钛 ZrO_2,TiO_2	离子传导性	检测尾气中的氧气含量
稀薄燃烧传感器	氧化锆 ZrO_2	—	检测尾气中的氧气含量
敲击传感器	PZT $Pb(ZrTi)O_3$,$BaTiO_3$	压电性	检测受到敲打或振动
超声波传感器	—	—	检测车后方的障碍物
水温传感器	NTC 热敏电阻 VO_2,NiO,Cu_2Sx	电阻的负温度特性	检测冷却水的温度
亮度传感器	光电池 CdS,Cu_2Sx	光电变换	检测周围环境的亮度,控制灯的点灭
混合集成电路基板	氧化铝 Al_2O_3	绝缘性	电子零件
电容器	钛酸钡 $BaTiO_3$	介电性	—
液晶防眩镜	氧化铟、氧化锡 InO_2,SnO_2	透光性、导电性	车内后视镜的明暗切换

5.2.2 玻 璃

玻璃是现代工业中的一种重要工程材料,通常具有透明、硬而脆、隔音的特性,有艺术装饰作用和较好的化学稳定性。特制的玻璃还具有绝热、导电、防爆和防辐射等一系列特殊的功能。玻璃的原料丰富,生产工艺比较简单,它不仅在日常生活中随处可见,而且在近代技术方面也离不开它。

玻璃的主要成分是无水硅酸,再根据不同使用目的,添加碱、碱土类氧化物、硼酸氧化铝、氧化铅等,熔融成型后冷却制成。汽车车窗使用玻璃板。此外,各种绝热材料、隔离板、复合材料中使用玻璃纤维。也有些信息传输量繁多的汽车上为避免各种电线束过于粗大,采用玻璃纤维作为通信光缆。

玻璃是汽车上具有重要功能的外装件,汽车上使用的玻璃主要是车窗玻璃。车窗玻璃有如下要求:

① 窗玻璃必须是安全玻璃。

② 前挡风玻璃必须不容易破碎或被穿透。

③ 前挡风玻璃及侧面玻璃(除外驾驶席后方的部分)必须透明,而且不得妨碍司机视野或引起视物变形。

④ 在前挡风玻璃及侧面玻璃上,与司机确认交通状况所必需的视野范围有关部分,可见光的透过率要在70%以上。

1. 玻璃的化学组成

玻璃是由熔融物通过一定方式的冷却,并伴随黏度逐渐增大,而得到的具有力学性能和一定结构特征的非晶态固体。自然界中多数无机物质,由于熔融物在冷却时极容易结晶固化,因而不具有玻璃态。只有某些物质,如硅酸盐、硼酸盐和磷酸盐等,其熔融物容易过冷而形成玻璃态。为此,人们常把玻璃看作硅酸盐材料中的一部分。

玻璃的化学成分较为复杂,主要是二氧化硅(SiO_2)和各种金属氧化物,如氧化钠、氧化钾、氧化钙、氧化铝等。玻璃的化学组成可用通式 $R_2O \cdot RO \cdot 6SiO_2$ 表示。其中 R_2O 代表一价金属氧化物、RO 代表二价金属氧化物。在普通玻璃中,二氧化硅占68%~78%,一价金属氧化物占14%~16%,二价金属氧化物占8%~12%。玻璃的性质与化学组成关系很大,例如减少玻璃中的碱性氧化物,增加二氧化硅或氧化硼的含量,可提高其进光性和耐热性;玻璃中加入一定量的氧化铅和氧化钡等,就可制得光彩夺目、敲击时有清脆的金属声音的高级玻璃器皿和艺术品。因此,玻璃工业中常常通过改变其化学组成制得预定性能的玻璃,以适应各个方面的需要。

2. 常用玻璃制品的品种和用途

1) 窗用平板玻璃

(1) 原料。生产窗用玻璃的原料主要是石英石、石灰石、白云石和纯碱等,此外还需要加入助熔剂、澄清剂、脱色剂。若制造彩色装饰玻璃还需要加入着色剂。

(2) 品种规格。普通平板玻璃是用拉引法生产的。它是玻璃中产量最大、用量最多的一种。这类玻璃按外观质量分为特选品、一等品、二等品三类;按厚度分2mm、3mm、4mm、5mm、6mm 五类。

由浮法成形高质量窗用平板玻璃,表面平整、无波筋或波纹,外观质量较好。一般浮法玻璃的三等品已相当于普通平板玻璃的一等品甚至特选品,但色泽稍重,透光率比普通平板玻璃稍差。这类玻璃通常厚度为4mm。

(3) 性能和用途。窗用平板玻璃具有良好的透光性能,包括有较好的透紫外线和红外线的能力,有较高的化学稳定性,能隔音、隔热,抗压强度较高。但抗拉及抗弯强度却不高,特别是韧性差,抗冲击力差,是典型的脆性材料。

这种玻璃广泛用于建筑物采光、商品柜台、橱窗以及在汽车、船舶、火车等交通工具上做驾驶室风挡和门窗玻璃。

2) 装饰用平板玻璃

这种玻璃主要分压花玻璃、磨砂玻璃和彩色玻璃等,它们都由平板玻璃生产前后进行特殊的加工制作而成。其特点是透光不透视,具有采光和装饰效果,适用于办公室、会议室、浴室、卫生间及其他公共场所的门窗。

3)钢化玻璃

钢化玻璃是采用普通平板玻璃或浮法玻璃、磨光玻璃,经强化处理后具有良好的力学性能和耐热震性能的玻璃制品的总称。按照加工方法不同,可分为物理钢化玻璃和化学钢化玻璃两类。物理钢化又称淬火钢化。物理钢化玻璃属于安全玻璃,是应用最广的一种钢化玻璃。化学钢化玻璃是采用离子交换法制成的钢化玻璃。两者的区别是物理钢化后不能再进行机械切割和钻孔加工,而化学钢化玻璃则可以在钢化后进行切割。化学钢化玻璃强度虽高,但一般不用于安全玻璃使用。

钢化玻璃按规格分平形钢化玻璃和弯形钢化玻璃两种。平形钢化玻璃用于汽车前面和侧面的窗用玻璃,弯形钢化玻璃常用于汽车前面的挡风玻璃等。

4)夹层玻璃

夹层玻璃是由两张或两张以上的普通平板玻璃或钢化玻璃,在其中间夹以有弹性的透明塑料薄膜等,采用特殊工艺处理制成的多层平板玻璃或弯形多层玻璃。这种玻璃的特点是有较高的强度和较好的热稳定性,同时由于夹层物质的增强和粘接的作用,玻璃在破碎后仅产生辐射状的裂纹面而不至于碎片脱落,属于较为高级的安全玻璃。它主要用于高层建筑的门窗、交通运输工具的风窗、有特殊要求的门窗以及各种仪器、仪表、高压电气设备等防爆部位的窥视玻璃。

3. 玻璃在汽车上的应用

1)夹层玻璃

夹层玻璃把柔软、强韧的聚乙烯缩丁醛树脂薄膜夹在两片玻璃之间紧密黏合,作为前挡风玻璃。这种玻璃具有以下特性:

(1)破坏时中间膜可防止玻璃碎片飞散或整块玻璃崩散。

(2)即使破坏时,因中间膜的强韧性,碰撞物也难于穿透,可防止二次伤害。

(3)与普通玻璃板的透明度相同,但不会出现钢化玻璃那样的花纹。打破时也变成比较大的碎片,可确保视野。

(4)如果在中间膜置入0.2mm左右的铜丝,就成为带天线的玻璃。

夹心玻璃破坏时的情形如图5.4(a)所示。

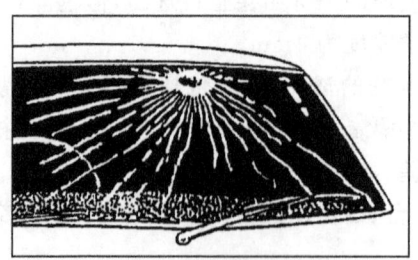
(a)夹心玻璃的破坏形式

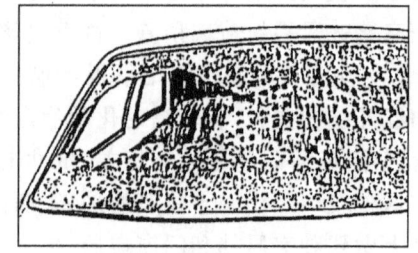
(b)钢化玻璃的破坏形式

图5.4 玻璃破坏时的情形

2)钢化玻璃

钢化玻璃是将玻璃板加热到接近软化温度的600℃,然后用常温空气均匀吹过表面使之急冷。一般在板厚 1/6 处的表面残留压缩应力形成强化层。强化层的作用是提高玻璃的强度及安全性,原因如下。

支持住玻璃板的两端,在中间加荷重。在玻璃板的下表面必然产生拉力而使玻璃破碎。如果预先给玻璃表面加以压缩应力,此力与外力引起的拉力抵消,就可以大幅度提高承受拉力的能力,即提高了强度。

钢化玻璃的强度比一般玻璃高 3~5 倍。当达到能破坏内部的程度时,本来与表面压缩应力平衡的内部应力发生不平衡,龟裂一个接一个迅速成长,最后整块玻璃破碎成细小的颗粒状。玻璃的碎粒越细小,飞散时的动能就小,就能减少对人体的伤害。但前挡风玻璃在破坏时不能保证视界,所以钢化玻璃不能用在前面。钢化玻璃用 T(Tempered Glass)表示。

3) 吸收热辐射的玻璃

也叫隔热玻璃。在玻璃原料中添加微量的铁、镍、钴等金属。与其他玻璃比较,能适度吸收太阳光能量密度较大的红外线、可见光、紫外线等。因此有降低车内空调负载,以及防止汽车内饰褪色、变质的作用。

玻璃的色调有蓝、灰、青铜等几种颜色,汽车用玻璃一般以蓝色系为多。

4) 电加热的玻璃

给玻璃加热方法用在汽车后窗的防雾、防霜。在夹心玻璃的场合,在中间膜与玻璃之间以 3mm 的间距置入镍铬耐热合金丝或钨丝。给合金丝通电即可除去雾或霜。用钢化玻璃时,用银浆与玻璃粉末的混合物在玻璃上印刷出 30~35mm 的间距,宽约 0.7mm 的细线条,然后烧结。给它通电即可除去雾或霜。

5) 选用特种功能玻璃装饰车窗

汽车车窗要为驾驶员及乘员提供清晰的视野,防止异物侵入,并保护乘员的安全,因此,要求车窗玻璃必须具有必要的光学性能、机械强度、环境稳定性和耐久性。在此基础上,近年来为满足汽车对玻璃的特殊需要,国内外又研制出多种特种功能的玻璃,供汽车的车窗使用,以提高汽车的使用和装饰功能。

(1) 憎水性玻璃。由憎水性玻璃制成的汽车车窗,可提高驾驶员雨天对车外信息的可见度。它是在驾驶室前面的风窗玻璃外侧表面,采用有机氟树脂作为憎水剂进行涂敷,涂膜由几纳米至几十纳米厚。当汽车以 50~60km/h 的速度行驶时,玻璃表面的雨滴即可飞溅离开。

(2) 防污玻璃。利用 TiO_2 与光进行作用,在玻璃表面上涂敷 TiO_2 薄膜,通过太阳光(紫外线)激发,TiO_2 中产生电子和空穴,使水和氧通过,将玻璃表面上黏附着的有机污水分解。利用这种玻璃制作汽车车窗,可使玻璃防污和保持清洁。

(3) 隐蔽玻璃。隐蔽玻璃是休闲车后门常用的着色玻璃的总称。隐蔽玻璃的可见光透过率为 30% 左右,这种玻璃不仅具有隐蔽功能而且还可降低太阳光的入射,兼有控制车厢内温度的作用。这类玻璃包括涂敷型和本体型。涂敷型因反射率高,呈现反射镜调谐外观。本体型中融有着色剂组分,其反射率与普通玻璃相同。

5.3 复合材料及摩擦材料

5.3.1 复合材料

随着航空和宇航工业的发展,要求使用比重小、刚度大,以及其他性能更加优越的结构材料。要获得这样的材料,可将具有高弹性模量、高强度的材料与具有高韧性的材料结合在一起,形成复合材料,使它们在具有高强度、高弹性模量的同时又具有高的韧性,从而防止突然的脆性断裂。

复合材料的含义为:由两种或两种以上物理、化学性质不同的物质,经人工组合而得到的多相固体材料。例如,玻璃钢含有两个相:其一是玻璃纤维,主要用来承受载荷,并称为增强相或增强材料;其二是各类树脂,主要起粘接作用,并称为基体相或基体材料。因此,复合材料既可以认为是多相材料,也可以认为是增强材料与基体材料经复合而成的新材料。

1. 复合材料的特点

1) 比强度、比模量高

比强度和比模量是指材料的强度和模量与相对密度之比。它是衡量材料承载能力的一个重要指标。比强度越大,零件自重越小;比模量越大,零件的刚性越大。纤维增强复合材料的比强度和比模量在各类材料中是最高的,可超过一般钢材和铝合金材料。例如碳纤维和环氧树脂组成的复合材料,其比强度是钢的七倍,比模量比钢大三倍。

2) 良好的抗疲劳性能

多数金属的疲劳极限是其抗拉强度的 $40\%\sim50\%$,而碳纤维增强的复合材料则可达 $70\%\sim80\%$。

3) 破损安全性好

纤维复合材料中含有大量独立的纤维,平均每平方厘米面积上的纤维少者几千根,多至几万根(纤维直径一般为 $10\sim100\mu m$)。当使用这类材料制成的构件超载并有少量纤维断裂时,其载荷会迅速重新分配到未破坏的纤维上,这样在短时间内不至于使整个构件失去承载能力。

4) 改善了高温性能

一般铝合金在 400℃ 时弹性模量大幅度降低,并接近于零,强度也显著降低。然而碳(或硼)纤维增强复合材料在此温度下强度和模量基本保持不变。

5) 具有良好的减摩、耐磨和自润滑性能

6) 良好的化学稳定性

7) 其他特殊性能

如复合材料具有隔热性、烧蚀性和电、光、磁等特殊性能,并具有良好的加工工艺性能。

2. 常用复合材料的种类

1) 纤维增强复合材料

纤维增强复合材料中承受载荷的主要是增强相纤维,而增强相纤维处于基体之中,彼此隔离,其表面受到基体的保护,因而不易遭受损伤。塑性和韧性较好的基体能阻止裂纹的扩展,并对纤维起到粘接作用,复合材料的强度因而得到很大的提高。纤维种类很多,但用于现代复合材料的纤维主要是指高强度、高模量的玻璃纤维、碳纤维、石墨纤维及硼纤维等。

(1) 玻璃纤维增强复合材料。它是以玻璃纤维与热固性树脂或热塑性树脂复合的材料,通常又称为玻璃钢。它是 20 世纪 40 年代发展起来的第一代复合材料。它具有高强度、价格低、来源丰富、工艺性能好等优点。玻璃钢可分为热塑性和热固性两类。

热塑性玻璃钢:是以玻璃纤维为增强剂和热塑性树脂为粘接剂制成的复合材料。制成玻璃纤维的玻璃主要为二氧化硅和其他氧化物的共熔体并以极快的速度抽拉成细丝状玻璃,直径一般为 $5\sim 9\mu m$,玻璃纤维柔软如丝,比玻璃的强度和韧性高得多,而且纤维越细、强度越高,其抗拉强度可高达 $1000\sim 3000MPa$。并且耐热性高、化学稳定性好,主要缺点是脆性较大。但若与合成树脂结合在一起,便能形成具有较好性能的玻璃钢。

热固性玻璃钢:是以玻璃纤维为增强剂和以热固性树脂为粘接剂制成的复合材料。常用的热固性树脂包括酚醛树脂、环氧树脂、不饱和聚酯树脂和有机硅树脂。酚醛树脂出现最早,环氧树脂性能较好。

热固性玻璃钢集中了其组成材料的优点,即质量轻、比强度高、耐蚀性好、介电性能优越,成形性能良好的工程材料。它的比强度比铜合金和铝合金高,甚至比合金钢还高,但刚度较差,仅为钢的 $1/10\sim 1/5$。它的耐热性不高(低于 200℃),容易老化。

(2) 碳纤维增强复合材料。碳纤维增强复合材料是以碳纤维或其织物为增强相,以树脂、金属、陶瓷等为粘接剂而制成的。目前有碳纤维/树脂、碳纤维/碳、碳纤维/陶瓷等复合材料。其中以碳纤维/树脂复合材料应用最为广泛。与玻璃钢相比,其强度和弹性模量高、密度小。因此,它的比强度、比模量在现有复合材料中名列前茅。它还具有较高的冲击韧度和疲劳强度,优良的耐磨性、导热性、耐蚀性和耐热性。碳纤维树脂复合材料广泛被用于制造要求比强度、比模量高的机器结构件,还可制造重型机械的轴承、齿轮等。

2) 层叠复合材料

层叠复合材料是由两层或两层以上不同性质的材料复合而成,以达到增强的目的。

(1) 三层复合材料。它是以钢板为基体,烧结为中间层,塑料为表面层而制成的。它的物理、力学性能主要取决于基体,而摩擦、磨损性能取决于表面塑性层。中间多孔性青铜使三层之间获得可靠的结合力,表面塑性层通常为聚四氟乙烯和聚甲醛。这种复合材料比单一塑性材料提高承载能力 20 倍,导热系数提高 50 倍,热膨胀系数降低 75%,从而改善了尺寸稳定性。常用来制造无油润滑轴承、机床导轨、衬套、垫片等。

(2) 夹层复合材料。它是由两层薄而强的面板与中间夹一层轻而柔的材料构成的。面板一般由强度高、弹性模量大的材料组成,如金属板、玻璃等。而芯料结构有泡沫塑料和蜂窝格子两大类,这类材料的特点是密度小、抗弯强度高。

3) 颗粒增强复合材料

颗粒增强复合材料中承受载荷主要是基体,颗粒增强的作用在于阻碍基体中位错或分子链的运动,从而达到增强的效果。常见的颗粒复合材料有两类:一类是颗粒增强树脂复合材料,如塑料中添加颗粒状填料、橡胶用碳黑增强等;另一类是颗粒增强金属复合材料,如陶瓷颗粒增强金属复合材料。

3. 复合材料在汽车上的应用

1) 玻璃钢的应用

玻璃钢作为一种新型的工程材料在汽车工业的应用日趋广泛。由于玻璃钢比强度高、耐腐蚀性好,现已用玻璃钢制造各种汽车、客车、拖拉机的车身及多种配件,减轻了自重,提高了车辆的重量利用系数。

2) 碳纤维增强塑料的应用

碳纤维增强塑料将是汽车工业大量使用的增强材料。目前汽车耗油量要求逐年下降,要求汽车轻量化、发动机高效化等,都要求有质轻和一材多能的轻型结构材料,而碳纤维增强塑料则是最理想的材料。它主要的应用有:底盘系统中的悬置件、弹簧片、框架、散热器等,传动系统中的传动轴、离合器片、加速装置等;发动机系统中的推杆、连杆、摇杆、水泵叶轮;车体上的车顶内外衬、地板、侧门等。

5.3.2 摩擦材料

汽车用摩擦材料,是汽车的消耗性材料之一,主要起到传递动力、制动减速、停车制动等作用,是汽车制动系统与行车系统的重要组成部分。采用摩擦材料制造的零部件主要包括汽车制动摩擦片、汽车离合器摩擦片及手制动摩擦片等。汽车摩擦材料对于汽车的安全性、使用性能及操纵稳定性起着十分重要的作用。目前,我国每年汽车摩擦材料的消耗量在 20 万吨以上。

1. 摩擦材料的性质

对于摩擦材料要求具有以下性质:

① 摩擦系数要大。

② 摩擦系数的热稳定性要好,不发生衰减现象。

③ 由于速度引起的摩擦系数的变化要小。

④ 不会发生因被水浸湿而使摩擦系数降低。

⑤ 不发生因夜间停车凝结露水而导致摩擦系数降低。

⑥ 刹车时不发出声音。
⑦ 要有足够强度。
⑧ 不易生锈。
⑨ 使用寿命长。

2. 摩擦材料的组成

摩擦材料主要由骨架材料、黏合剂和填充材料所组成。

1) 骨架材料

骨架材料多以石棉纤维为主。因而，这种摩擦材料也称之为石棉摩擦材料，占摩擦材料总量的95%以上。

2) 黏合剂

摩擦材料用黏合剂多以酚醛树脂为主，也有相当一部分使用了含橡胶、腰果油、聚乙烯醇或其他高分子材料成分的改性酚醛树脂。

3) 填充材料

填充材料多采用重晶石、硅灰石、氧化铝、铬铁矿粉、氧化铁、轮胎粉及铜、铅等粉末。

目前，摩擦材料的生产多采用模压法，即将各种组成材料经混合、热压、研磨后得到摩擦材料，也有采用辊压法、一步成型法或其他加工方法的。

3. 摩擦材料的种类及用途

表 5.16 将摩擦材料按照材质三要素分类，表示其特点及主要用途。

汽车摩擦衬片按以下顺序在不断改良，即软质摩擦衬片、特殊摩擦衬片、橡胶塑模、树脂塑模。现在广泛使用的是树脂塑模。此外，历来作为基材使用的石棉，由于对人体有害，现在已不使用。

表 5.16 摩擦材料的种类、特点及主要用途

材 质		基 材	黏合剂	特 点	用 途
摩擦衬片系	软质摩擦衬片	摩擦衬片	与热塑性树脂或热固性树脂并用	质地软，能对应刹车鼓直径的变化，耐热性差	用于吊车等产业机械，以及机床等轻负荷用
	特殊加工硬质摩擦衬片	同上	热固性树脂	比软质摩擦衬片耐热，耐磨耗性好	同上中负荷用，离合器摩擦片
	半塑模	橡胶等	天然橡胶或合成橡胶	摩擦系数高、价廉	离合器摩擦片
塑模系	橡胶塑模	有机、无机金属粉末等	同上	噪声小、价廉、耐热性比树脂差	中负荷用的制动衬片
	树脂塑模	同上	热固性树脂	耐热、耐磨耗性好	汽车用制动衬片，摩擦块
	半金属制的	钢纤维与金属粉末	同上	耐磨耗性良好是树脂的 1/3~1/10，温度稳定性也好	摩擦块，制动衬片

半金属摩擦材料的配合组成如表 5.17 所示,使用石墨润滑剂及金属粉末,并以钢纤维作补强材料。

表 5.17　半金属摩擦材料的配合组成　　　　　　　　（单位:%）

原材料	种类	A	B	C
基材	钢纤维	20～40	—	—
	无机纤维(玻璃、石棉、碳等)	—	20～40	—
摩擦磨耗调整剂	有机物系(橡胶、漆酚、聚合物等)	1～5	5～10	10～20
	无机物系(氧化钡、碳酸钙等)	10～15	10～15	15～25
	无机物系(石墨、二硫化钼等)	20～30	10～15	10～15
	金属系(铁、铜、黄铜、锌等)	20～30	20～30	30～45
	氧化物系(氧化铝、硅石等)	1～5	1～5	1～5
黏合剂	变性苯酚树脂	7～15	10～20	10～20

半金属摩擦材料的特点是摩擦系数的热稳定性好,耐磨耗性非常优异,制动时很少发出声音,水衰退小。用来制作盘式刹车的摩擦块、大型车鼓式刹车的衬片等。

金属摩擦材料是用烧结合金制成的。以铜或铁粉为基材,再混合以金属或非金属的粉末,在常温下压缩成型后烧结。

金属摩擦材料的特点是即使在高温下特性的变化也很小,对于苛刻的使用条件下的磨耗也很少。此外,它的水衰退小、热传导好。

随着汽车技术水平的不断提高,对摩擦材料也提出更为苛刻的技术要求。近年来开发了许多新型的摩擦材料,如钢纤维摩擦材料、玻璃纤维摩擦材料、陶瓷纤维摩擦材料、芳纶纤维摩擦材料、碳纤维摩擦材料等。并且,随着不断改进生产工艺,已采用了连续式回转自动生产盘式片的全自动生产线制造摩擦材料制品。

************　**思考题**　************

1. 什么是高分子材料?橡胶是否属于高分子物质?怎样防止高分子材料的老化?
2. 什么叫塑料?按合成树脂的热性能,塑料分为哪几类?各有什么特点?
3. 试述合成橡胶的种类。橡胶的主要成分是什么?橡胶制品为什么要硫化?
4. 与传统方法相比,胶接技术有哪些特点?常见合成胶粘剂的种类有哪些?
5. 什么叫陶瓷材料?它有何性能?如何分类?
6. 什么叫复合材料?按其增强相可分为哪几类?
7. 完全固化后的 ABS 材料能磨碎重用吗?为什么?
8. 常见涂装材料的种类有哪些?

第 6 章
汽车零件的选材及工艺路线分析

汽车制造过程中,从设计新产品、改造老产品,到维修、更换零件,合理地选用工程材料是十分重要又是相当复杂的问题,其直接关系到产品的质量、寿命与经济效益。正确地选择和使用工程材料,并能初步分析零件使用过程中出现的各种有关工程材料的问题,是对工程技术人员的基本要求。

6.1 零件的失效分析

合理选材,首先要分析零件的失效。

6.1.1 失效的概念

各种机械零件都具有一定的功能,零件由于某种原因丧失原设计所规定的功能称为零件失效。零件未达到预期寿命的失效称为早期失效。

判定一个机械零件是否失效,主要从以下几个方面进行考虑:
(1) 零件已被完全破坏,不能继续工作。
(2) 零件虽然仍能安全工作,但不能完成规定的功能。
(3) 零件受到严重损伤,已不能安全工作。

以上三种情况中只要有一种情况发生,即可认为零件已经失效。

由于零件的材料与零件的失效密切相关,对于一些没有明显预兆的失效,例如疲劳断裂失效,往往会造成严重的事故。因此,在选材之前,了解零件的失效形式和成因,找出零件失效的原因,提出防止或推迟失效的措施,对于零件的合理选材显得尤为重要。失效分析是现代材料工程技术中的一个重要的手段。

6.1.2 常见的失效形式与成因

一般机械零件常见的失效形式如表6.1所示。根据零件损坏的特点、所受载荷的类型及外在条件,零件失效的类型可归纳为变形、断裂与表面损伤三种。

引起失效的具体原因也是多种多样的,但大体可以分为设计、材料、加工和安装使用四个方面,如表6.2所示。

表6.1 一般机械零件常见的失效形式

类型	名称	失效机理
过量变形失效	弹性变形失效	弹性变形
	塑性变形失效	塑性变形
	蠕变变形失效	弹、塑性变形
断裂失效	韧性断裂失效	塑性变形
	低应力脆性断裂失效	断裂韧度
	疲劳断裂失效	疲劳
	蠕变断裂失效	蠕变断裂
	介质加速断裂失效	应力腐蚀
表面损伤失效	磨损失效	磨粒磨损、黏着磨损
	表面疲劳失效	疲劳
	腐蚀失效	氧化、电化学反应

表6.2 失效的具体原因

名称	原因
设计	工况条件及过载情况估计不足
	结构外形不合理
	计算错误
材料	选材不当
	材质低劣
加工	毛坯有缺陷
	冷加工缺陷
	热加工缺陷
安装使用	安装不良
	维护不善
	过载使用
	操作失误

不同的失效形式有不同的失效机理,可以通过失效分析来判断零件失效属于哪一种类型,失效的原因是什么,从而选取相应的材料,采用适当的热处理手段。

1. 过量变形失效

过量变形失效是指零件在使用过程中,整体或局部因外力作用而产生超过设计允许变形量的失效形式。它可以是塑性变形失效,也可以是弹性变形失效,另外还可能是因为温度变化引起了蠕变变形失效等。

塑性变形失效多数发生在零件的实际工作应力超过其屈服强度时,产生了过量的塑性变形而引起的失效。引起零件塑性变形失效的原因主要有材质本身的缺陷、使用不当、设计失误等。例如,若淬火不当,在零件上形成较软的组织,从而未达到所需的硬度和屈服强度,会导致在工作时发生塑性变形失效。如果齿轮传动在严重过载或润滑不足的条件下运行,齿面就很可能出现如鳞皱、起脊等塑性变形,导致齿轮失效。

弹性变形失效常发生在长轴、杆件、薄壁板件或薄壁筒件上。主要是由于材料的刚性不足,使零件在受力过程中产生过量弹性变形或弹性失稳而使零件失效。

弹性变形取决于零件的尺寸和材料的弹性模量；对于承受弯、扭变形的轴类零件，过度变形会造成轴上零件如轴承的严重偏载或齿轮的啮合失常，从而引起传动失效。

蠕变变形失效是指在固定载荷下，随着时间的延长，变形不断增加，最终导致变形过大引起的失效。蠕变变形与材料的熔点有关，熔点越高，抗蠕变的能力就越大。通常陶瓷材料、金属材料的抗蠕变的能力较好，而高分子材料在室温下也会发生明显的蠕变。

2. 断裂失效

断裂失效是零件最危险的失效形式，尤其是突然断裂。断裂失效包括韧性断裂失效、低应力脆性断裂失效、疲劳断裂失效、介质加速断裂失效和蠕变断裂失效等形式。

韧性断裂失效是指材料在断裂前发生了明显的宏观塑性变形引起的失效。它是金属材料破坏的主要方式之一，大多数发生在具有良好的塑性的金属材料上。韧性断裂是一个缓慢的断裂过程，且比较容易被事先察觉。

低应力脆性断裂失效与材料的冲击韧度和断裂韧度有关，这种失效在低温、冲击载荷作用下或在有缺陷的部位以及产生应力集中的零件上尤其容易发生。材料中，陶瓷的冲击韧度非常低，高分子材料的也不高，金属材料的最优越。

疲劳断裂多见于汽车发动机曲轴、齿轮、弹簧等零件的失效。这种失效事先没有任何征兆，突然发生断裂。据统计，零件断裂失效中约有80%为疲劳断裂。

介质加速断裂失效是由于零件在腐蚀性介质的环境下工作，同时受到应力的作用和介质的腐蚀，从而造成断裂失效。例如黄铜零件的应力腐蚀断裂就是在应力和腐蚀介质的联合作用下加速断裂的。

蠕变断裂失效则是蠕变变形失效的进一步发展。

3. 表面损伤失效

表面损伤失效是指零件在工作时由于相对的机械摩擦或受环境中介质的腐蚀，或在两者的联合作用下发生的失效。这种失效在零件的表面产生损伤或尺寸变化，主要有磨损失效、腐蚀失效和表面疲劳失效等。

磨损是零件表面失效的主要原因之一，直接影响了机器的使用寿命。磨损失效是指相互接触的、具有相对运动的一对摩擦副零件，在接触表面不断发生损耗或产生塑性变形，是零件表面产生损伤或尺寸减小的失效形式。磨损失效的基本类型有磨粒磨损、黏着磨损、冲刷磨损、腐蚀磨损等多种形式。在实际失效中，往往会遇到几种磨损类型共存的情况。为了降低磨粒磨损，选用的材料应具有较高的硬度，在组织中含有较多的耐磨相；为了减少黏着磨损，应尽量使摩擦副的配对材料不属于同一种类型，并使摩擦系数尽可能小。

表面疲劳磨损是指当两个接触面滚动接触时，在突变接触应力的作用下，材料的表面因疲劳而产生材料损失，如麻点、剥落的现象。车辆的齿轮副、凸轮副、滚动轴承的滚动体与座圈之间都容易产生表面疲劳磨损。为了避免出现表面疲劳磨损现象，需要对表面采用各种强化处理技术，如表面淬火、化学热处理及其他表面技术。

腐蚀失效是指材料受环境中介质的化学或电化学作用而产生的表面及其附近的损耗，包括均匀腐蚀、点腐蚀、晶间腐蚀等。均匀腐蚀是指整个表面均匀发生腐蚀，它可在大气、液体及土壤里发生。点腐蚀是指集中于局部的腐蚀，呈尖锐小孔，甚至可深度扩大成空穴甚至穿透零件，造成孔蚀。点腐蚀主要是由于电化学反应引起的。晶间腐蚀则发生于晶界或其近旁。它会使零件的力学性能显著下降以致酿成突然事故，危害很大。不锈钢、镍合金、铝合金、镁合金及钛合金均可在某种特定环境的介质下产生晶间腐蚀。

6.2 零件的选材原则及步骤

6.2.1 选材原则

选材是一项复杂的工作，要考虑的因素有很多，除考虑材料的成分外，还要考虑组织状态、冶金质量、加工工艺等。许多因素之间相互矛盾，如材料的强度、硬度升高，则塑性、韧性下降。因此选择材料应遵循以下三条基本原则：

(1) 满足零件的使用性能要求，使零件在一定的寿命期内正常工作。
(2) 具有较好的工艺性能，以便于加工，并易于保证加工质量。
(3) 有较好的经济性。

6.2.2 选材步骤

1. 选择材料的步骤

合理选择零件材料的步骤如图 6.1 所示，通常分为以下几步：
(1) 分析零件的工作条件、形状尺寸后，确定零件的技术条件。
(2) 通过分析或试验，结合同类零件失效分析的结果，确定零件在实际使用中的主要和次要的失效抗力指标，以此作为选材的依据，提出必要的设计制造技术条件。
(3) 根据所提出的技术条件、要求，结合工艺性、经济性，对材料进行预选择。
(4) 对预选方案材料进行计算，以确定是否能满足工作条件要求。
(5) 二次(或最终)选择。
(6) 通过台架试验和工艺性能试验，最终确定合理选材方案。

2. 选材的具体方法

零件选材的具体方法应视零件的具体工作条件而定。如果是新设计的关键零件，通常应先进行必要的力学性能试验。如果是一般的常用零件(如轴类零件或齿轮等)，可以参考同类型产品中零件的有关资料进行选材。在按照力学性能选材时,具体方法有以下三种类别。

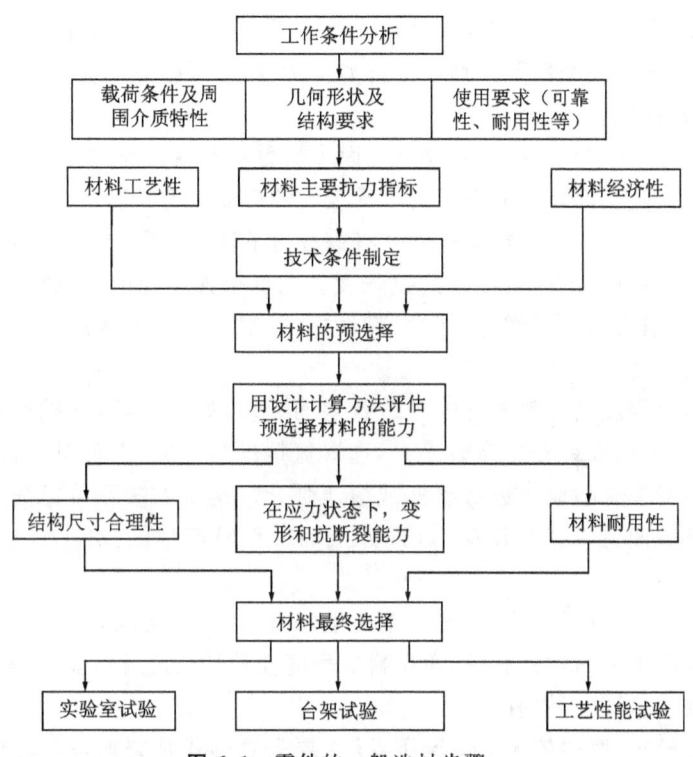

图 6.1 零件的一般选材步骤

1) 零件的使用性能与选材

材料的使用性能是指机械零件在正常工作情况下材料应具备的性能。它包括使用性能、机械性能和物理、化学性能等。零件的使用性能是保证其工作安全可靠、经久耐用的必要条件。在大多数情况下,这是选材时首先应考虑的。对一般机械零件来说,则主要考虑其机械性能。对非金属材料制成的零件还应注意其工作环境,因为非金属材料对温度、光、水、油等的敏感程度比金属材料大得多。

(1) 根据零件工作条件分析使用性能。首先是判断零件在工作中所受载荷的性质、大小。要判明是持久作用的恒定载荷,还是大小和方向都变化的交变载荷;是缓慢作用的静载荷,还是动载荷或冲击载荷;载荷是均匀分布,还是有应力集中。还要判断应力的种类并计算载荷所引起的应力大小。载荷的性质及应力大小是决定材料使用性能的主要依据之一。例如,当载荷为持久作用的静载荷时,则材料对弹性或塑性变形的抗力是最主要的使用性能;在存在尖锐缺口或裂纹一类缺陷时,断裂韧性可能成为对材料要求的一个重要使用性能;如果受的是交变载荷,则疲劳抗力是主要的使用性能。此外,还要考虑零件的工作环境,主要包括温度和介质的性质(是否有腐蚀性)。最后,对材料的某些特殊要求的性能,也应充分考虑,如要求导电性、磁性、密度及外观等。

（2）以疲劳强度为主进行选材。零件最关键的性能指标通常要根据零件的失效形式确定，因此，要分析同类零件的失效形式。如发动机曲轴的失效形式主要是疲劳断裂，其主要使用性能应是疲劳抗力。所以，应以疲劳强度为主要失效抗力指标设计、制造曲轴。

对传动轴及齿轮等零件，其整个截面上受力是不均匀的（轴类零件表面承受弯曲、扭转应力最大，而齿轮的齿根处承受很大的弯曲应力），因此疲劳裂纹开始于受力最大的表层。尽管对这类零件同样有综合力学性能的要求，但主要是疲劳强度。为了提高疲劳强度，应适当提高抗拉强度。在抗拉强度相同时，调质后的组织（回火索氏体）比退火、正火组织的塑性、韧性好，并对应力集中敏感性较小，因而具有较高的疲劳强度。

提高疲劳强度最有效的方法是进行表面处理，如选调质钢（或低淬透性钢）进行表面淬火，选渗碳钢进行渗碳淬火，选渗氮钢进行渗氮，以及对零件表面应力集中易产生疲劳裂纹的地方进行喷丸或滚压强化。这些方法除可提高表面硬度外，还可在零件表面造成残余压应力，部分抵消工作时产生的拉应力，从而提高疲劳强度。

（3）以耐磨性为主进行选材。零件摩擦时，磨损量与其接触应力、相对速度、润滑条件及摩擦副的材料有关，而材料的耐磨性是其抵抗磨损能力的指标，它主要与材料的硬度、显微组织有关。

在受力较小、摩擦较大的情况下，其主要失效形式是磨损，所以要求材料具有高的耐磨性，如各种量具、刀具等，应选过共析钢进行淬火及低温回火，以获得高硬度的回火马氏体和碳化物。在应力较低的情况下，材料硬度越高，耐磨性越好。硬度相同时，弥散分布的碳化物相越多，耐磨性越好。

同时受磨损与变动载荷、冲击载荷的零件，其失效形式主要是磨损、过量的变形与疲劳断裂。为了使心部获得一定的综合力学性能，且表面有高的耐磨性，应选适于表面热处理的钢材。如有些齿轮，传递功率大，耐磨性及精度要求高，但冲击、接触应力小，则可选用中碳合金钢渗氮处理。而对传递功率大、接触应力大、摩擦磨损大、又在冲击载荷下工作的齿轮，应采用低碳合金钢渗碳处理。

2）材料的工艺性能与选材

材料的工艺性能表示材料加工的难易程度。任何零件都是由所选材料经过加工制造出来的，因此材料工艺性能的好坏也是选材时必须考虑的重要问题。所选材料应具有好的工艺性能，以利于在一定生产条件下，方便、经济地得到合格的产品。

材料的工艺性能主要包括铸造性能、锻造性能、焊接性能、热处理性能、切削加工性能等。并不是要求材料具有以上所有的工艺性能，而是具有所要求的工艺性能就足够了。

材料的工艺性能在某些情况下甚至成为选择材料的主导因素。例如汽车发动机箱体,对它的力学性能要求并不高,多数金属材料都能满足要求。但由于箱体内腔结构复杂,毛坯只能采用铸件。为了方便、经济地铸造出合格的箱体,必须采用铸造性能良好的材料,如铸铁或铸造铝合金。在大量生产时,更应要求材料具有良好的工艺性能。

当零件的形状比较复杂、尺寸较大时,用锻造成型往往难以实现。如果采用铸造或焊接,则材料必须具有良好的铸造性能或焊接性能,在结构上也要适应铸造或焊接的要求。当零件用冷拔工艺制造时,应考虑材料的塑性,并考虑形变强化对材料力学性能的影响。对于切削加工的零件,应考虑材料的切削加工性能。

金属材料的工艺性能与其工艺路线密切相关。金属材料工艺路线的变化较多,它不仅影响了零件的成形,还将影响其最终性能。金属材料的工艺路线大致可分为三类:

(1) 性能要求不高的一般零件。其工艺路线一般为:

毛坯→预先热处理(正火或退火)→粗加工→零件。

采用这种工艺的零件多选用普通的铸铁和碳素钢制造,它们的工艺性能较好,便于加工。

(2) 性能要求较高的零件。其工艺路线一般为:

毛坯→预先热处理(正火或退火)→粗加工→最终热处理(淬火、回火,时效硬化,化学处理等)→半精加工→零件。

采用这种工艺路线的零件多是使用合金钢、高强铝合金制造的轴、齿轮等零件。它们的工艺相对复杂,必须采用预先热处理改善零件的切削加工性能,为最终热处理做好准备。

(3) 性能要求高的精密零件。其工艺路线一般为:

毛坯→预先热处理(正火或退火)→粗加工→最终热处理(淬火、低温回火,时效硬化,化学热处理等)→半精加工→稳定化处理(渗氮)→精加工→稳定化热处理→零件。

采用这种工艺路线的零件有车床中的精密丝杠、机床主轴等,多采用高合金钢制造。这类零件除了要求有较高的使用性能以外,还要有较高的尺寸精度和较小的表面粗糙度,加工路线较复杂。

3) 材料的经济性与选材

在满足使用性能要求和保证加工质量的前提下,还需考虑选材的经济性。除考虑材料本身的价格外,还要考虑附加费用,包括加工费用和管理费用。应尽可能选用价廉、货源充足、加工方便、总成本低的材料,而且尽量减少所选用材料的品种、规格。

有时选用性能好的材料,虽然价格较贵,但可延长使用寿命、降低维修费用,反而是经济的。尤其是机器中的关键零件,其质量好坏直接影响整台机器的使用寿命,应该把材料的使用性能放在首要位置。此外,选材时还应考虑国家资源和生产、供应情况，所选材料应符合我国资源情况。

6.3 零件毛坯的选择

除了少数要求不高的零件外，机械上的大多数零件都要通过铸造、锻压或焊接等加工方法先制成毛坯，然后再经切削加工制成成品。因此，零件毛坯是否合理，不仅影响每个零件乃至整部机械的制造质量和使用性能，而且对零件的制造工艺过程、生产周期和成本也有很大影响。

毛坯的选择包括选择毛坯材料、类别和具体的制造方法。毛坯材料（即零件材料）和毛坯的类型选择是密切相关的，因为不同的材料具有完全不同的工艺性能。通常毛坯的选择必须考虑以下三个原则。

1) 保证零件的使用性能

零件的使用要求包括对零件形状和尺寸的要求，以及工作条件对零件性能的要求。工作条件通常指零件的受力情况、工作温度和接触介质等。所以，对零件的使用要求也就是对其外部和内部质量的要求。例如，汽车上发动机正时齿轮和变速箱传动齿轮，虽同属齿轮，但变速器传动齿轮工作时要承受大的冲击载荷和交变载荷，要求齿轮的齿廓面具有高硬度，以提高耐磨性和疲劳强度，心部要有足够韧性以承受冲击载荷。因此，变速器传动齿轮应选用淬透性好、综合力学性能较高的20CrMnTi钢，经锻造制成毛坯后，再进行严格的切削加工和渗碳、淬火热处理；而发动机正时齿轮工作平稳、载荷小，所以常选用铸铁或非金属材料为毛坯，经切削加工制成。

由上述可知，即使同一类零件由于使用要求不同，从选择材料到选择毛坯类别和加工方法也可以完全不同。因此，在确定毛坯类别时，必须首先考虑工作条件对其提出的使用性能要求。

2) 降低制造成本

一个零件的成本包括其本身的材料费和所消耗的燃料费、动力费和其他各种费用。在选择毛坯的类别和具体的制造方法时，通常是在保证零件使用要求的前提下，将几个可供选择的方案从经济上进行分析、比较，从中选择成本低廉的方案。

一般来说，在单件小批量生产的条件下，应选用常用材料、通用设备和工具、低精度和低生产率的毛坯生产方法。在大批量生产的条件下，应选用专用材料、专用设备和工具，以及高精度和高生产率的毛坯生产方法。

通常的规律是：单件、小批量生产时，对于铸件应优先选用灰铸铁和手工砂型铸造方法，对于锻件应优先选用碳素结构钢和自由锻方法，在生产急需时应优先选用低碳钢和手工电弧焊方法制造焊接结构毛坯；在大批量生产中，对于铸件应采用机器造型的铸造方法，锻件应优先选用模型锻造方法，焊接件应优先选用低合金高强度结构钢材料和自动、半自动埋弧焊、气体保护焊等方法制造毛坯。

3) 考虑实际生产条件

根据使用性能要求和制造成本分析,所选定的毛坯制造方案是否能够实现,还必须考虑实际生产条件。只有实际生产条件能够实现的生产方案才是合理的。因此,在实际生产时,应首先分析本厂的设备条件和技术水平能否满足毛坯制造方案的要求。

上述三条原则是相互联系的,考虑时应在保证使用要求的前提下,力求做到质量好、成本低和制造周期短。

6.4 典型汽车零件的选材

6.4.1 轴类零件的选材

1. 曲轴的选材

如图 6.2 所示,曲轴是汽车发动机中的形状复杂的重要零件之一。

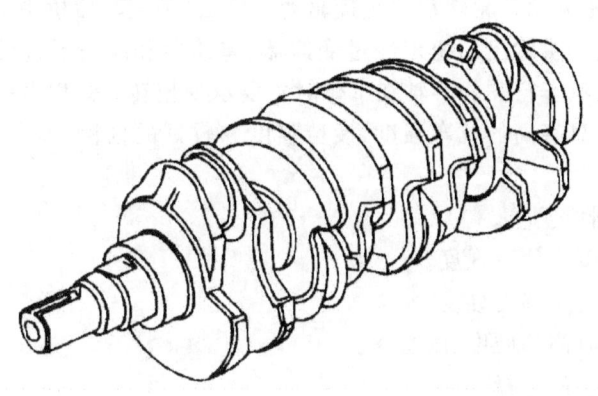

图 6.2 发动机曲轴

1) 汽车发动机曲轴的工作条件

汽车发动机曲轴的作用是输出动力,并带动其他部件运动。曲轴在工作中受到弯曲、扭转、剪切、拉、压、冲击等交变应力。而且,曲轴的形状极不规则,其应力分布极不均匀,曲轴颈与轴承还发生滑动摩擦。

2) 曲轴的主要失效形式

由上述受力情况可知,曲轴的主要失效形式是疲劳断裂和轴颈严重磨损两种形式。

3) 对曲轴的性能要求

根据曲轴的失效形式,要求曲轴具有以下几方面的性能:

① 高强度。

② 足够的刚度。
③ 一定的冲击韧度。
④ 足够的抗弯、扭转、疲劳强度。
⑤ 轴颈表面有高的硬度和耐磨性。

4) 典型曲轴的选材

(1) 材料的选择。实际生产中,将汽车发动机分为锻造曲轴和铸造曲轴。锻造曲轴一般采用优质中碳钢和中碳合金钢制造,如 30、45、35Mn2 等。铸造曲轴主要由铸钢、球墨铸铁、珠光体可锻铸铁及合金铸铁等制造,如 ZG230-450、QT600-3 等。

(2) 工艺路线。可根据材质不同分为两类:铸造和锻造曲轴的工艺路线。

①铸造曲轴的工艺路线:铸造→高温正火→高温回火→切削加工→轴颈气体渗碳。

②锻造曲轴的工艺路线:下料→模锻→调质→切削加工→轴颈表面淬火。

2. 半轴的选材

1) 半轴的工作条件

汽车半轴是驱动车轮转动的直接驱动零件,也是汽车后桥中的重要受力部件。汽车运行时,发动机输出的扭矩经过变速器、差速器和减速器传给半轴,再由半轴传给车轮,带动汽车行驶。半轴在工作时主要承受扭转力矩以及一定的冲击载荷,因而,要求半轴具有高的抗弯强度、疲劳强度和较好的韧性,即有较高的综合力学性能。

2) 半轴的性能要求

① 高的强度和疲劳强度。
② 心部要有足够的韧度。
③ 花键要有高的硬度、耐磨性。

3) 半轴材料的选择

(1) 选材及热处理。通常采用调质钢制造半轴。中小型汽车半轴一般采用 45 钢,而重型汽车则用 40Mn 等淬透性较高的合金钢制造。半轴加工中常采用喷丸处理及滚压凸轮根部圆角等强化方法。为提高半轴的疲劳强度,使其获得良好的综合力学性能,采用调质处理,回火采用快冷。花键部位为提高硬度和耐磨性,需要进行表面淬火和低温回火。

汽车半轴常用材料、热处理工艺及技术要求如表 6.3 所示。

(2) 工艺路线。汽车半轴的工艺路线一般为:下料→锻造→正火→粗加工→调质→精加工→局部表面淬火、回火→精加工(精磨)。

表 6.3　汽车半轴常用材料、热处理工艺及技术要求

类　别	材　料	技 术 要 求	热 处 理 要 求
轿车和吉普车	40Cr	淬火、中温回火：杆部 28~32HRC 　　　　　　　法兰 28~32HRC 感应淬火：　硬化层深度 4~6mm 　　　　　　硬度 50~55HRC	淬火温度：840~860℃，水冷后空冷 回火温度：400~460℃，水冷 中频淬火：180~250℃回火
轿车和吉普车	40MnB	预备热处理：正火	加热温度：860~900℃，流动空气中冷至 600℃，然后再在静止空气中冷至室温
轿车和吉普车	40MnB	最终热处理	淬火温度：(340±10)℃，油冷
轿车和吉普车	20CrMnTi	渗碳淬火：硬化层深度 1.5~1.8mm，硬度 59~68HRC	渗碳温度：(930±10)℃，随炉冷却 淬火温度：830~850℃，油冷 回火温度：180~200℃，空冷
载重车	40Cr	预备热处理：正火	加热温度：860~900℃，流动空气冷至 600℃空冷
载重车	40Cr	最终热处理：感应淬火硬化层深度 3~6mm，硬度 49~62HRC	中频淬火，160~200℃回火
载重车	40MnB	预备热处理：调质硬度，229~269HBS	淬火加热温度：(840±10)℃，油冷
载重车	40MnB	最终热处理：表面感应淬火，硬化层深度 1~7mm，硬度 52~63HRC	中频淬火，160~200℃回火
重型车	49CrMnMo	预备热处理：退火，硬度≤225HBS	加热温度：860~880℃，流动空气冷却
重型车	49CrMnMo	淬火、中温回火，硬度 37~44HRC	淬火温度：(840±10)℃，流动空气冷却 回火温度：(480±10)℃水冷

6.4.2　齿轮类零件的选材

汽车齿轮的选材要从齿轮的工作条件、失效形式及对材料性能的要求等方面综合考虑。汽车变速齿轮如图 6.3 所示。

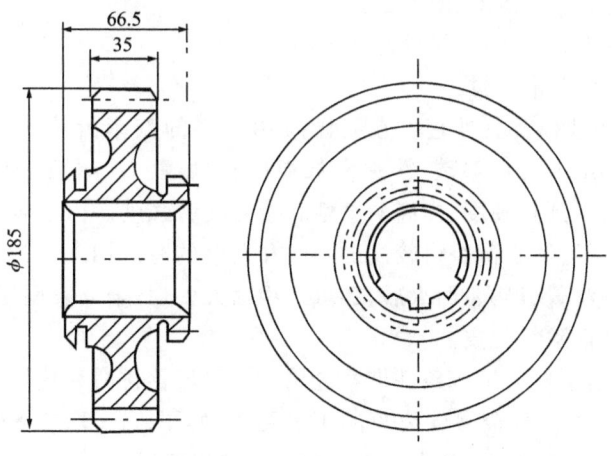

图 6.3　汽车变速齿轮

1) 汽车齿轮的工作条件

汽车齿轮主要分装在变速箱和差速器中。在变速箱中,通过齿轮改变发动机、曲轴和主轴齿轮的速比;在差速器中,通过齿轮增加扭矩,调节左右轮的转速。全部发动机的动力均通过齿轮传给车轴,推动汽车运行。所以,汽车齿轮受力较大,受冲击频繁,对其耐磨性、疲劳强度、心部强度以及冲击韧度等的要求比一般机床齿轮高。齿轮工作时的受力情况为:由于传递扭矩,齿根承受很大的交变弯曲应力;换挡、起动或啮合不均匀时,齿部承受一定冲击载荷;齿面相互滚动或滑动接触时,承受很大的接触应力及摩擦力作用。

2) 汽车齿轮的主要失效形式

按照工作条件的不同,汽车齿轮的失效形式主要有以下几种,如表 6.4 所示。

表 6.4 汽车齿轮的主要失效形式

失效形式	失效表现
疲劳断裂	主要从根部发生,这是齿轮最严重的失效形式,常常一齿断裂会引起数齿甚至所有齿的断裂
齿面磨损	由于齿面接触区摩擦,使齿厚变小
齿面接触疲劳破坏	在交变接触应力作用下,齿面产生微裂纹,微裂纹的发展引起点状剥落(或称麻点)
过载断裂	主要是冲击载荷过大造成的断齿

3) 对汽车齿轮的性能要求

根据工作条件及失效形式的分析,可以对齿轮材料提出如下性能要求:

① 高的抗弯、抗疲劳强度。
② 较高的强度和冲击韧度。
③ 高的接触疲劳强度、耐磨性。
④ 较好的热处理性能,热处理变形小。

4) 典型汽车齿轮选材

(1) 材料的选择及热处理。在我国应用最多的汽车齿轮用材是合金渗碳钢 20Cr 或 20CrMnTi,并经渗碳、淬火和低温回火处理。渗碳后表面碳含量大大提高,保证淬火后得到高硬度、提高耐磨性和接触疲劳强度。由于合金元素提高淬透性,淬火、回火后可使心部获得较高的强度和足够的冲击韧度。为了进一步提高齿轮的使用寿命,渗碳、淬火、回火后,还可采用喷丸处理,增大表面压应力,有利于提高疲劳强度,并清除氧化皮。

表 6.5 列出了根据工作条件推荐选用的一般齿轮材料和热处理方法。

(2) 工艺路线。合金渗碳齿轮的工艺路线为:下料→锻造→正火→切削加工→渗碳、淬火及低温回火→喷丸→磨削加工→最终检验。

表 6.5 根据工作条件推荐选用的一般齿轮材料和热处理方法

传动方式	工作条件			小齿轮			大齿轮		
	速度	载荷	材料	热处理	硬度	材料	热处理	硬度
开式传动	低速	轻载，无冲击，不重要的传动	Q275	正火	150～180HBS	HT200		170～230HBS
						HT250		170～240HBS
		轻载，冲击小	45	正火	170～200HBS	QT500-7	正火	170～207HBS
						QT600-3		197～269HBS
闭式传动	低速	中载	45	正火	170～200HBS	35	正火	150～180HBS
			ZG310～570	调质	200～250HBS	ZG270-500	调质	190～230HBS
		重载	45	整体淬火	38～48HRC	35、ZG270-500	整体淬火	35～40HRC
	中速	中载	45	调质	220～250HBS	35、ZG270-500	调质	190～230HBS
			45	整体淬火	38～48HBS	35	整体淬火	35～40HRC
			40Cr 40MnB 40MnVB	调质	230～280HBS	45,50	调质	220～250HBS
						ZG270-500	正火	180～230HBS
						35,40	调质	190～230HBS
		重载	45	整体淬火	38～48HRC	35	整体淬火	35～40HRC
				表面淬火	45～50HRC	45	调质	220～250HBS
			40Cr 40MnB 40MnVB	整体淬火	35～42HRC	35、40	整体淬火	35～40HRC
				表面淬火	52～56HRC	45,50	表面淬火	45～50HRC
	高速	中载，无猛烈冲击	40Cr 40MnB 40MnVB	整体淬火	35～42HRC	35、40	整体淬火	35～40HRC
				表面淬火	52～56HRC	45,50	表面淬火	45～50HRC
		中载，有冲击	20Cr 20Mn2B 20MnVB 20CrMnTi	渗碳淬火	56～62HRC	ZG310-570	正火	160～210HBS
						35	调质	190～230HBS
						20Gr 20MnVB	渗碳淬火	56～62HRC

6.4.3 汽车板簧类零件的选材

汽车板簧的结构，如图 6.4 所示。

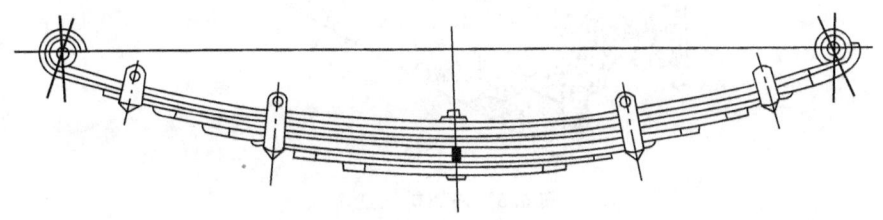

图 6.4 汽车板簧的结构

1) 工作条件及失效形式

汽车板簧用于缓冲和吸振,承受很大的交变应力和冲击载荷。其主要失效形式为刚度不足引起的过度变形或疲劳断裂。因此,对汽车板簧材料的要求是要有较高的屈服强度和疲劳强度。

2) 汽车板簧选材

(1) 适用材料。汽车板簧一般选用弹性高的合金弹簧钢制造,如 65Mn、65Si2Mn 钢等。对于中型或重型汽车、板簧还采用 50CrMn、55SiMnVB 钢;对于中型载货汽车用的大截面积板簧,采用 55SiMnV、55SiMnVNb 钢制造。

(2) 工艺路线。汽车板簧的工艺路线一般为:热轧钢板冲裁下料→压力成型→淬火→中温回火→喷丸强化。

喷丸强化也是表面强化的手段,目的是为了提高零件的疲劳强度。

6.4.4 箱体类零件的选材

一般箱体类零件结构复杂,具有不规则的外形、内腔,且壁厚不均。这类零件包括各种机械设备的横梁、支架、底座、齿轮箱、轴承座、阀体、泵体,在汽车上主要有气缸体、气缸盖、变速箱壳体、驱动桥壳等,质量相差很大,从几千克到数十吨。工作条件相差也很大,其中有的基础件以承受压力为主,如内燃机气缸体(图 6.5)、气缸盖,并要求有较好的刚度和减摩性;有的要承受弯曲、扭转、拉压和冲击载荷,如汽车的驱动桥。总的说来,箱体类零件受力不大,但要求有良好的刚度和密封性。

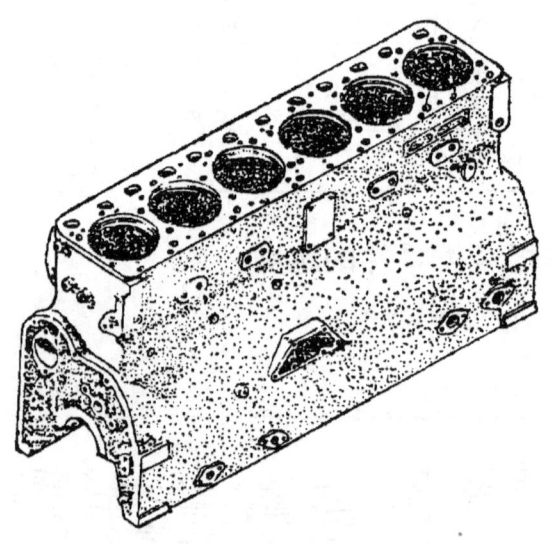

图 6.5 内燃机气缸体

根据箱体类零件的结构特点和使用要求,通常以铸造件作为毛坯,且以铸造性能良好、价格低廉,并有良好的耐压、耐磨、减摩性的灰铸铁为主。如质量要求不严的一般内燃机的气缸盖、气缸体可采用灰铸铁。受力复杂或受冲击载荷的零件采用铸钢、可锻铸铁、球墨铸铁制造，如汽车的驱动桥壳。受力较小、质量轻、导热良好的材料，则采用铝合金铸造，如风冷发动机、小轿车发动机的气缸体、气缸盖。受力很小的可用工程塑料件，在单件生产或工期要求紧迫的情况下，或受力大、尺寸大、形状简单，也可采用焊接件。

对铸铁件应进行去应力退火或时效处理；对铸钢件常采用完全退火处理或正火；对铝合金铸件应根据成分不同，进行退火或淬火时效处理；焊接件必须采用去应力退火处理。

6.5 常见汽车零件的选材

6.5.1 汽车结构零件的选材

汽车结构零件的选材多为发动机零件和底盘零件的选材。一般采用钢铁较多，一些零件还采用有色金属合金材料和粉末冶金材料。汽车发动机和底盘主要零件的选材如表6.6和表6.7所示。

表6.6 汽车发动机主要零件的选材

代表零件	材料种类及牌号	使用性能要求	主要失效方式	热处理及其他方式
缸体、缸盖、飞轮、正时齿轮	灰铸铁：HT200	刚度、强度、尺寸稳定性	产生裂纹、孔壁磨损、翘曲变形	不处理或去应力退火。也可用ZL104铝合金制作缸体、缸盖，固溶处理后时效
缸套、排气门座等	合金铸铁	耐磨性、耐热性	过量磨损	铸造状态
曲轴等	球墨铸铁：QT600-2	刚度、强度、耐磨性	过量磨损、断裂	表面淬火、圆角滚压、渗氮，也可以用锻钢件
活塞销等	渗碳钢：20、20Cr、18CrMnTi、12Cr2Ni4	强度、冲击韧度、耐磨性	磨损、变形、断裂	渗碳、淬火、回火
连杆、连杆螺栓、曲轴等	调质钢：45、40Cr、40MnB	强度、疲劳强度、冲击韧度	过量变形、断裂	调质、探伤
各种轴承、轴瓦	轴承钢、轴承合金	耐磨性、疲劳强度	磨损、剥落、烧蚀破裂	不热处理（外购）
排气门	高铬耐热钢：4Cr10Si2Mo 4Cr14Ni14W2Mo	耐热性、耐磨性	起槽、变宽、氧化烧蚀	淬火、回火
气门弹簧	弹簧钢：64Mn、50CrVA	疲劳强度	变形断裂	淬火、中温回火
活塞	高硅铝合金：ZL108、ZL110	耐热强度	烧蚀、变形、断裂	固溶处理及时效
支架、盖、罩、挡板、油底壳等	钢板：A3、08、20、16Mn	刚度、强度	变形	不热处理

表 6.7 汽车底盘主要零件的选材

代表零件	材料种类及牌号	使用性能要求	主要失效方式	热处理及其他方式
纵梁、横梁、传动轴（4000r/min）、保险杠、钢圈等	钢板： 25 16Mn	强度、刚度、韧性	弯曲、扭斜，铆钉松动、断裂	要求用冲压工艺性能好的优质钢板
前桥（前轴）转向节臂（羊角）、半轴等	调质钢： 45 40Cr 40MnB	强度、韧性、疲劳强度	弯曲变形、扭转变形、断裂	模锻成型、调质处理、圆角滚压、无损探伤
变速箱齿轮、后桥齿轮等	渗碳钢： 20 CrMnTi 40MnB	强度、耐磨性、接触疲劳强度及断裂强度	麻点、剥落、齿面过量磨损、变形、断齿	渗碳（渗碳层深度0.88mm以上）淬火、回火，表面硬度58～62HRC
变速器壳、离合器壳	灰铸铁： HT200	刚度、尺寸稳定性、一定的强度	产生裂纹、轴承孔磨损	去应力退火
后桥壳等	可锻铸铁： KT350-10 球墨铸铁： QT400-10	刚度、尺寸稳定性、一定的强度	弯曲、断裂	后桥还可用优质钢板冲压后焊接或用铸钢
钢板弹簧	弹簧钢： 65Mn 60Si2Mn 50CrMn 55SiMnVB	耐疲劳、冲击和腐蚀	折断、弹性减退、弯度减小	淬火、中温回火、喷丸强化
驾驶室、车厢罩等	08 钢板 20 钢板	刚度、尺寸稳定性	变形、开裂	冲压成型
分泵活塞、油管	有色金属： 铝合金、纯铜	耐磨性、强度	磨损、开裂	

1. 发动机缸套的选材

发动机的工作循环是在气缸内完成的。气缸内与活塞接触的内壁面，由于直接承受燃气的冲刷，并与活塞存在一定压力的高速相对运动，使气缸内壁受到强烈的摩擦。气缸内壁的过量磨损是导致发动机大修的主要原因之一。因此，气缸的缸体一般采用普通铸铁或铝合金，而气缸工作面则用耐磨材料制成缸套镶入气缸。

常用缸套材料为耐磨合金铸铁，主要有高磷铸铁、硼铸铁、合金铸铁等。为了提高缸套的耐磨性，可以用镀铬、表面淬火或其他耐磨合金等办法对缸套进行表面处理。

2. 连杆零件

1）连杆的工作条件及性能要求

连杆（图 6.6）是内燃机的连接件和传力件。其作用是将活塞和连杆连接起来，并将活塞上的惯性力和燃气压力传递给曲轴，由曲轴转换成旋转运动。连杆工作时受到复杂的拉、压应力的作用，还要承受气体做功时的冲击载荷。因此，要求连杆材料必须具有良好的综合力学性能及高的疲劳强度。

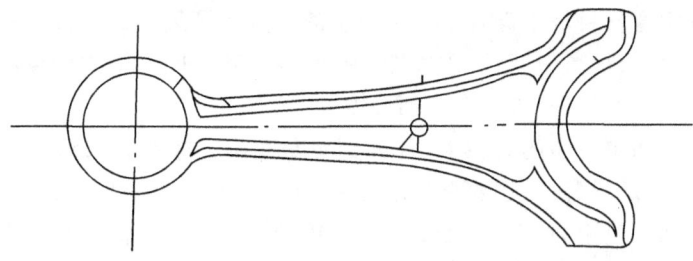

图 6.6　连杆示意图

2）连杆材料的选择及热处理

（1）选材及热处理。通常连杆材料选用综合力学性能好的中碳钢或中碳合金钢，需调质处理。例如，EQ6100 汽油机连杆采用 40Mn、35MnV 钢制造，利用锻造后的余热进行淬火、回火。

（2）连杆的工艺路线。连杆的加工工艺路线一般为：下料→锻造→调质→喷丸→检验→矫正→精压→探伤→机械切削加工。

3. 活塞组选材

如图 6.7 所示的活塞组工作条件十分苛刻，在工作中受到周期性变化的高温、高压燃气作用，工作温度最高可达 2000℃，并在气缸内作高速往复运动，有很大的惯性载荷。活塞将力传给连杆时，还承受交变的侧压力。对活塞用材料的要求是：热强度高、导热性好、吸热性差、膨胀系数小、减摩性、耐磨性、耐蚀性和工艺性好等。

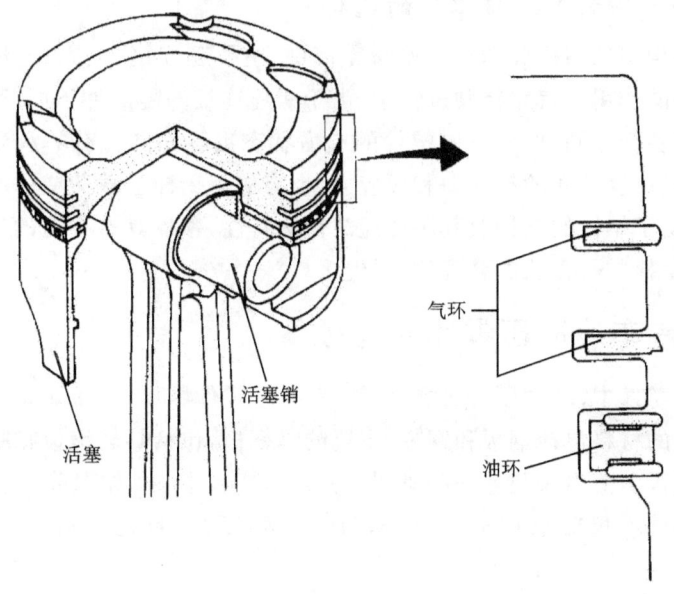

图 6.7　活塞组

常用的活塞材料是铝硅合金。铝合金的特点是导热性好、密度小；硅的作用是使膨胀系数减小，提高耐磨性、耐蚀性、硬度、刚度和强度。铝硅合金活塞需进行固溶处理及人工时效处理，以提高表面硬度。

由于经活塞销传递的力很大，且承受交变载荷。这就要求活塞销材料应有足够的刚度、强度及耐磨性，还要求外硬内韧，同时具有较高的疲劳强度和冲击韧度。活塞销材料则一般用 20、20Cr、18CrMnTi 等低碳合金钢。活塞销外表面应进行渗碳或液体碳氮共渗处理，以满足外表面硬而耐磨，材料内部韧而耐冲击的要求。

活塞环材料应具有耐磨性、韧性好以及良好的耐热性、导热性和易加工性等性能。目前一般多用以珠光体为基的灰铸铁或在灰铸铁基础上添加一定量的铜、铬、钼及钨等合金元素的合金铸铁，也有的采用球墨铸铁或可锻铸铁。为了改善活塞环的工作性能，活塞环宜进行表面处理。目前应用最广泛的是镀铬，可使活塞环的寿命提高 2~3 倍。

4. 气门选材

气门的主要作用是打开和关闭进、排气道。气门工作时，需要承受较高的机械负荷和热负荷，尤其是排气门的工作温度高达 650~850℃。另外，气门头部还承受气压力及落座时因惯性力而产生的相当大的冲击。对气门的主要要求是保证燃烧室的气密性。气门材料应选用耐热、耐蚀、耐磨的材料。进、排气门工作条件不同，材料的选择也不同。进气门一般可用 40Cr、35CrSi、42Mn2V 等合金钢制造，而排气门则要求用高铬耐热钢制造，采用 4Cr10Si2Mo 作为气门材料时工作温度可达 550~650℃。

5. 螺栓、铆钉等连接零件的选材

汽车结构中的螺栓和铆钉等冷镦零部件，主要起连接、坚固、定位以及密封汽车各零部件的作用。汽车行驶过程中，由于螺栓连接的零部件不同，而这些零部件所受的载荷各不相同，所以不同螺栓的应力状态也不相同。有的承受弯曲或切应力，有的承受反复交变的拉应力和压应力，也有的承受冲击载荷或同时承受几种载荷。此外，由于螺栓的结构及其所传递载荷的特性，螺栓具有很高的应力集中。因此，应根据螺栓的受力状态合理地选材。

6.5.2 汽车冷冲压零件的选材

在汽车零件中，冷冲压件种类很多，约占总零件数的 50%~60%。汽车冷冲压零件采用的材料包括钢板和钢带，主要的是钢板，包括热轧钢板和冷扎钢板。

热轧钢板主要用来制造一些承受一定载荷的结构件，如保险杠、制动盘、纵梁等。这些零件不仅要求钢板具有一定刚度、强度，而且还要有良好的冲压成形性能。

冷轧钢板主要用来制造形状复杂、受力较小的机械外壳、驾驶室、车身等覆盖零件。这些零件对钢板的强度要求不高，但为保证高的成品合格率，要求具有优良的表面质量和良好的冲压性能。

近年开发的加工性能良好、屈服强度和抗拉强度高的薄钢板-高强度钢板,由于其可降低汽车自重、提高燃油经济性,在汽车上获得广泛应用,高强度钢板已用于制造横梁、边梁、保险杠、车顶、车门、前脸、后围、行李厢、发动机罩等。

思考题

1. 零件常见的失效类型有哪些?引起失效的原因是什么?
2. 合理选材的一般原则是什么?
3. 根据下列要求选择齿轮的材料和毛坯类型。
   (1) 受力不大的低速大型齿轮,小批量生产。
   (2) 承受强烈摩擦和冲击、中等载荷、中速的中等尺寸齿轮,大批量生产。
   (3) 承受大载荷、无冲击、小尺寸齿轮,大批量生产。
   (4) 小载荷、中等尺寸齿轮,大批量生产。
4. 试分析发动机曲轴零件的选材和热处理工艺特点。
5. 为什么汽车变速器齿轮多采用渗碳钢制造,而机床齿轮常采用调质钢制造?
6. 汽车半轴应选用何种材料?采用何种热处理方法?
7. 试分析汽车板簧类零件的选材和工艺特点。

第 7 章 汽车燃料

　　汽车使用的燃料,如汽油、柴油都是从石油中提炼出来的。石油是埋藏在地下的天然矿产物,未炼制前也叫原油。原油在常温下大部分呈流体或半流体状态,颜色多数是黑色或深棕色,也有暗绿色、褐色或黄色,且有特殊气味。原油中如含胶质和沥青质越多,颜色越深,气味越浓;含硫化物和氯化物越多,则气味越臭。不同产地的原油,其相对密度也不相同。但一般都不大于1,多数在0.80~0.98,个别低于0.70。它的凝点的差异较大,有的高达30℃以上,有的却低于—50℃。

　　原油之所以在外观和物理性质上存在差异,其根本原因是化学组成成分不完全相同。原油既不是由单一元素组成的单质,也不是由两种以上元素组成的化合物,而是由各种元素组成的多种化合物的混合物。由于石油的化学组成十分复杂,所以不同产地、甚至同一产地而不同油井的原油,在组成成分上也有一定差异。

7.1 石油的基本知识

7.1.1 石油的组成

　　尽管石油组成成分很复杂,但石油中所含主要的化学元素已大致地被测定出来,其组成元素主要是碳、氢、硫、氧和氮等元素。它们所占的比例如表7.1所示。

　　可以看出,碳是组成石油的主要元素,占83%~87%;其次是氢,占11%~14%;两者的比例(C/H)为6~7.5。硫、氧和氮三种元素合计占1%~4%,但也有少数产地的原油超过这个范围。

　　原油含有微量的多种金属元素和非金属元素。如镍、钒、铁、钾、钠、钙、镁、铜、铝、氯、碘、磷、砷和硅等,但含量极微,占0.003%以下。

　　各种元素在原油中都不是以单质的结构存在,而是以相互结合的各种碳氢或非碳氢化合物形式存在。

表7.1　石油的元素组成

原油产地	元素组成/%（质量分数）					
	w_C	w_H	w_S	w_O	w_N	$w_{C/H}$
大庆（混合油）	85.74	13.31	0.11		0.15	6.45
胜利（混合油）	86.26	12.20	0.80		0.41	7.07
大港（混合油）	85.67	13.40	0.12		0.23	6.39
玉门	83.85	13.87	0.18		0.45	6.46
克拉玛依	86.13	13.30	0.04	0.28	0.25	6.47
伊朗	85.4	12.8	1.06	0.74		6.67
墨西哥	84.2	11.4	3.6	0.80		7.39
美国宾夕法尼亚	84.9	13.7	0.5	0.90		6.20
前苏联杜依马兹	83.9	12.3	2.67	0.74	0.33	6.82

7.1.2　石油产品和润滑剂的分类

1. 总分类

石油产品和润滑剂的总分类如表7.2所示。该标准适用于制定石油产品和润滑剂的总分类体系以及确定产品的类别及其名称。

表7.2　石油产品的总分类

类　别	各类别的含义
F	燃料
S	溶剂和化工原料
L	润滑剂和有关产品
W	蜡
B	沥青
C	焦

本分类体系中的产品是用统一的格式命名的，产品的整体名称组成如下：

类—品种　数字

类：石油产品和有关产品的类别用一个字母表示（表7.2），该字母与其他符号用短线相隔。品种：由一组英文字母所组成，其首字总是表示组别，任何后面所跟的字母单独存在时有无含义，应在有关组或品种的详细分类标准中给予明确规定。数字：位于产品名称最后，其含义也应规定在有关标准中。

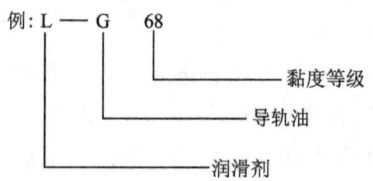

例：L—G　68　黏度等级／导轨油／润滑剂

2. 石油的分类

为了选择原油加工方案,预先估算出产品的种类、产率和质量,世界各国都采用各种不同方法对不同产地的原油进行分类,主要包括如下几种。

1) 工业分类法

在工业上通常按原油的密度区分为四类。$\rho_4^{15.6}<0.830$ 的原油称为轻质原油;$\rho_4^{15.6}=0.830\sim0.904$ 的原油称为中质原油;$\rho_4^{15.6}=0.904\sim0.966$ 的原油称为重质原油;$\rho_4^{15.6}>0.966$ 的原油称为特重质原油。

2) 化学分类法

按特性因素 K 分类:

$$K=\frac{1.26\sqrt[3]{T}}{\rho_{15.6}^{15.6}}$$

式中:K 为特性因素;T 为该原油的中平均沸点(K)。

根据特性因素,可以把石油分为三类。

(1) 石蜡基原油。K 在 12.15 以上的称为石蜡基原油。这类石油的特点是含有较多的石蜡,因而凝点高。

(2) 中间基原油。K 在 11.50~12.15 的称为中间基原油。这类石油含有一定数量的烷烃、环烷烃和芳烃。

(3) 环烷基原油。K 在 10.50~11.50 的称为环烷基原油。这类石油的特点是含有较多的环烷烃,凝点低。

3) 关键馏分特性分类

由于原油的化学组成复杂,烃类在轻质馏分和重质馏分中的分布有较大的差异,用特性因素分类不够确切,而其中平均沸点的数据也不易采集准确。所以,也有用关键馏分特性对原油进行分类。

用特定仪器,把石油在常压和减压下蒸馏出两个馏分:馏程为 250~275℃ 的为第一关键馏分;残油在蒸馏烧瓶中进行减压蒸馏取得 275~300℃ 的馏分为第二关键馏分;然后再算出其特性因素。按照规定的标准,可将原油分为七类:即石蜡基、石蜡-中间基、中间-石蜡基、中间基、中间-环烷基、环烷-中间基和环烷基石油。

4) 商品分类法

(1) 按含硫量分类。含硫量小于 0.5% 的原油称为低硫原油;含硫量为 0.5%~2.0% 的原油称为含硫原油;含硫量大于 2.0% 的原油称为高硫原油。

(2) 按含蜡量分类。从石油中取出某一馏分,其黏度为 53mm²/s(50℃),然后测其凝点。当凝点低于 -6℃ 时,称为低蜡原油;当凝点在 -15~20℃ 时,称为含蜡原油;当凝点大于 21℃ 时,称为多蜡原油。

(3) 按含胶量分类。以重油(沸点高于 300℃ 的馏分)中胶质含量分类。含胶质量小于 17%,称为低胶原油;含胶质量在 18%~35%,称为含胶原油;含胶质量在 35% 以上,称为多胶原油。

3. 润滑剂和有关产品(L 类)的分类

润滑剂和有关产品(L 类)的分类如表 7.3 所示。

表 7.3 润滑剂和有关产品(L 类)的分类

组 别	应用场合	各组分类标准
A	全损耗系统 Total loss systems	GB/T 7631.13
B	脱模 Mould release	
C	齿轮 Gears	GB/T 7631.7
D	压缩机（包括冷冻机和真空泵）Compressors (including refrigeration and vacuum pumps)	
E	内燃机 Internal combustion engine	GB/T 7631.3
F	主轴、轴承和离合器 Spindle bearings, bearings and associated clutches	GB/T 7631.4
G	导轨 Slideways	GB/T 7631.11
H	液压系统 Hydraulic systems	GB/T 7631.2
M	金属加工 Metal working	GB/T 7631.5
N	电器绝缘 Electrical insulation	
P	风动工具 Pneumatic tools	
Q	热传导 Heat transfer	GB/T 7631.12
R	暂时保护防腐蚀 Temporary protection against corrosion	GB/T 7631.6
T	汽轮机 Turbines	
U	热处理 Heat treatment	
X	用润滑脂的场合 Applications requiring grease	GB/T 7631.8
Y	其他应用场合 Other applications	
Z	蒸汽气缸 Steam cylinders	
S	特殊润滑剂应用场合 Applications of particular lubricants	

在此分类中，根据尽可能包括所使用的润滑剂和有关产品的应用场合这一原则将产品分成 19 个组。若还要制定每组产品的详细分类体系，可以制定各组产品的分类标准。

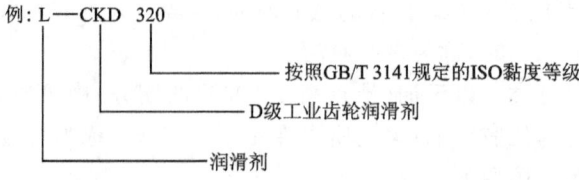

例：L—CKD 320
　　　　按照GB/T 3141规定的ISO黏度等级
　　　　D级工业齿轮润滑剂
　　　　润滑剂

7.2 车用汽油

当前,汽油仍是汽车的主要燃料,在我国民用汽车保有量中,汽油车约占75%。汽油质量升级一般要经过三个阶段,一是辛烷值升级,二是无铅化,三是组分优化。

7.2.1 汽油的使用性能

汽油机在气缸外部形成混合气,点燃着火,爆燃是汽油机的一种不正常燃烧。一些轿车采用电控燃料供给系统,使用三元催化转化器作为排放污染物净化装置,并采用闭环控制,因此,当代汽车对汽油使用性能的要求越来越多,越来越严格。汽油的使用性能包括蒸发性、抗爆性、氧化安定性、腐蚀性等性能。

1. 汽油的蒸发性和评定指标

1) 蒸发性

汽油由液态转化为气态的性质称为汽油的蒸发性。

汽油蒸发性不好,会导致混合气形成不良、低温时发动机起动困难、燃烧不完全,以及油耗增加等问题。未蒸发的汽油冲刷发动机气缸油膜,进入曲轴箱后稀释发动机油,加剧发动机机油变质,影响正常润滑。因此,要求汽油应具有良好的蒸发性。但是,汽油的蒸发性过好也会发生许多问题:一是使汽油机供给系易产生气阻,即汽油蒸气滞留于汽油机供给系中,阻碍汽油流动。气阻会导致发动机不能正常工作或停机后不能起动;二是使汽油在保管和使用中的蒸发损失增加,增加汽油蒸气的排放浓度;三是使电子控制发动机中的碳罐容易过载,且由于油路中气泡增多,影响喷油器流量的稳定,进而影响发动机的气体排放。因此,要求汽油具有适当的蒸发性。为了保证不同气温条件下对汽油蒸发性的不同要求,把汽油的蒸发性分为 A、B、C、D、E 五级,用户可根据不同季节和地区采用不同蒸发性的汽油。

2) 汽油蒸发性的评定指标

汽油蒸发性的评定指标是馏程和饱和蒸气压。

(1) 馏程。馏程是油品在规定条件下蒸馏所得到的,以初馏点和终馏点表示其蒸发特征的温度范围。

车用汽油馏程的测定方法是:将 100mL 试样按车用汽油规定的条件进行蒸馏,观察温度计读数和冷凝液体积,并根据这些数据计算和报告结果。馏程测定可用如图 7.1 所示仪器进行。

实验时将试样加入到蒸馏烧瓶中,按要求调节加热速度,从冷凝管下端滴下第一滴冷凝液所观察到的温度计读数叫做初馏点;量筒中回收到 10mL、50mL 和 90mL 冷凝液时观察的温度分别称为 10%、50% 和 90% 馏出温度;当全部液体从蒸馏烧瓶底部蒸发后所观察到的温度计最高读数称为终点或终馏点。

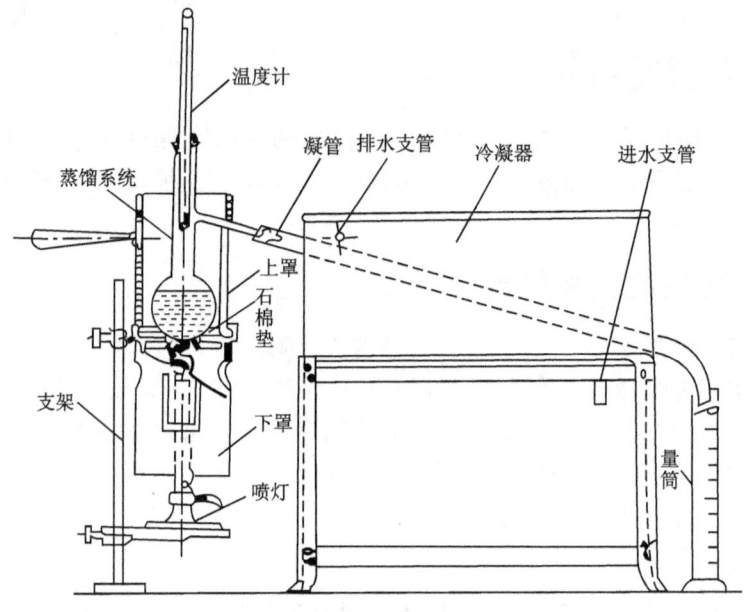

图 7.1 汽油馏程测定仪

10%馏出温度表示汽油中低沸点轻质馏分的多少。它对汽油发动机冬季起动的难易有决定性的影响,同时也与夏季产生气阻的倾向有密切关系。汽油发动机使用10%馏出温度低的汽油,由于蒸发性好,起动时间短,起动时的油耗量也少,所以要求此温度不高于70℃;但该温度也不宜过低,否则,在夏季容易产生气阻。

50%馏出温度表示汽油发动机的平均蒸发性能。50%馏出温度低,改善发动机的加速性、工作稳定性,所以要求不高于120℃。

90%馏出温度和终馏点表示汽油中重质馏分的多少。该温度高,说明含重质馏分多,蒸发性差,工作时未蒸发的汽油不能燃烧,将冲刷气缸壁上的油膜,加剧机件磨损;由于燃烧不完全,将增加尾气的排放污染,并使耗油量增加。因此,90%馏出温度要求不高于190℃,终馏点不高于205℃。

(2)饱和蒸气压。在规定条件下,油品在适当的实验仪器中气液两相达到平衡时,液面蒸气所显示的最大压力称为饱和蒸气压,用kPa表示。

饱和蒸气压与汽油内所含轻质馏分的多少、温度的高低和气液相体积之比的大小有关。汽油内含轻质馏分愈多,饱和蒸气压愈高;汽油温度愈高,饱和蒸气压愈高。

2. 汽油的抗爆性及其评价指标

1)抗爆性

抗爆性是指汽油在汽油机内燃烧时不产生爆燃的性能。

汽油机在燃烧过程中,在火焰前锋面到达之前,出现自燃,并以极高速度传播火焰,产生带爆炸性质的冲击压力波,这种现象叫做爆燃。爆燃的危害是:使发动机功率下降、油耗增加；使活塞、气缸垫、气门、火花塞、轴瓦等零件损坏，还将引起气缸的异常磨损。

汽油要具有良好的抗爆性。为提高汽油的抗爆性，一是采用先进的炼制工艺，生产抗爆性好的基础油；二是添加抗爆剂。1921年，美国的米奇利、凯特林和彼得发明在汽油中加四乙基铅可明显提高汽油的抗爆性，从而出现了含铅汽油。随着对汽车排放污染物日益严格的限制，车用汽油从含铅汽油发展到无铅汽油。无铅汽油不以四乙基铅为抗爆剂，而是添加抗爆性好的含氧化合物[例如，甲基叔丁基醚(MTBE)等]，铅含量被严格限制（我国车用汽油规定铅含量不大于 0.005g/L）。

2) 汽油抗爆性的评定指标

汽油抗爆性的评定指标是辛烷值和抗爆指数。

(1) 辛烷值。辛烷值是表示点燃式发动机燃料抗爆性的一个约定数。在规定条件下的标准发动机试验中，通过和标准燃料进行比较测定，采用和被测定燃料具有相同抗爆性的标准燃料中异辛烷的体积百分数表示。

测定辛烷值的标准燃料是用两种抗爆性相差悬殊的烷烃掺配而成的。一种是抗爆性良好的异辛烷(2,2,4-三甲基戊烷，C_8H_{18})，规定其辛烷值为 100；另一种是抗爆性极差的正庚烷(C_7H_{16})，规定其辛烷值为 0。它们按不同比例掺和，使得到辛烷值从 0～100 之间各号标准燃料。辛烷值缩写为 ON (Octane Number)。

按照试验条件，辛烷值分为马达法辛烷值和研究法辛烷值两种。测定辛烷值的试验条件不同，所得值也不一样。因此，引用辛烷值时应指明所采用的测定方法。

马达法辛烷值是在苛刻试验条件下所测得的辛烷值。例如，发动机转速较高、混合气温度较高、点火提前角较大等。马达法辛烷值缩写为 MON (Motor Octane Number)。

研究法辛烷值是在缓和条件下所测得的辛烷值。例如，发动机转速较低，对混合气温度不限值，点火提前角较小等。研究法辛烷值缩写为 RON (Research Octane Number)。

(2) 抗爆指数。抗爆指数是汽油研究法辛烷值与马达法辛烷值之和的 1/2。

$$抗爆指数 = \frac{RON + MON}{2}$$

抗爆指数能全面反映在车辆运行中汽油的抗爆性。

(3) 汽油机的压缩比与辛烷值。汽油机工作循环过程接近于理想等容加热循环，理想等容加热循环热机的热效率与压缩比之间的关系是：

$$\eta_t = 1 - \frac{1}{\varepsilon^{(k-1)}}$$

式中：η_t 为汽油机的热效率；ε 为压缩比；k 为绝热指数。

由上式可知，增加汽油机压缩比可提高热效率，从而可提高汽油机的动力性和经济性。然而提高发动机的压缩比，增加了发动机的爆燃倾向，应选择高辛烷值的汽油。汽油辛烷值与发动机压缩比、油耗和功率间的关系如图7.2所示。

3. 汽油的氧化安定性及其评价指标

1）氧化安定性

汽油的氧化安定性是指热稳定性，即防止生成高温沉积物的能力。

汽油的氧化安定性主要取决于原油的产地、加工炼制方法以及汽油的组成。安定性不好的汽油在使用过程中，受到空气中的氧、环境温度和光等因素的作用，会发生氧化缩合而生成胶质，使汽油颜色变黄并产生黏稠沉淀。这些胶状物黏附在滤清器、汽油管道等处，不仅会破坏汽油的正常供给，还会造成混合气变稀、耗

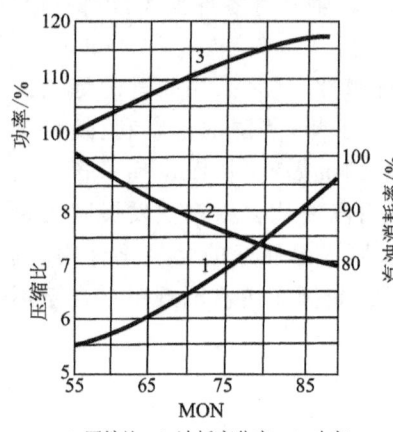

1-压缩比；2-油耗变化率；3-功率

图7.2 辛烷值与压缩比、油耗和功率的关系

油率增大。胶状物积聚在进气门的下方，会影响气门的正常启闭和进气通道的截面。如果在高温下进一步氧化，将导致气门上的胶质在高温下分解生成积炭，沉积在活塞顶、活塞环槽、燃烧室壁和火花塞上，使气缸散热不良、发动机过热，引起爆燃和加剧磨损。此外，随着胶质的增多，会使汽油的辛烷值下降、酸度增加。

影响汽油氧化安定性的因素主要是汽油的烃组成和性质，沉积物一般随烯烃含量、芳烃含量、胶质和90%蒸发温度的升高而增加。

2）评价指标

汽油氧化安定性的评定指标一般是实际胶质和诱导期。

（1）实际胶质。实际胶质是指100mL燃料在实验条件下所含胶质的质量分数，单位是mg/mL。它可以判断汽油在使用过程中生成胶的倾向，从而决定汽油能否使用或继续储存。因此，实际胶质是液体燃料在储存过程中重要的质量控制指标之一。对于汽油的实际胶质，规定出厂时不大于5mg/100mL；出厂后4个月检查封样时不大于10mg/100mL；油库交付给使用单位时不大于25mg/100mL。

（2）诱导期。诱导期是指在规定的加速氧化条件下，油品处于稳定状态所经历的时间周期，单位是min。诱导期表示汽油在储存中产生氧化和形成胶质的倾向。诱导期长，说明汽油的氧化安定性好，适合长期储存。一般国产汽油出厂时诱导期在600~800min，在普通条件下储存21个月后，诱导期在400~500min。

4. 汽油的腐蚀性及其评价指标

汽油在运输、储存和使用过程中，不可避免地要与各种金属接触。如果汽油具有腐蚀作用，就会腐蚀运输设备、储油容器和发动机零部件，因此要求汽油无腐蚀性。

如果汽油中有硫元素、活性或非活性硫化物、水溶性酸或碱等存在时，就具有腐蚀性。

硫元素对金属腐蚀作用很强。在常温下，硫元素就能与铜或铜合金发生化学

反应,生成硫化铜,积累在铜或铜合金表面,逐渐形成黑色的硫化铜层。由于硫化铜层不坚固,经过一段时间会破裂、脱落,使零件损坏。在较高温度下,硫元素能与铁发生反应生成硫化铁,其结果也会使容器或零件过早报废。如果超过150℃时,硫还能与烷烃和环烷烃发生反应,生成具有强烈腐蚀性的硫化氢。

凡是能够直接腐蚀金属的硫化物,统称为活性硫化物,包括硫化氢、硫醇、二氧化硫、三氧化硫等。硫化氢能严重腐蚀铜、铜合金、铁和铝等金属。硫醇除了腐蚀金属外,还会促进胶质生成。二氧化硫和三氧化硫对金属有强烈的腐蚀作用,如果有水存在时,就会生成亚硫酸和硫酸,腐蚀作用就更加强烈。

凡是不直接对金属起腐蚀作用的硫化物,统称为非活性硫化物,如硫醚、二硫化物等。由于它们化学性质不活泼,所以不能直接腐蚀金属。但它们在汽油机中燃烧后,会生成二氧化硫和三氧化硫,不仅腐蚀气缸和活塞,而且进入曲轴箱遇冷凝水后会生成亚硫酸和硫酸,既腐蚀零件,又会加剧发动机油的变质。

汽油腐蚀性的评定指标是硫含量、硫醇硫含量、铜片腐蚀试验和水溶性酸或碱等。

5. 汽油的清洁性及其评价指标

汽油的清洁性主要是指汽油中是否含有机械杂质和水分。炼制出的成品汽油中是不含机械杂质和水分的,但在储运及使用过程中,汽油不可避免地使得机械杂质及水分进入。机械杂质进入燃烧室,会使燃烧室积炭增多,引起气缸、活塞和活塞环的加速磨损。汽油中的水分在低温下易结冰,严重时会堵塞油路,甚至造成供油中断;另外,水分还会加速汽油的氧化、加速机件腐蚀。

评定汽油清洁性的指标是机械杂质和水分,国外标准中还引入喷嘴清洁度、气门清洁度表示汽油的清洁性。汽油清洁性简易的判断方法是将汽油注入清洁干燥的100mL玻璃量筒中目测,如果油色透明并且没有悬浮物、沉淀物和水分,则认为合格。

6. 汽油的无害性及其评价指标

汽油的成分一方面直接影响汽车的排放污染,同时还关系到汽车排放污染控制装置的作用。所以,在生产无铅汽油的过程中,对无铅汽油的其他有害物质的含量也应当进行有效控制。

1) 车用汽油有害物质及其影响

(1) 苯含量。苯是原油中的天然组分并且是催化重整的产品。控制汽油中的苯是控制排气中苯的最直接的途径。

(2) 烯烃含量。烯烃是不饱和碳氢化合物,受热后会形成胶质沉积在进气系和供油系中,使精密零件堵塞、排放恶化、功率下降、油耗增加。

(3) 芳烃含量。汽油中芳烃含量增加时,氮氧化物(NO_x)排放量增加,排气中的芳烃(包括多环芳烃)、酚类和芳醛呈直线增加。

(4) 锰、铅含量。锰、铅也会使三元催化转化器和氧传感器中毒。另外,锰、铅也是排放到大气中的有害微粒物。

(5) 铁、铜、磷含量。铁、铜所起的副作用与铅、硫类似,同样会造成三元催化转化器中毒,促使发动机积炭的生成,使颗粒物排放增加。

(6) 硫含量。硫除腐蚀金属零件外,硫还会增加点火迟滞、提高点火温度、降低发动机功率、使三元催化转化器失效。硫还会使有害排放物增加。

2) 车用汽油有害物质控制标准

车用汽油有害物质控制标准如表 7.4 所示。

表 7.4 车用汽油有害物质控制标准

项 目	控制指标	试验方法
苯/%(体积分数)	≤2.5	ASTM D 3606
烯烃/%(体积分数)	≤35	GB/T 11132
芳烃/%(体积分数)	≤40	GB/T 11132
锰/(g/L)	≤0.018	ASTM D 3831
铁	不得检出①	本标准的附录 A②
铜	不得检出③	SH/T 0102
铅/(g/L)	≤0.013④	GB/T 8020
磷/(g/L)	≤0.0013	SH/T 0020
硫/%(质量分数)	≤0.08⑤	GB/T 380⑥;GB/T 17040

注:① GWKB 1—1999《车用汽油有害物质控制标准》规定其检出限量为不大于 0.005g/L;而 GB 17930—2006《车用汽油》规定其检出限量为不大于 0.01g/L。

② GB 17930—2006《车用汽油》中规定了"汽油中铁含量测定法(原子吸收光谱法)"。

③ 检出限量不大于 0.001g/L。

④ GB 1793—2006《车用汽油》规定铅含量不大于 0.005g/L。

⑤ GB 17930—2006《车用汽油》规定硫含量不大于 0.05%(质量分数)。

⑥ 裁判试验采用 CB/T 380—1977《石油产品硫含量测定法(燃灯法)》。

7.2.2 车用汽油的选用

1. 汽油的选择

车用汽油的选择应遵循以下原则:

① 使用加入有效的汽油清净剂的无铅汽油。

② 装有三元催化转化器和氧传感器的汽车要尽量选择含铅量低的汽油。

③ 根据发动机压缩比进行抗爆性的选择,压缩比越大,汽油的牌号越高。

④ 区分季节选择汽油的蒸发性,冬季应选蒸气压较大的汽油,夏季应选蒸气压较小的汽油。

2. 汽油使用的注意事项

1) 汽油牌号的选用

为了充分发挥车用汽油的作用,不仅延长汽油发动机零件的使用寿命,而且降低生产成本、节约能源,汽油发动机在选择汽油时,应根据发动机压缩比的高低选择不同辛烷值的汽油。例如,压缩比为7.0~8.0,应选RON90的车用汽油;压缩比为8.0~8.5,应选RON93的车用汽油;压缩比在8.5以上,应选RON97的车用汽油。

如果使用不当,将低辛烷值汽油用于高压缩比的汽油发动机上,就会造成发动机产生爆震燃烧,功率下降,油耗上升,甚至损坏发动机零部件。如果高辛烷值汽油用于低压缩比的汽油发动机上,会使燃烧时间延长,以致燃烧热不能充分转变为功率,并且还因为燃烧气体的温度过高,可能烧坏排气阀和阀门座。

2) 汽油蒸发性变差后的使用

汽油因蒸发而减少轻质馏分的含量或混入一些重质馏分的柴油、煤油和润滑油等。因此,车用汽油存在蒸发性变差的问题。

10%馏出温度比标准高5℃以下时,仍可用于夏、秋季;如用于冬、春季,则应在起动发动机前,先用手摇柄转动曲轴,并用热水预热气缸。如果10%馏出温度比规定标准高5℃以上时,则只能用于盛夏季节。

50%馏出温度超过标准时,要求驾驶员细心操作,发动机起动后不要急于带载荷运转,适当延长升温时间,加速时要平稳。

90%馏出温度和终馏点比标准高5℃以下时,一般不会引起什么后果。如果终馏点高于标准20℃以上时,该汽油不宜使用。

3) 汽油、柴油不能混用

因柴油抗爆性、蒸发性较差,将会引起爆燃及严重破坏发动机润滑,导致发动机损坏。

4) 防止静电

汽油的闪点很低,因此应防止静电。

7.2.3 汽车燃油节能添加剂

1. 工作原理

车用汽油、轻柴油均由基础油和添加剂调配而成。汽车燃油节能添加剂的工作原理是在不影响参比燃油使用性能的基础上,以特殊的组成对添加剂作用的完善和优化。

1) 添加剂的助燃作用

能提高可燃混合气在气缸内燃烧的火焰传播速度,并且缩短燃烧持续期,从而提高循环效率,降低发动机的燃油消耗。

2) 添加剂的降低表面张力作用

使燃油更易雾化形成均匀的混合气,提高混合气的质量,燃烧比较完全。

3) 添加剂的抗磨作用

添加剂含有抗磨剂,可以减少燃烧室中摩擦副的磨损,降低摩擦损失。

4) 添加剂的清净分散作用

采用电子燃油喷射系统的轿车,在喷油器和进气门部位易生成积炭,影响汽油的供给。添加清净剂,能清洁供油系,保持良好的供油状态。

2. 使用技术条件

汽车燃油节能添加剂是添加在汽车燃油中以降低汽车燃油消耗为目的,同时是对汽车的使用性能无不良影响的添加剂。汽车燃油节能添加剂应满足以下的使用技术条件。

1) 良好的抗金属腐蚀性和与燃油的相容性

燃油节能添加剂有可能出现的问题是腐蚀发动机零件和添加剂不能完全溶于燃油中,因此,规定腐蚀性和相容性的技术条件,从而确保加入节能添加剂后的燃油不会对发动机产生不良影响。如果加入节能添加剂后的燃油对金属的腐蚀性增大,或者添加剂不能完全溶于燃油中,不仅会缩短发动机的使用寿命,而且生成的锈粒或不溶解的固体颗粒,还可能堵塞燃油滤清器和喷油器,沉积在气门座上,使发动机不能正常工作。因此,对金属腐蚀严重的或与燃油相容性较差的节能添加剂,不允许使用。

2) 毒性要小

要求添加汽车燃油节能添加剂的燃油的毒性不应大于参比油。

3) 汽车燃油节能添加剂

汽车燃油节能添加剂的使用技术指标包括经济性指标、动力性指标、环境影响指标和经济效益指标 4 类,具体评价项目和要求如表 7.5 所示。

对汽车燃油节能添加剂的评定结果是,发动机台架试验指标经济性满足三个模式之一,动力性满足功率对比系数(K_P)和扭矩对比系数(K_H);整车道路试验指标经济性满足三个模式之一和多工况节油率($α_d$),动力性满足加速时间对比系数(K_t)。

表 7.5 汽车燃油节能添加剂的使用技术指标

类别	项目	技术指标		
		城间运输模式节油率 $α_a$	市区运输模式节油率 $α_s$	快速运输模式节油率 $α_q$
经济性	城间运输模式	≥2%	>0	>0
	市区运输模式	>0	≥2%	>0
	快速运输模式	>0	>0	≥2%
	多工况节油率 $α_d$	≥2%		
动力性	加速时间对比系数 K_t	≤1.01		
	功率对比系数 K_P	≥0.99		
	扭矩对比系数 K_H	≥0.99		
环境影响	汽油车 CO 净化率 R_{CO}	≥0		
	汽油车 HC 净化率 R_{HC}	≥0		
	柴油车烟度净化率 R_{Rb}	≥0		
经济效益	经济效益评价系数 K_C	>1		

7.3 车用轻柴油

我国柴油车约占 25% 以上,而且有继续增加的趋势。增加十六烷值和减小密度对减少柴油机排气中碳氢化合物(HC)、一氧化碳(CO)和颗粒物含量较明显,降低硫含量可以减少所有污染物含量。

7.3.1 轻柴油的使用性能及其评价指标

柴油的馏分较重,柴油机混合气在气缸内形成,压燃着火,燃烧过程包括着火延迟期、速燃期、缓燃期、后燃期四个阶段,不正常燃烧主要是燃烧粗暴。这使柴油机对柴油使用性能的要求与汽油有许多不同。

1. 柴油的低温流动性及其评价指标

1) 低温流动性

柴油在低温条件下所具有一定流动状态的性能,称为柴油的低温流动性。柴油要具有良好的低温流动性。柴油的低温流动性,不仅关系到柴油机燃料供给系在低温下能否正常供油,而且与柴油在低温下的储存、运输、倒装等作业能否正常进行都有着密切的关系。

柴油中的烃分子一般含有 16~23 个碳原子,其中一部分为石蜡,通常在柴油中呈溶解状态存在。当温度降低时,石蜡开始结晶析出形成石蜡结晶网络,这种网络延展到全部柴油中,使其流动阻力增加,甚至失去流动性。

在柴油中添加流动改进剂是改进柴油低温流动性的主要方法。其作用机理是:在低温下与柴油中析出的石蜡发生共晶、吸附作用,抑制石蜡结晶的生长,从而改善了柴油的低温流动性。国产柴油流动改进剂代号为 T1804,化学名称是聚乙烯-醋酸乙烯酯。

2) 柴油低温流动性的评定指标

柴油低温流动性的评定指标是凝点、浊点和冷滤点,我国只采用凝点和冷滤点。

(1) 凝点。我国柴油的牌号是按凝点划分的。石油产品在试验条件下,冷却到液面不能移动的最高温度叫做凝点。

溶在油品中的石蜡发生结晶会引起石油产品随温度降低而失去流动性。油品冷却到某一临界温度时,石蜡开始形成小结晶体,再进一步冷却时,油品中分出石蜡的现象加剧,并使各单位微粒的结晶聚合起来,形成所谓的石蜡结晶网络。在凝固过程中,这种网络延伸到全部油中,使油品流动阻力逐渐增加,以致最后使油品失去流动性。

如图 7.3 所示,石油产品的凝点使用凝点测定仪测定。测定方法是:把试样装在规定的试管中,并冷却到预期的温度时,把试管倾斜 45°,经过 1min,观察试样液面是否能移动,从而找出其液面停止移动的最高温度,即为所测油品的凝点。

(2) 浊点。柴油的浊点是柴油经冷却开始析出石蜡晶体,使柴油失去透明时的最高温度。浊点不是柴油的最低使用温度。

美国、俄罗斯、法国等国家采用浊点作为柴油低温流动性的评定指标。柴油虽已达到浊点,但仍能有效地通过柴油滤清器的滤网,保证正常供油,只有冷却到浊点下某一温度时,才影响柴油机的正常工作。

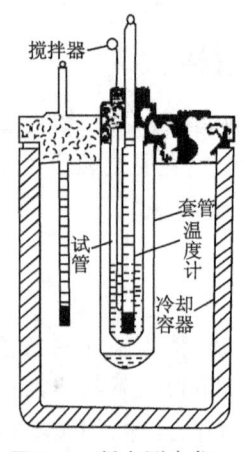

图 7.3　凝点测定仪

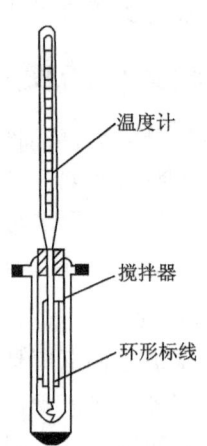

图 7.4　浊点测定仪

如图 7.4 所示,石油产品的浊点选择浊点测定仪测定。测定方法是:在两支清洁、干燥的双壁试管中注入被测柴油至环形标线,每支试管用带有温度计和搅拌器的橡胶塞塞上。温度计位于试管中心,温度计底部与内管底部距离为 15mm。一支试管置于试管架上做标准物,另一支试管插入盛有冷却剂的容器中。冷却剂液面应高出试管中的柴油面约 30～40mm。冷却试样时,需要用搅拌器以 60～200 次/min 的速率上下搅拌,其连续搅拌时间至少为 20s,搅拌中断的时间不超过 15s。在达到预期浊点前 3℃时,从冷却剂容器中取出试管,并迅速放在工业乙醇中浸一浸。然后在透光良好的条件下,把这支试管置于试管架上,与并排的标准物进行比较。每次观察所需时间不得超过 12s。如果试样与标准物相比没有异样,应再把试管放入冷却剂中。以后每经过 1℃观察一次,直至试样开始呈现浑浊状态,此时温度计所指示的温度即为被测柴油的浊点。

(3) 冷滤点。在规定的试验条件下,试油不能以 20mL/min 的流量通过一定规格过滤器的最高温度,叫做冷滤点。具体地说,把试油在规定的条件下冷却,当试油冷却到通过过滤器流量小于 20mL/min 的最高温度,就是冷滤点。

冷滤点是选择柴油低温流动性的依据,因为冷滤点的测定条件是模拟发动机工作情况确定的,近似于实际使用条件,才能较好地判断柴油可能使用的最低温度,一般来说柴油的冷滤点相当于最低使用温度。例如－50 号柴油的冷滤点为－44℃,则可在最低气温为－44℃以上地区使用。

测定冷滤点的设置如图 7.5 所示。测定方法是:在玻璃管中装入 45mL 试油,在 2kPa 的抽力和规定的冷却条件下，测定在 1min 内，不能通过 20mL 试油的温度。测定的基本过程是先把三通塞通向真空系统，同时记录试油温度和通过 20mL 试油的时间。测量后，将三通阀通向大气，使试油回到试验玻璃管中冷却，然后再进行一次测量。其要求是油温每降低 1℃ 测量一次，一直测到 1min 内不能通过 20mL 试油为止。此刻试油温度即为冷滤点。

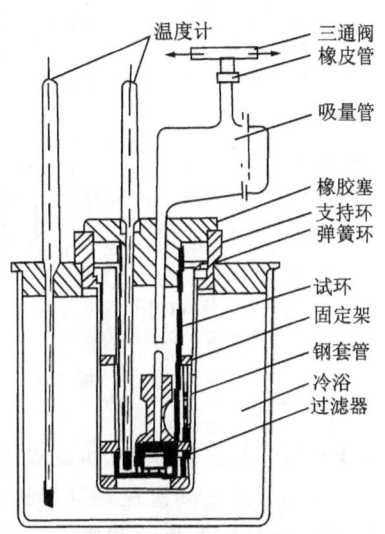

图 7.5　测定冷滤点的设备

2. 柴油的燃烧性及其评价指标

1) 燃烧性

柴油的燃烧性主要是抗粗暴的能力。若点火延迟期过长，则在气缸内积聚并完成燃烧准备的柴油多，以致造成大量的柴油同时燃烧，使气缸压力急剧升高，发动机运转不平稳，这种不正常燃烧现象叫做粗暴。柴油机工作粗暴会使曲柄连杆机构承受过大的冲击力作用，加速零件的磨损和损坏。

柴油机的燃烧状况要求柴油具有良好的燃烧性。燃烧性良好的柴油，其自燃点低。在着火延迟期，燃烧室的局部易于形成高密集度的过氧化物，成为着火中心，所以着火延迟期短，整个燃烧过程发热均匀，气体压力升高平缓，最高压力较低。

2) 柴油燃烧性的评定指标

柴油燃烧性的评定指标是十六烷值和十六烷指数。

(1) 十六烷值。十六烷值缩写成 CN(Cetane Number)。它表示压燃式发动机燃料燃烧性的一个约定值。在规定条件下的标准发动机试验中，通过和标准燃料进行比较测定，采用和被测定燃料具有相同着火延迟期的标准燃料中正十六烷的体积百分数表示。柴油十六烷值影响柴油发动机的燃烧过程和污染物的排放浓度。柴油十六烷值过高或过低，都将使发动机油耗率增加。

测定十六烷值的标准燃料是用两种燃烧性能相差悬殊的烃掺配而成的。一种是燃烧性良好的正十六烷($C_{16}H_{34}$)，规定其十六烷值为 100；另一种是燃烧性很差的 α-甲基萘($C_{11}H_{10}$)，规定其十六烷值为 0，它们按不同比例掺和，得到 0～100 之间各号标准燃料。

如图 7.6 所示，十六烷值高的柴油，其自燃点低，在着火延迟期，柴油发动机燃烧室的局部易于形成高密集的过氧化物，成为着火中心，故着火延迟期短，整个燃烧过程发热均匀，压力升高平稳，最高燃烧压力较低。

十六烷值对柴油机碳氢化合物(HC)、一氧化碳(CO)和氮氧化物(NO_x)排放浓度的影响一般取决于芳烃含量。芳烃含量越高，十六烷值越低，柴油机碳氢化合

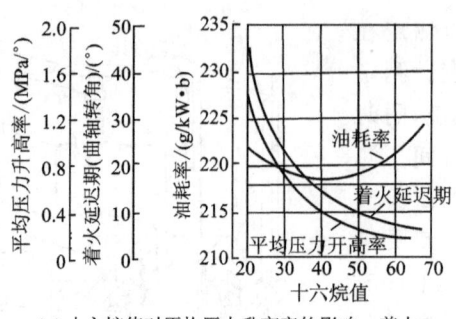
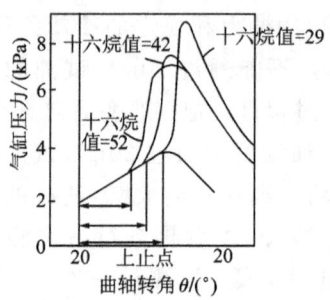

(a) 十六烷值对平均压力升高率的影响、着火延迟期、油耗率的影响

(b) 十六烷值对发动机最高燃烧压力的影响

图 7.6 柴油十六烷值对燃烧的影响

物(HC)、一氧化碳(CO)和氮氧化物(NO_x)的排放浓度就越高。

图 7.7 是发动机在不同转速和喷油提前角的情况下,十六烷值对柴油发动机碳氢化合物(HC)排放和着火延迟角的影响。由图可知,碳氢化合物(HC)排放浓度随着十六烷值的增加而降低,这是因为十六烷值越高,芳烃含量越少,柴油燃烧性越好,延迟期就越短,因而未燃的碳氢化合物(HC)和裂解的碳氢化合物(HC)均较少。

图 7.8 为不同芳烃含量(十六烷值)对柴油机一氧化碳(CO)排放浓度的影响。图中 1、2、3 三条曲线是不同芳烃含量柴油的试验结果。由图可知,柴油的芳烃含量越高(曲线 1),亦即十六烷值越低,则一氧化碳(CO)排放浓度越高,且在相当大的喷油提前角范围内都较高。柴油十六烷值对氮氧化物(NO_x)排放的影响也取决于芳烃含量。其原因是,芳烃含量越高,十六烷值越低,在喷油提前角一定时,由于其燃烧困难,着火延迟期长,这时气缸内在燃烧初期积聚的柴油较多,使初始燃烧温度较高,从而导致氮氧化物(NO_x)排放浓度高。

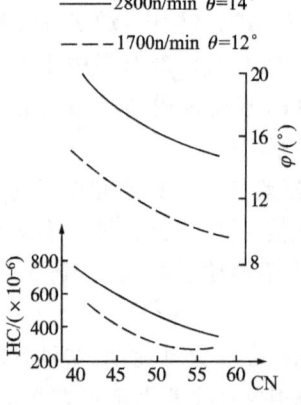

图 7.7 十六烷值对碳氢化合物(HC)排放浓度和着火延迟角的影响

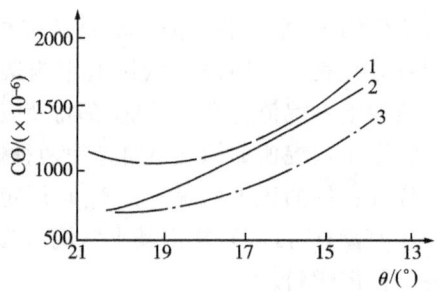

1-芳烃含量为 34.12%;2-芳烃含量为 23.63%;
3-芳烃含量为 14.22%

图 7.8 十六烷值对一氧化碳(CO)排放浓度和着火延迟角的影响

世界上许多国家都在努力提高柴油的十六烷值。世界汽车燃油规范对柴油十六烷值的规定：第 1 类柴油最小 48，第 2 类柴油最小 53，第 3 类柴油最小 55。

柴油十六烷值的测定是在一台可调压缩比（7～23）的供试验用的标准单缸柴油机上完成的。试验时调节柴油机压缩比，确定被试验燃料的闪火时间。如果被试燃料和某一标准燃料在同样条件下同期闪火，所选用的压缩比又相同，则它们的十六烷值相同，标准燃料中正十六烷的体积百分比含量即为被测柴油的十六烷值。

（2）十六烷指数。十六烷指数是表示柴油在发动机中燃烧性的一个计算值。GB/T 11139—1989《馏分燃料十六烷值计算法》适用于计算直馏馏分、催化裂化馏分和这两种混合燃料的十六烷指数。

$$十六烷指数 = 431.29 - 1586.88\rho_{20} + 730.97(\rho_{20})^2 + 12.392(\rho_{20})^3 + 0.0515(\rho_{20})^4 - 0.554B + 97.803(\lg B)^2$$

式中，ρ_{20} 为柴油在 20℃时的密度（g/cm³）；B 为柴油的沸点（℃）。

3. 柴油的雾化和蒸发性及其评价指标

1）雾化和蒸发性

为了保证柴油机的动力性和经济性，燃烧过程必须在活塞位于压缩行程上止点附近完成，要求喷油持续时间极为短促，只有 15°～30°曲轴转角，混合气形成时间只有汽油机的 1/20～1/30。在既定的燃烧室和喷油设备条件下，柴油的雾化和蒸发性决定了混合气形成的速度和质量。如果柴油的雾化和蒸发性差，可能产生以下不良后果：

① 发动机难以起动。

② 柴油馏分重，黏度必然大，使喷雾质量低、混合气不均匀，产生后燃现象，使发动机过热、功率下降。

③ 未分解和燃烧的柴油经气缸壁渗入油底壳，稀释发动机油，不仅影响正常润滑，而且加剧发动机零件磨损。

④ 未蒸发的柴油在高温、高压条件下分解析出炭粒，产生黑烟，与废气一同排出气缸，使油耗和排放污染物增加。

但是，柴油的雾化和蒸发性过强，不仅储存和运输中蒸发损失大，而且安全性差，所以，要求柴油具有较好的雾化和蒸发性。

2）柴油雾化和蒸发性的评定指标

柴油雾化和蒸发性的评定指标是馏程、运动黏度、密度和闪点。

（1）馏程。柴油的馏程采用 50%、90% 和 95% 蒸发温度。柴油的 50% 蒸发温度越低，说明柴油中的轻质馏分越多，使发动机容易起动，如图 7.9 所示。但要说明的是，不能单从起动难易度来要求柴油有过轻的馏分，因为含有过轻馏分的柴油往往使发动机工作粗暴。柴油的 90% 和 95% 蒸发温度表示柴油中重质馏分的多少，对发动机的功率、油耗、排放污染和零件磨损都有较大的影响。这两个蒸发温度越高，越容易产生不完全燃烧和积炭。

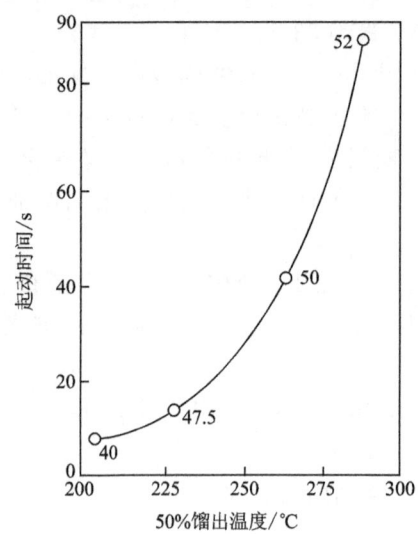

图 7.9 柴油 50% 蒸发温度与发动机起动性的关系(曲线上数字为十六烷值)

(2)运动黏度。当流体内部发生相对运动时,阻碍其相对运动的内摩擦力叫做黏性。对黏性的量度称为黏度,黏度分为动力黏度、运动黏度和条件黏度。

动力黏度是液体流动的内摩擦系数,其数值等于液体流动的剪应力与剪切速率之比,公式为

$$\eta = \tau / \frac{dV}{dx}$$

式中,η 为动力黏度;τ 为液体流动的剪应力;V 为流动速度;$\frac{dV}{dx}$ 为剪切速率。

在国际单位制(SI)中,动力黏度单位为 Pa·s;在物理单位制(CGS)中,动力黏度单位为泊(P)或厘泊(cP)。

运动黏度是在同一温度下液体的动力黏度和该液体密度的比值,公式为

$$\nu = \frac{\eta}{\rho}$$

式中,ν 为运动黏度;η 为动力黏度;ρ 为液体密度。

在国际单位制(SI)中,运动黏度单位是 m^2/s,对汽车燃料和润滑剂多采用 mm^2/s;在物理单位制(CGS)中,运动黏度的单位为斯(St)或厘斯(cSt)。

黏度对发动机工作的影响如下:

① 影响供油量。在供油系中,如果柴油运动黏度过小,柴油漏失量增加,使供油量减小,如图 7.10 所示;如果柴油运动黏度过大,油耗增加,则排气冒黑烟。

② 影响喷油器喷出油束特性。柴油机喷油器喷出油束特性用喷雾锥角 β、射程 L 和雾化质量表示,如图 7.11 所示。如果柴油运动黏度大,则喷雾锥角小、油滴直径大、油滴蒸发面积减小,混合气形成不良,燃烧不完全。如果柴油运动黏度小,则喷雾锥角大、油滴直径小,但其油束形状与燃烧室形状不适应,同样会造成混合气形成不良。

③ 影响供油系精密偶件的润滑。在柴油发动机的供油系中,喷油泵和喷油器有一些精密偶件,例如柱塞和柱塞套筒、针阀和针阀体等。这些偶件在工作时,经常处于摩擦状态,而摩擦面的润滑是靠柴油实现的,从这一角度要求柴油应具有较大的运动黏度。

综上所述柴油的运动黏度要适宜。

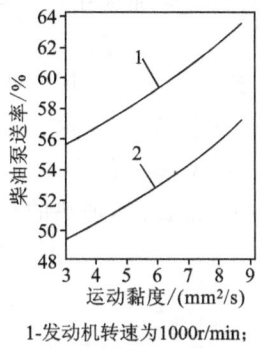

1-发动机转速为1000r/min;
2-发动机转速为400r/min

图 7.10 柴油运动黏度对泵送性的影响

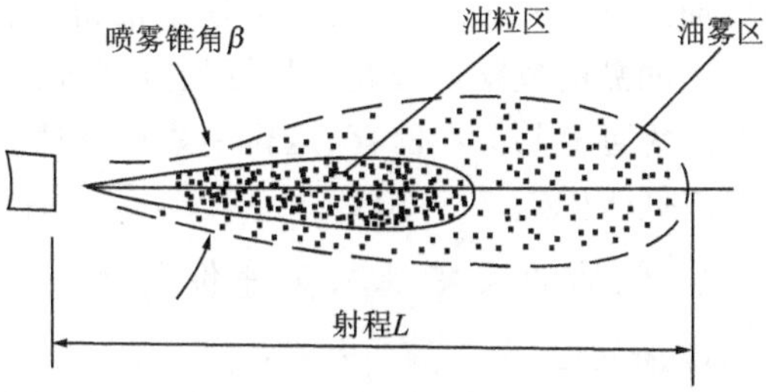

图 7.11 油束特性

石油产品的运动黏度测定仪器有黏度计(图 7.12)、恒温器、玻璃水银温度计和秒表。测定方法是,在某一恒定的温度下,测定一定体积的液体在重力下流过一个标定好的玻璃毛细管黏度计的时间,黏度计的毛细管常数与流动时间的乘积,即为该温度下测定液体的运动黏度。毛细管黏度计一组共 13 支,毛细管内径依次在 0.4~6.0mm,每支黏度计必须有毛细管常数。测定时,根据测定的运动黏度范围,选用适当内径的毛细管。用毛细管黏度计管身 A 处所套着的橡皮管把试样吸入扩张部分 2,使试样液面稍高于标线 a,把装好试样的黏度计浸在规定温度的恒温器内,观察试样在管身的流动情况,液面正好达到标线 a 时,开动秒表,波面正好达到标线 b 时,停止秒表。在温度 t 时,试样运动黏度 ν_t(mm²/s)按照下式计算:

$$\nu_t = C\tau_t$$

式中,C 为黏度计常数(mm²/s²);τ_t 为试样的平均流动时间(s)。

(3) 密度。柴油密度增大会影响柴油机喷油器喷出油束的射程。试验表明,使用密度为 878kg/m³ 的柴油比使用密度为 848kg/m³ 的柴油,油束射程增加 20%。

随着柴油密度的增大,其黏度也增大,也影响柴油的雾化和蒸发性。柴油密度大,还会提高柴油机在一个工作循环内的供油量。表面上看,可提高柴油机的功率,但由于雾化和蒸发性差,不能形成良好的混合气,使燃烧条件变坏,排气冒黑烟,反而使发动机的经济性下降。柴油密度大也是柴油中芳烃多的标志,将促使粗暴的发生。

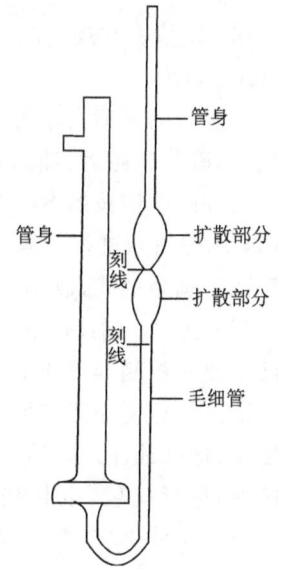

图 7.12 毛细管黏度计

柴油的密度测定按照 GB/T 1184—1983《石油产品密度测定法(密度计法)》进行。

(4) 闪点的概念。闪点有闭口闪点和开口闪点两类。柴油采用闭口闪点,发动机油、车辆齿轮油采用开口闪点。

柴油的闪点既是柴油雾化和蒸发性的指标,也是柴油安全性的评定指标。如果柴油的雾化和蒸发性过强,将使柴油机工作粗暴,而且在储存、运输和使用中不安全。油品的危险等级就是根据闪点划分的。闪点在45℃以下的为易燃品,45℃以上的为可燃品。在储存、运输中禁止将油品达到它的闪点温度,加热的最高温度一般应低于闪点20~30℃。

4. 柴油的安定性及其评价指标

1) 安定性

柴油的安定性是指柴油在运输、储存和使用过程中保持颜色、组成和使用性能不变的能力。柴油应具有良好的安定性。

柴油的安定性不好,就会氧化结胶,将在燃烧室内生成积炭、胶状沉积物,附在活塞顶部和气门上,甚至造成气门关闭不严。这种情况还会使燃油滤清器堵塞,在喷油器针阀上生成漆状沉积物,造成针阀黏滞,使喷雾恶化,甚至中断供油,干扰正常燃烧,从而使排放污染增加。

影响柴油安定性的主要因素是柴油中所含的不安定组分,主要是二烯烃、烯烃等不饱和烃。柴油的馏分过重,环烷芳烃和胶质含量增加,安定性也会变差。

2) 轻柴油安定性的评定指标

柴油安定性的评定指标是碘值、色度、氧化安定性、10%蒸余物残炭和实际胶质等。

(1) 碘值。在规定的条件下和100g油品起反应所吸收碘的克数叫做碘值,用gI/100g 表示。

从测得的碘值大小可反映油品中不饱和烃含量的多少。石油产品中的不饱和烃越多,碘值就越大,油品安定性就越差。

柴油的碘值按照 SH/T 0234—1992《轻质石油产品碘值和不饱和烃含量测定法(碘-乙醇法)》进行。方法是:以碘的乙醇溶液与试样产生作用后,用硫代硫酸钠溶液滴定剩余的碘,以100g试样所能吸收的克数表示碘值。

(2) 色度。油品颜色是用色度表示其深浅,可反映馏分的轻重。控制柴油的色度主要是控制其重质馏分,即控制其残炭和沉渣。

油品的色度测定按照 GB/T 6540—1986(1991)《石油产品颜色测定法》进行。方法是:把试油注入容器中,用标准光源照射,把试油的颜色与标准比色板(颜色玻璃圆片)进行比较,以相当的色号作为该试油色号,颜色从浅到深,标准色板从0.5~8.0共分16个色号(每0.5为一级)。

(3) 氧化安定性。氧化安定性是指一定量的过滤试油,在规定的条件下氧化后所测得的总不溶物的量。总不溶物是黏附性不溶物和可过滤的不溶物之和。黏附性不溶物是在规定的试验条件下,试油在氧化过程中产生并在试油放出后黏附在氧化管壁上的不溶于异辛烷的物质。可过滤不溶物在规定的试验条件下,试油在氧化过程中产生并通过过滤从试油中能分离出来的物质。它包括两部分，一部分是氧化后在试油中悬浮的物质，另一部分是在管壁上易于用异辛烷洗下来的物质。

轻柴油氧化安定性的测定按照 SH/T 0175—2004《馏分燃料油氧化安定性测定法（加速法）》进行。方法是：将已过滤的 350mL 试油，注入氧化管，通入氧气，速率为 50mL/min，在 95℃温度下氧化 16h。然后把氧化后的试油冷却至室温，过滤，得到可过滤的不溶物。用三合剂把黏附性不溶物从氧化管上洗下来，把三合剂蒸发除去，得到黏附性的不溶物。可过滤不溶物的量和粘附性不溶物的量之和为总不溶物的量，以 mg/100mL 表示。

（4）10%蒸余物残炭。把测定馏程中馏出 90%以后的蒸余物作为试样，所测得的试样在裂解中所形成的残留物叫做 10%蒸余物残炭。

10%蒸余物残炭值是柴油馏程和精制程度的函数。柴油的馏分越轻，精制程度越深，则残炭值越小。如馏分越重，精制程度越浅，则残炭值越大。残炭值大，柴油在燃烧室中生成积炭的倾向就大，喷油器孔也易结胶堵塞，影响柴油发动机的正常工作。

柴油的 10%蒸余物测定方法是：把已称重的试样放在坩埚内进行分解蒸馏，残余物经加热一定时间后进行裂化和焦化反应。在规定的加热时间结束后，把盛有炭值残余物的坩埚置于干燥器内冷却并称重，计算残炭值（以原试样的质量百分数表示）。

5. 柴油的腐蚀性及其评价指标

柴油中腐蚀性物质有硫、硫醇硫、有机酸、水溶性酸或碱。由于柴油属于中等馏分，存在于柴油中的硫、硫醇硫的含量较多，对零件的腐蚀作用强，而且会促进发动机沉积物的生成。

柴油腐蚀性的评定指标是硫含量、硫醇硫含量、酸度和铜片腐蚀试验。

6. 柴油的清洁性及其评价指标

柴油机的燃料供给系有许多精密偶件，如喷油泵的柱塞副间隙仅为 0.0015～0.0025mm。若柴油中混入坚硬的杂质，就会堵塞油路并使发动机机件产生磨料磨损。同样，水分的存在能增加硫化物对金属零件的腐蚀作用。

柴油清洁性的评定指标是水分、灰分和机械杂质。

7. 柴油的无害性及其评价指标

柴油中的芳烃含量、硫含量，对柴油发动机的排放污染影响很大。

柴油中的芳烃（特别是多环芳烃）含量对柴油发动机颗粒物的排放影响最大。试验表明，柴油发动机的颗粒物排放随芳烃增加而急剧上升。因为芳烃是以苯环为基础的牢固结合体，它不仅含碳量高，而且化学结构牢固、不易燃烧，所以容易形成碳烟微粒。

另外，柴油的十六烷值对柴油发动机的排放污染影响也很大。

7.3.2 轻柴油的选用

轻柴油的选择就是按照风险率为10%的最低气温进行牌号的选择。某月风险率为10%的最低气温值,表示该月中最低气温低于该值的概率为0.1,或者说该月中最低气温高于该值的概率为0.9。掌握本地区保险率为10%的最低气温不仅是选择轻柴油牌号的依据,也是选择发动机油、车辆齿轮油和制动液的依据。

轻柴油牌号的选择一般应使最低使用温度等于或略高于轻柴油的冷滤点。具体内容如下。

10号轻柴油:适用于有预热设备的柴油机。
5号轻柴油:适用于风险率为10%的最低气温在8℃以上的地区使用。
0号轻柴油:适用于风险率为10%的最低气温在4℃以上的地区使用。
−10号轻柴油:适用于风险率为10%的最低气温在−5℃以上的地区使用。
−20号轻柴油:适用于风险率为10%的最低气温在−14℃以上的地区使用。
−35号轻柴油:适用于风险率为10%的最低气温在−29℃以上的地区使用。
−50号轻柴油:适用于风险率为10%的最低气温在−44℃以上的地区使用。

7.4 汽车新能源

7.4.1 甲醇汽油混合燃料

1. 甲醇作为代用燃料的可能性

甲醇是煤或天然气的产品,性能与汽油相似。在不用对发动机进行改造的前提下,可以使用甲醇与汽油混合燃料,所以它是一种较为理想的汽车代用燃料。

甲醇是一种无色、透明的液体,基本无味,其分子含氢氧根,能与水按照任何比例互溶。其与汽油的主要性质比较如表7.6所示。

表7.6 甲醇与汽油的主要性质比较

性 质	甲 醇(CH_3OH)	汽 油($C_4 \sim C_{12}$烃类)
密度/(g/cm³)	0.796	0.730
理论空燃比/(kg空气/kg燃料)	6.4	14.2~15.1
蒸气压(Reid)/kPa	32	66~90
沸点/℃	64.8	30~200
凝点/℃	−98	−57
低热值/(MJ/kg)	19.66	43.5
高热值/(MJ/kg)	22.34	46.5
汽化潜热/(MJ/kg)	1099	271~367
辛烷值/MON	92	70~92
着火极限/(空气中容积比)	6.7~36	1.4~7.6
理论空燃比下的混合气热值/(MJ/kg)	3.07	2.99

因甲醇分子中含氧,所以燃烧速度快,燃烧后所造成的污染程度比汽油轻。甲醇在空气中燃烧方程是:

$$2CH_3OH + 3O_2 \longrightarrow 2CO_2 + 4H_2O$$

甲醇燃烧后的体积增大率比汽油高,因此有利于提高发动机的功率。

甲醇除了热值低、辛烷值高外,因其分子中含有氧原子,所以还具有一些其他的特殊性质。

1) 蒸气压

汽油是由不同的碳氢化合物所组成,因此汽油的馏程范围很宽,约为 30~200℃。甲醇为纯净物,是单沸点化合物,其沸点为 64.8℃。

相对于汽油的高沸点组分来说,醇的沸点低,混合使用有助于汽油与空气的混合,对发动机起动有利。此外,由于甲醇的汽化潜热大而产生的冷却效应,也妨碍在运转温度下的完全汽化。但甲醇与汽油混合后,其混合液蒸气压比纯汽油高得多。例如,用于比较的基础汽油的蒸气压为 66kPa,甲醇的蒸气压为 32kPa,而在基础汽油中的某些烃类能形成低沸点的共沸物。当汽油中渗入约 16%(体积分数)甲醇时,蒸气压最高;如再增加甲醇含量,则蒸气压下降。

2) 辛烷值

汽油发动机燃料的抗爆性是非常重要的性能之一。表 7.7 所示为醇类燃料及汽油的辛烷值比较。从表中可以看出,醇类燃料的辛烷值比汽油高,但它们的灵敏度数值却很大,这在使用中应特别注意。因为灵敏度反映了汽油抗爆性随发动机工况激烈程度增加而降低的现象。

表 7.7 醇类燃料的辛烷值

品 名	MON	RON	灵敏度
甲醇	92	110	18
乙醇	89	100	11
异丙醇	101.9	118.0	16.1
90 号汽油	80	90	10

3) 汽化潜热

甲醇的汽化潜热比汽油大,在混合气形成时,汽化潜热对混合气起冷却作用。对于理论空燃比混合气在完全绝热蒸发时,混合气温度下降。实际上由于温度较高的周围管壁向混合气传热,混合气温度下降得较少。

从另一方面看,甲醇燃料汽化潜热大,可以降低进气温度,从而提高充气效率。另外,汽化潜热大,可以改善燃烧后发动机内部冷却条件,因而改善发动机的动力性。

4) 着火极限

可燃混合气的着火极限是指混合气可以着火的最低浓度与高浓度之间的范围,浓度是以空气中可燃气的容积百分比表示。

甲醇的着火极限范围很宽,且能在较稀的混合气状态下工作,这就使选择运动工况有较大的自由度,这对排气净化及降低油耗的优化工作有利。

5) 热　值

一般醇类代用燃料的热值比石油类燃料热值低,但由于醇类含氧,混合燃料燃烧时所需的理论空气量少,且燃料的有效输出功率不仅取决于燃料的热值,还与可燃混合气的热值有关,甲醇汽油在理论空燃比下形成的混合气的热值大体上与汽油燃料在相同条件下一样。所以,只要供给质量合适的混合气,并不会影响发动机功率的变化。

2. 甲醇与汽油的混合

1) 化学方法混合

汽油与甲醇的互溶性较差,其互溶性受甲醇与汽油的混合比例、助溶剂的品种和加入、混合时的温度等因素的影响。其互溶曲线如图7.13所示。

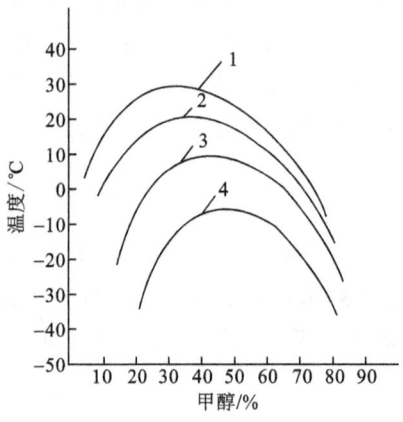

图 7.13　互溶曲线

若混合比参数选择不当,就会出现混合燃料分层现象,其分层后的上层是以汽油为主的混合液,下层则是以甲醇为主的混合液,这将导致混合燃料不能被使用。从图 7.13 可以看出,28℃为甲醇与汽油混合的临界温度,环境温度在 28℃以上时,任何比例的甲醇与汽油混合液都可以完全互溶。另外,如加入助溶剂后,可明显提高互溶性。但助溶剂加入后将使混合燃料成本增大,经济效益下降。目前常用的助溶剂有 MTBE(甲基叔丁基醚)、TBA(叔丁醇)、IBA(异丁醇)、正丁醇等。

甲醇与汽油混合时,因甲醇的吸水性,使甲醇汽油互溶性受到严重影响。所以为提高甲醇汽油的互溶性,必须使用含水量低的甲醇(含水量低于 0.05%)。

甲醇与汽油混合可分为三种状态。

(1) 绝对分层状态。在这种状态下,只要停止搅拌,混合液静止后,可清楚地看出甲醇与汽油很快分层。这种混合液不存在均质状态,不能使用。

(2) 临界混合状态。这种状态一般要加少量助溶剂。混合燃料在停止搅拌后形成乳化液状态,待混合燃料静止后约 60s 开始变为澄清透明,仔细观察能看见细小甲醇液珠下沉,但沉积速度很慢。如使用这种状态的混合燃料会使发动机冷起动困难,热机工作不稳及排放污染较大等。

(3) 绝对混合状态。这种状态的混合液在强制搅拌下开始为乳状液,很快变为澄清透明,再不形成乳状液。这种状态均质不易分层,但一般要足够的助溶剂才能达到。在混合燃料中应使用此状态。

2) 量孔掺配

量孔掺配的原理是使用一支三通管路,在管道中安装选好的量孔。一支是量甲醇的流量,一支是量汽油的流量。经过量孔的汽油和甲醇在三通管路中掺配后再送入供油系统。

这种方法的优点是可以不用或少用助溶剂,提高了燃料的经济性,并减少了加油站供应装置。但由于甲醇与汽油的密度不同,在燃料供给系统中供甲醇和供汽油的压力也有差异。所以,经过量孔掺配后的混合燃料的比例不易稳定,掺配好的混合液在管道中仍存在分层现象。这使发动机工作不稳定。

3. 甲醇汽油混合燃料存在的问题

(1) 要进一步解决低温起动性问题。

(2) 合理调整发动机的有关系统以适应甲醇的性能。

(3) 混合燃料的分层。甲醇与汽油混合后的稳定性与甲醇含量、混合温度、大气湿度等有关。

(4) 关于排放污染。尽管甲醇汽油的非污染性较好,但受空燃比影响较大,要细心调节。另外,甲醇燃烧后的废气中醛的含量较高,对人的眼、鼻有刺激。

(5) 重视对发动机的腐蚀和磨损问题。甲醇是单沸点,汽化潜热高,容易成液态落在气缸壁上。甲醇易吸水,与水结合易形成乳化液。这些都妨碍润滑油的润滑作用,造成磨损增加。另外,甲醇对非金属有溶胀作用。

7.4.2 车用乙醇汽油

车用乙醇汽油是在汽油中加入一定比例的变性燃料乙醇后调配成的一种新型清洁车用燃料。变性燃料乙醇是以玉米、小麦、薯类、甘蔗、甜菜等为原料,经发酵、蒸馏制得乙醇,脱水后再添加变性剂变性的燃料乙醇。平均每 3.3 吨玉米可生产 1 吨燃料乙醇。这种乙醇是通过专门的设备、工艺加工的高纯度无水酒精。经过变性处理后不能食用,专供混配汽油使用。

1. 乙醇汽油的优点

车用乙醇汽油与原有汽油相比较,具有以下几个优点。

(1) 标准乙醇汽油比普通无铅汽油平均省油 5% 左右,而价格并没有变化。相对来说是实惠经济的。

(2) 车用乙醇汽油增加了汽油中的氧含量,能有效降低汽车尾气中有害物质的排放。汽车使用车用乙醇汽油后,尾气污染物中的一氧化碳有 38% 左右转化为二氧化碳。车用乙醇汽油已成为改善城市空气质量的重要法宝。乙醇汽油则是一种环保型燃料,对改善大气环境有着十分显著的作用。

(3) 车用乙醇汽油中的变性燃料乙醇是一种性能优良的有机溶剂,能有效溶解油箱及油路系统中杂质的沉淀和凝结,具有良好的油路疏通作用。

(4) 车用乙醇汽油能有效消除火花塞、气门、活塞顶部及排气管道等部位积炭的形成,延长主要部件的使用寿命。

2. 乙醇和汽油的性质比较

通过表 7.8 比较乙醇和汽油的相关性能,可以知道乙醇和汽油具有良好的互溶性,但乙醇溶于水,而汽油不溶于水。乙醇含有氧而汽油不含有氧。汽油的闪点、自燃温度和辛烷值都比乙醇低,按分子式计算的空燃比(空气-燃料比)则比乙醇高。乙醇和汽油一样,蒸气密度比空气大,燃烧后乙醇蒸气会迅速分解。乙醇的毒性比汽油和甲醇小,而且几乎不含有硫。两者性质上存在差异与互补,这是乙醇汽油能成为发动机燃料的根本原因。

表7.8 乙醇和汽油的部分物理性质

性 质	乙 醇	汽 油
分子式	C_2H_5OH	$C_4 \sim C_{12}$烃的混合物
相对分子质量	46.07	100~105(平均值)
组成/%(质量分数)		
碳	52.2	85~88
氢	13.1	12~15
氧	34.7	0
密度/(kg·L^{-1})	0.79	0.72~0.78
沸点/℃	78.4	27~225
自燃温度/℃	392	221~257
最大火焰速度/(m·s^{-1})	0.40	0.33
按分子式计算的空燃比	9.0	14.3~14.8
溶水性	∞	很小

3. 乙醇的生产方法

乙醇的生产方法可分为发酵法和化学合成法两类。化学合成法是利用石油或天然气的裂解气等作为燃料,经化学反应制造乙醇的方法。这种方法对缺乏石油天然气资源的地区不适宜作为生产方法。

发酵法就是利用微生物的发酵作用将糖分或淀粉转化为乙醇的方法。以淀粉为原料的燃料乙醇生产工艺是在传统乙醇生产工艺中增加一个脱水过程。一般流程为:原料→粉碎→蒸煮→糖化→发酵→蒸馏→脱水→加变性剂→燃料乙醇。以甘蔗、甜菜等含糖原料生产燃料乙醇时,可省去糖化过程。

4. 乙醇汽油的使用注意事项

乙醇汽油按研究法辛烷值分为90号、93号、97号三个牌号。标示方法是在汽油标号前加注字母"E",作为车用乙醇汽油的统一标示。三种牌号的汽油标示为:"E90"表示乙醇汽油90号、"E93"表示乙醇汽油93号、"E97"表示乙醇汽油97号。车用乙醇汽油适用于装配点燃式发动机的各类车辆。由于加入乙醇后对普通车用汽油有一定的改性,在使用乙醇汽油时应该注意相关的要求和注意事项。

(1) 自洁清洗特性。加入乙醇后,由于乙醇具有较强的溶解清洗特性,车用乙醇汽油有利于清洗油路、保持油路畅通。但是车辆在首次使用乙醇汽油时,特别是在使用1~2箱油后,在乙醇汽油的清洗作用下,油箱、油路中将出现沉淀、积存的各类杂质,如铁锈、污垢、胶质颗粒等软化溶解下来,混入油中。这些杂质可能会造成油路不畅。

(2) 亲水特性。乙醇是亲水性液体,易与水互溶,不同于汽油,汽油可以和水分离,水分沉至油箱底部。车辆在首次使用车用乙醇汽油时,应对油箱内进行一次检查,以防止乙醇汽油与油箱底部可能存在的沉淀积水互溶,使油中水分超标,影响发动机的正常工作。

(3) 夏季使用乙醇汽油应稍加注意。夏季环境气温较高,加入乙醇后燃油的挥发性增大。夏季加油时不要将油箱加得太满。

(4) 乙醇汽油和普通汽油可任意比例混用。

7.4.3 天然气燃料

1. 天然气的组分和特性

表7.9所列为我国的部分天然气烃族组成和主要物化特性。从表中可以看出:

表7.9 天然气和石油伴生气的组分和标准状态下性质

项目	天然气				石油伴生气			
	泸州	四川	四川	某地	某地	大港	松辽	大庆
组分/%(体积分数)								
甲烷	95	98.15	98	95.8	94.6	83.13	82.9	77.5
乙烷	1.76	—	—	2	4.1	—	4.778	1.76
丙烷	0.58	—	0.3	0.9	0.9	3.25	6.175	7.57
丁烷	0.41	—	0.3	0.5	0.3	2.19	—	4.20
戊烷	0.06	—	C_nH_m 0.4	—	—	C_nH_m 6.74	C_nH_m 4.13	1.70
H_2S	0.04	—	—	—	—	—	0.537	—
N_2	1.55	—	1	0.5	—	3.81	1.36	1.06
CO	0.15	0.40	—	—	—	—	—	—
O_2	—	—	—	0.1	—	—	—	—
CO_2	0.08	—	—	0.2	—	0.83	—	1.36
H_2	0.08	1.45	—	—	—	—	0.112	—
其他	0.29	—	—	—	0.1	—	0.008	4.85
低热值/(MJ/m^3)	34.331	35.590	35.80	37.05	—	40.53	—	44.380
密度/(kg/m^3)	—	0.71	0.72	0.75	—	0.89	—	—
理论空燃比(体积比)	—	9.40	9.53	9.81	—	—	—	—
理论混合气热值/(MJ/m^3)	—	3.42	3.40	3.42	—	—	—	—
气体常数/[$J/(kg \cdot K)$]	—	524.59	—	—	—	—	—	372.02

(1) 天然气的主要组分是甲烷。甲烷在多数天然气中占90%以上,有的高达95%~98%。天然气中含其他的正构烷烃(甲烷除外)占总量1%~13%,N_2、CO_2等气体占1%~3%。

(2) 天然气的低热值一般在33~38MJ/m^3,也有的高达40~64MJ/m^3。低热值高的天然气,一般含乙烷至戊烷量大,因为乙烷至戊烷的密度大于甲烷,所以,按体积计的低热值大。

(3) 天然气的密度为 0.71~0.89kg/m³,产地不同、密度不同。当天然气含甲烷量高时,密度小;含甲烷量低(在 90% 以下),而含己烷至戊烷的量多(在 5%~13%)时,密度大。

(4) 天然气理论空燃比一般为 9.4~12.3。其中下限是属于含甲烷较高的天然气,上限是含甲烷相对较低的天然气。

(5) 天然气的理论混合气热值为 3.22~3.42MJ/m³。

车用压缩天然气规定的技术指标如表 7.10 所示。

表 7.10 压缩天然气的技术指标

项 目	技术指标
高位发热量/(MJ/m³)	>31.4
总硫(以硫计)/(mg/m³)	≤200
硫化氢/(mg/m³)	≤15
二氧化碳 CO_2/%	≤3.0
氧气 O_2/%	≤0.5
水露点/℃	在汽车驾驶的特定地理区域内,在高操作压力下,水露点不应高于 -13℃;当最低气温低于 -8℃,水露点应比最低气温低 5℃

注:本标准中气体体积的标准参比条件是 101.325kPa,20℃。

2. 天然气发动机的燃烧

影响发动机爆燃的因素包括:燃料因素、发动机结构因素、混合气因素和发动机运转因素。

从燃料因素来说,天然气中,甲烷的爆燃倾向最小,丁烷和戊烷的爆燃倾向大。所以,天然气作为发动机燃料时,丁烷含量不可过多,并且要限制丙烷的含量。如使用含丙烷和丁烷、甚至戊烷过多的天然气作为发动机燃料,则发动机的压缩比不可过高,混合气浓度不能太大。所以,要根据发动机的结构,选用天然气,或根据天然气,选用适当的气体燃料。天然气常常还含有硫化氢(H_2S),最高还可达 5% 左右。所以,在使用时应注意它对发动机工作的影响。

如气缸内残余废气较多,即新鲜可燃气受到残余废气污染严重,则不易引起爆燃。残余废气有抑制爆燃的作用。但残余废气多了,发动机的热效率下降,油耗上升。如天然气中含有 H_2,则在气缸中燃烧速度将明显加快。这就要求根据含 H_2 的含量多少适当地减小点火提前角。

对于天然气发动机来说,随着进气温度的升高,气体燃料的可燃浓度区扩大;随着压缩比的增加,其爆燃区扩大;随着点火提前角的加大,许用压缩比减小,爆燃倾向增加;过量空气系数在 1.25 左右时,爆燃倾向最大,过量空气系数大于或小于 1.25 时,爆燃倾向减弱。

3. 天然气在汽车上应用

(1) 按照燃烧方式,可分为预混合燃烧和扩散燃烧。预混合燃烧是指在发动机点火系统。点火或引燃柴油自燃前,进入气缸内的气体燃料与空气预先混合均匀,此时缸内各处的混合比是一致的;而扩散燃烧是指气体燃料以一定提前量在点火或引燃前喷入缸内,因而在着火时,缸内燃料与空气并未混合均匀,燃料边扩散、边燃烧。

(2) 按照供气方式,可分为缸外(进气管)预混合供气和缸内直接喷气。

(3) 按照点火方式,可分为电火花点火和柴油引燃式。由于天然气的着火温度高,因此要靠电火花点火;或者喷入少量柴油,首先被压燃,再引燃天然气。

(4) 按照控制方式,可分为机械控制式和电子控制式。

4. 天然气汽车的优缺点

天然气汽车在使用中的优缺点表现在以下几个方面:

(1) 可替代汽油、柴油。

(2) 对大气污染小。天然气汽车排放污染物少于汽油、柴油汽车的排放污染物。

(3) 燃油经济性好。

(4) 更安全。汽油与空气形成的混合气,着火极限是 1.3%~7.6%,遇微小火花极易着火;而天然气与空气形成的混合气,着火极限是 5%~15%,所以不易形成可燃混合气,因而使用安全性好。

(5) 使用性能好。燃烧室积炭少,燃烧产物中不含液体燃料成分,对润滑油破坏小。

(6) 有较好的抗爆性。天然气应用于汽油机,可适当增大发动机压缩比和点火提前角,以提高发动机性能。

(7) 携带性差。天然气只能在低温下液化,还要求技术很高,且造价也高。目前,多采用高压存储在气瓶内,限制了汽车续驶里程。

(8) 动力性差。使用天然气的汽车与使用液体燃料(如汽油)的汽车相比,动力性有所下降。

(9) 成本高。若使用双燃料(气、液)和两种燃料并存时,需要增加供气体燃料、储存气体燃料的系统,使汽车成本提高。

7.4.4 液化石油气

1. 液化石油气的组分和特性

液化石油气,简称 LPG(Liquefied Petroleum Gas)。LPG 是炼油厂的副产品,所以价格便宜。

表 7.11 所示为液化石油气组分和物化特性。

在液化石油气中,丙烷或丙烯为主要成分(或二者合为主要成分),我国用 IP 作为代号;丁烷或丁烯为主要成分(或二者合起来),我国用 LB 作为代号;丙烷、丙烯、丁烷、丁烯为主要成分,则以 LC 为代号。在多数情况下,液化石油气是以丙烷为主要成分的。丙烷的辛烷值很高($RON=111.4$)。

表 7.12 所示为汽车用液化石油气的技术要求。

表 7.11 液化石油气组分和物化特性

指标	丙烷	正丁烷	异丁烷	丙烯	1-丁烯	丁二烯	2-丁烯	异丁烯
气态密度/(kg/m³)	1.8954	2.5379	2.5304	1.8044	2.4405	2.4514	2.4511	2.4443
液态密度/(kg/L)(20℃)	0.5005	0.5788	0.5572	0.5139	0.5951	0.6213	0.6642	0.5942
气态相对密度(空气为1)	1.5496	2.0749	2.0687	1.4752	1.9953	2.0042	2.0040	1.9984
液态相对密度(水为1)	0.5076	0.5847	0.5633	0.5226	0.6014	0.6271	0.6100	0.6005
气态比热容/[kJ/(kg·K)]	1.668	1.659	1.667	1.519	1.528	1.408	1.566	1.589
液态比热容/[kJ/(kg·K)]	2.522	2.407	2.438	2.558	2.298	2.250	2.276	2.336
沸点/℃	−42	−0.5	−11.7	−47.7	−6.3	3.7	0.88	−6.9
凝点/℃	−187.7	−138.4	−159.6	−185.3	−185.4	−138.9	−105.5	—
临界温度/℃	96.7	152.0	135	91.6	146.4	162.4	155.5	145
临界压力/atm	41.94	37.47	36	45.5	39.7	41.5	40.5	39.5
临界体积/(L/mol)	0.203	0.255	0.263	0.181	0.240	0.234	0.238	0.239
热胀系数/(×10⁻³/℃)	2.74	2.11	2.14	3.4	2.09	1.76	1.93	2.16
气化热/(kJ/kg)	426	385.6	366.7	438	391	416.4	405.9	352.6
燃烧界限/%	2.1~9.5	1.8~8.4	1.8~8.4	2.0~10	1.6~9.3	1.6~	1.6~	1.6~
理论空燃比(体积比)	24.29	32.08	31.99	21.81	29.5	29.63	29.63	29.55
理论空燃比(质量比)	15.68	15.46	15.46	14.78	14.78	14.78	14.78	14.78
高热值/(MJ/kg)	12.034	11.834	11.797	11.692	11.576	11.547	11.529	15.505
低热值/(MJ/kg)	11.079	10.927	10.892	10.942	10.826	10.797	10.779	10.755

表 7.12 汽车用液化石油气的技术要求

项目		质量指标	
		车用丙烷	车用丙丁烷混合物
37.8℃蒸气压(表压)/kPa		≤1430	1430
组分 /%	丙烷	—	≥60
	丁烷及以上组分	≤2.5	—
	戊烷及以上组分	—	≤2
	丙烯	≤5	≤5
残留物	100mL 蒸发残留物/mL	≤0.05	≤0.05
	油渍观察	通过	通过
密度(20℃或15℃)/(kg/m³)		实测	实测
铜片腐蚀		不大于1级	不大于1级
总硫含量 w/(×10⁻⁶)(质量分数)		≤123	≤140
游离水		无	无

2. 液化石油气发动机的燃烧

液化石油气的着火温度较高,不易在压燃式发动机中压缩燃烧。所以,多半用于点燃式发动机。由于液化石油气的辛烷值比一般汽油的辛烷值高得多,所以可以提高发动机的压缩比,从而提高其热效率。

在汽油机中燃用液化石油气、汽油和甲醇时,其能耗率[MJ/(kW·h)]随车速(km/h)的变化比较是:LPG能耗率在宽范围内低于汽油,而高于甲醇。其原因是LPG辛烷值高,而甲醇属于含氧燃料。

在排放污染方面比较是:在怠速范围内,液化石油气排出的CO、HC、NO_x均低于汽油的相应值。

表7.13所示为汽车燃用LPG、甲醇与汽油在各种性能和费用上的比较。

表7.13 汽车燃用LPG、甲醇与汽油各种性能的比较

	热效率	功率	排放	驱动性	容积油耗率	材料相容	燃料费
液化石油气	持平	持平	更好	持平	较差	持平	较差
甲醇	更好	更好	较好	持平	更差	较差	较差

从表中可知,燃用LPG比甲醇排放好,二者在驱动性等方面基本相同。

3. 发动机燃用LPG时的技术问题

液化石油气在汽车上的使用形式与天然气是相同的。液化石油气汽车技术主要有以下问题:

(1) 加气站技术:LPG加气站相对天然气加气站来说比较简单,一般分为固定式和移动式加气站两种。

(2) 发动机技术:LPG燃料的混合、燃烧方式、发动机燃烧室结构、点火系统等都需要研究开发。

(3) 气瓶技术:LPG气瓶也要用特殊钢制造,要能承受很高的压力试验,具有好的可靠性。

(4) 混合与控制技术:LPG蒸发调压器是燃料系统的关键,LPG在蒸发器中气化,再经减压,在一定的控制下,按照发动机工况供给混合比。控制精度越高,发动机性能越好。

7.4.5 氢 气

氢在内燃机中的燃烧,由于不含碳,所以废气中不含CO、HC、炭粒等含碳化合物,也不含石油燃料中其他的金属或非金属类物质燃烧后的化合物。氢燃料燃烧产物只有H_2O、NO_x。而NO_x排放在氢发动机中是较单一的,易控制。而汽油、柴油机中的CO、HCl和NO_x的控制因其产生机理不同而使控制非常困难。氢发动机由于没有产生颗粒、积炭、结胶、金属产物等,从而磨损大大减少,润滑油被污染的程度也减轻。所以,氢被认为是内燃机最清洁燃料之一。

1. 氢的制取

可用许多种方法制取氢,有从石油、天然气、煤中制取,有用热化学法从水中制取,还有从生物中制取等。

1) 从石油中制取

以石油烃为原料,在 1300℃下与高温水蒸气及氧反应,生成 H_2 和 CO_2。反应中要提供大量热能,并消耗石油资源。

2) 以天然气为原料制取

天然气与水蒸气在 650~700℃反应,在镍基催化剂作用下产生 H_2 和 CO_2。天然气已经是发动机的洁净燃料,所以此法不可取。

3) 从煤中制取

煤在水蒸气下与氧反应可以生成 CO_2 和 H_2。

4) 热化学法制取

热化学多步循环分解水制氢法示例如下。

(1) 碘-碘系统:

$$H_2SO_4 \xrightarrow{870℃} H_2O + SO_2 + \frac{1}{2}O_2$$

$$SO_2 + 2H_2O + I_2 \xrightarrow{97℃} H_2SO_4 + 2HI$$

$$2HI \xrightarrow{300\sim400℃} H_2 + I_2$$

(2) 铁-氯系统:

$$6FeCl_2 + 8H_2O \xrightarrow{650℃} 2Fe_3O_4 + 12HCl + 2H_2$$

$$2Fe_3O_4 + 3Cl_2 + 12HCl \xrightarrow{150\sim200℃} 6FeCl_3 + 6H_2O + O_2$$

$$6FeCl_3 \xrightarrow{420℃} 6FeCl_2 + 3Cl_2$$

在此方法中,所用元素、反应温度和过程各异,至今已有 200 种以上的方法,所用元素有近 50 种。

2. 氢的物化特性

氢的物化特性与其他气体或石油系燃油相比有十分显著的区别。表 7.14 所示为氢的物化特性。

氢的着火温度为 585℃,比甲烷低,比汽油高。火焰传播速度高达 291.2~310cm/s,是汽油的 7 倍。最大火焰速度下的最高火焰温度也比一般烃类的值高。最小点火能量极低,比一般烃类低一个数量级以上,低热值是一般烃的 3 倍左右。

在内燃机的燃烧中,氢的滞燃期最短,点火提前角可以减小。如果浓度合适,可以达到在上止点点火。由于燃烧速度快,其放热速度、压力升高速度和压力升高加速度都较快,因而其燃烧等容性好,经过上止点后燃烧量少,排气温度低。

氢与空气燃烧的范围最宽,可在气缸内的燃烧浓限和稀限两侧都比汽油宽。

氢燃烧后分子变更系数缩小,因此汽油机改烧氢后功率下降。

表 7.14 氢的物化特性

沸点/℃	熔点/℃	着火温度/℃	气态黏度（标态）/(μPa·s)	液态黏度/(Pa·s)
-252.8	-259.35	585	8.3～8.75	1.002
临界温度/K	临界压力/MPa	临界密度/(kg/m³)	气体常数/[J/(kg·K)]	气态热导率/[J/(m·h·K)]
33.0	1.2930	31.4	4122.9	598.4～603
气态密度（标态）/(kg/m³)	气态密度(15.56℃)/(kg/m³)	相对密度（空气为1）	液态密度/(kg/m³)	气化热/(kJ/kg)
0.0899	0.8517	0.0696	70.8	446～452
空气中可燃界限				电离能/eV
体积分率/%		相应 Φ_{af}		
74.2～4.2		0.146～9.575		13.54
定压比热容/[kJ/(kg·K)]	定容比热容/[kJ/(kg·K)]	空气中最大焰速/(m/s)		最大焰速温度/℃
14.195	10.139	2.91～3.10		2110
质量低热值/(MJ/kg)	体积低热值/(MJ/m³)	质量高热值/(MJ/kg)	体积高热值/(MJ/m³)	理论混合气热值/(MJ/m³)
120.17	10.805	141.85	12.76	3.19
理论空燃比		最小点火能量/μJ		火焰辐射能占总能分率/%
体积比	质量比			
2.38	34.30	15.1～20.0		17～25

3. 氢发动机和掺氢燃烧

1) 氢发动机

氢发动机目前主要是用汽油机改装，用电火花点火。因氢的着火温度高，同时燃烧速度快，燃烧持续时间短，点火能量低（汽油机火花塞的点火能量是其所需的3000多倍）。所以，点火后，氢立即燃烧。氢发动机适于作为高速车用发动机。

目前供氢方式有以下几种：

① 预燃室喷氢法。
② 缸内直接供氢法。
③ 进气道间歇喷射-进气门座工作面吸入法。
④ 进气道间歇喷射-电磁控制法。
⑤ 进气管连续喷射-混合器法。
⑥ 进气管连续喷射-空气导流法。

2) 掺氢燃烧

常见的是氢作为汽油机的部分代用燃料掺烧，其结果是可以大大改善汽油机的性能和减少排放污染。

汽油机掺氢燃烧后热效率明显提高;汽油机掺氢后燃烧,CO 的排放量大大降低;汽油机掺氢后燃烧,NO_x 化合物的排放量也下降。

7.5 燃料管理和安全使用

石油商品是一种易燃、易爆、易产生静电和对人体有一定毒害作用的物品,加上大多数油品具有质量易变化以及对安全要求严格等特点。因此,做好油料的选购、运输、验收、保管、使用和回收等各个环节的管理工作,对确保油品质量符合标准,保持车辆及工程机械技术状况良好,延长其使用寿命,从而达到高效、节能、预防事故的发生以及确保安全生产和减少环境污染等,都具有至关重要的意义和作用。

1. 油品变质的原因及预防

油品从购入到使用往往要经历一个过程,在此过程中油品质量将发生程度不同的变化。油品质量变化的内在原因是氧化、蒸发、添加剂失效和析出等;外部因素则是杂质混入,如水分、异种油品、机械杂质等混入所造成的污染。前者称之为老化,后者称之为污损,统称为油品变质。燃料质量的变化表现为蒸发、氧化和脏污。

1) 蒸发与氧化

一些油品,特别是汽油、溶剂油等,蒸发性较强。由于蒸发,除大量的轻组分损失外,也会引起油品理化性质的变化,使油品质量降低。例如在 7~48℃内,在有透气阀的露天油罐中储存 70 号汽油,10 个月后 10% 馏出温度增高约 10℃,饱和蒸气压也随之下降。

影响蒸发损失的因素首先与汽油的物理安定性有关。它主要由汽油中所含的低沸点馏分所决定。为了改善汽油的低温起动性,汽油中含有一定量的低沸点馏分是必要的,但低沸点馏分容易蒸发逸散,导致蒸发损失增加。另外,温度、表面积、空气流速和充满程度也影响蒸发损失。温度高、面积大、流速快、充不满会加剧汽油蒸发损失。

氧化是导致油品老化的最主要的原因。油品在储存和使用过程中难免会与空气中的氧接触,特别是在温度较高且有金属催化作用时,更容易氧化。油品氧化时,首先是生成酮、醇、醚等含氧有机物,继而生成有机酸。腐蚀产物可进一步加速油品的老化,油品深度氧化的结果是生成缩合物,其中包括胶质、沥青质、油泥及其他沉淀物。

一般来说,饱和烃安定性好,不饱和烃安定性差。温度升高时,汽油氧化速度加快。空气与油面接触量大小以及液面上空变换的强度对汽油的氧化安定性也有很大影响。储存容器中汽油装满的程度,决定汽油与空气的接触量。储油容器盖是否密封,决定汽油液面空气的变换强度。金属也能对汽油的氧化速度起催化作用,其中铜的催化作用最强,其次是铅。

影响油品氧化速度的因素如表 7.15 所示。

表 7.15 影响油品氧化速度的因素

序 号	主要因素	序 号	主要因素
1	油品化学成分	5	金属及其他物质的催化作用
2	氧气浓度	6	氧化时间
3	与空气接触面积	7	电场作用
4	温度	8	放射线作用

减少油品轻馏分蒸发和延缓氧化变质的主要措施有以下几种。

(1) 减少温差。温度高时蒸发量大,氧化速度也快,所以要选择阴凉地点存放油品,尽量减少或防止阳光曝晒;还要求在油罐外表喷涂银灰色或浅色的涂层,以反射阳光,降低油温;为减少油品与空气接触面积,减少蒸发,应多用罐装,少用桶装;在炎热季节应喷水降温;有条件时应尽量使用地下、半地下或山洞库储存油品,以降低储存的温度,延缓油品氧化,减少油品胶质增长的倾向。

(2) 减少气体空间。油罐上部气体空间容积越大,油品越易蒸发、损失和氧化。为此,装油容器除根据油温变化,留出必要的膨胀空间(即安全容量)外,应尽可能装满。对储存期较长且装油量不满的容器中的油品,要适时倒装合并。

(3) 减少不必要的倒装。每倒装一次油品,就会增加一次蒸发损耗,同时还会增加油品与空气的接触,加速氧化。

(4) 减少与铜及其他金属接触。各种金属,特别是铜,能诱发油品氧化变质。试验证明,铜能使汽油氧化生胶的速度增大六倍。因此,油罐内部不要用铜制零部件。油罐内壁涂刷防锈层,能较好地避免金属对油品氧化所起的催化作用(涂层还能防止金属氧化锈蚀),从而减缓油品变质的进程。

(5) 尽可能密封储存。密封储存油品,具有降低蒸发损失、保证油品清洁、延缓氧化变质、减轻容器锈蚀等优点。密封储存对于润滑油较为适宜,特别是高级润滑油和特种油品,应当采用密封储存,以减少与空气接触和防止污染物侵入。对于蒸发性较大的汽油、溶剂油等,要采用内浮顶油罐储存,以降低蒸发损耗和延缓氧化。据国外测定,用浮顶罐储存汽油,可减少蒸发损失 80%～95%,同时还可减少环境污染和降低火灾爆炸事故的发生。

2) 水分、杂质污染

油品中的水分、杂质,绝大部分是在运输、装卸、储存过程中混入的。在全部因储存变质的油品中,由于混入水分、杂质而导致油品质量不合格的情况占绝大部分。混入油品中的各种机械杂质除会堵塞滤清器和油路,造成供油故障外,还会增加机件磨损,甚至造成摩擦表面刮伤等不良后果。混入油品中的水分能腐蚀机件(水分在低温条件下冻结后也会堵塞油路);水分的存在会使一些添加剂(如清洁分散剂、抗氧抗腐剂、抗爆剂等)分解或沉淀,使其失效;同时还会加快油品的氧化速度,加大其胶质的生成量。加有清洁分散剂的润滑油和各种钠基润滑脂遇水都会乳化；各种电器专用油品在混入水分、杂质后绝缘性能急剧变差。因此，防止水分及机械杂质混入，是做好油品管理工作的重要环节。在油品保管工作中必须注意以下事项。

（1）保持储油容器清洁干净。往油罐内卸油或灌桶前，必须认真检查罐、桶内部，清除水分、杂质和污染物质，做到不清洁、不灌装。各种储油罐内壁应涂刷防腐涂层，如生漆、环氧树脂等涂料，以减少铁锈落入油中。

（2）加强油品管理。桶装油品要配齐胶圈，拧紧桶盖，尽量入库存放；露天存放的要卧放或斜放，防止桶面积水；应避免在风沙、雨、雪天或空气中尘埃较多的条件下露天灌装作业，以防水气侵入；还应定期擦去桶面尘土，并经常抽检桶底油样，如有水分、杂质应及时抽掉；听装油品以及溶剂油、各种高档润滑油、润滑脂等严禁露天存放。

（3）定期检查储油罐底部。油品储存的时间越长，氧化产生的沉积物越多，对油品质量的影响越严重。因此，必须每年检查罐底一次，以判断是否需要清洗。要求各种油罐的清洗周期是：轻质油和润滑油储罐三年清洗一次；重柴油储罐两年半清洗一次。

（4）抽检库存油品。为确保油品质量，防止在保管过程中质量变化，要定期对库存油品抽样化验。桶装油品每六个月复验一次，罐存油品可根据其周转情况每二个月至一年复验一次。对于易于变质、稳定性差、存放周期长的油品，应缩短复验周期。

3）混油污染

不同性质的油品不能相混，否则会使油品质量下降，严重时会使油品变质。特别是各种中、高档润滑油，含有多种特殊作用的添加剂，当加有不同体系添加剂的油品相混时，就会影响它的使用性能，甚至会使添加剂沉淀变质。例如，润滑油中混入轻质油，会降低闪点和黏度；柴油中混入汽油，会使柴油的闪点降低和燃烧性能变差；溶剂油中混入车用汽油会使馏程不合格并增加毒性。因此，为防止各种油品相混污染，应采取如下措施。

（1）为了防止散装油品在卸收、输转、灌装、发运等过程中发生污染，应根据油品的不同性质，将各管线、油泵分组专用，不同性质的油品，不要混用。如必须混用时，要清扫管线余油，并经检查确认清洁后，方可使用。

（2）为保证油品质量，灌装与容器中原残存品种相同的油料，可根据具体情况简化清洗手续，但必须确认容器合乎要求；用使用过的油桶、油罐、油罐车、油船等容器灌装中、高档润滑油时，必须进行特别刷洗，要求达到无杂质、水分、油垢和纤维，并无明显铁锈等，方准装入。

2．油品质量管理措施

保证油品质量，主要应把好验收关、储运关和领发关。

1）验收制度

验收时，应认真核对单据与实物，检查账、单据与实物（品种、牌号及数量）是否完全相符。做到油品实物与单据不符时不收,无油品检验合格证的不收,交货验收质量不合格的不收。同时,应注意检查容器及其标志应完整且符合规定要求,签封也应完整。

2) 储　运

应注意油品在储运过程中的具体要求,掌握有关油品的安全知识,保证油品运输的可靠安全。

3) 领发制度

领发时,应注意核对,避免差错,做到先进货的油料先发。定期对油品进行检验,不合格的油品不发。柴油要经过过滤,至少沉淀48h才能领发使用。

3. 油品安全管理措施

由于油品有一定的危险性,因此,在储存和使用过程中,要严格遵守安全管理制度和有关操作规程。表7.16为油品的安全性质表。

表7.16　油品的安全性质表

油品名称	与空气混合时的爆炸极限含量/%(体积分数)		温度/℃			卫生许可最高浓度/(mg/m³)
	下限	上限	一般沸程	闪点	自燃点	
汽油	1.0	8.0	50～205	50～28	415～530	300
煤油	0.8	6.5	200～300	40～55	380～425	300
轻柴油	0.6	6.5	180～360	55～90	300～380	—
重柴油			300～370	65～120	300～330	
润滑油			350～530	120～250	300～350	—

为保证油品的安全,除应严格遵守安全管理制度和有关操作规程外,还应注意以下几点:

1) 防火和防爆

(1) 控制可燃物。杜绝储油容器溢油并及时清除处理滴、漏、溢油等情况;严禁随处倾倒油污、油泥、废油等;油品附近要清除一切易燃物;用过的沾油棉纱、抹布、手套等物品,应置于工作间外有盖的铁桶内。

(2) 断绝火源。不准携带火柴、打火机或其他火种进入油库和油品储存区;严格控制火源流动和明火作业;车辆进库前,必须在排气管口加戴防火罩。停车后立即熄灭发动机。

(3) 防止电火花及金属摩擦产生火花引起燃烧和爆炸。

(4) 防止油蒸气积聚引起燃烧和爆炸。

2) 防止静电

油品在收发、输转、灌装过程中,油分子之间和油品与其他物质之间的摩擦,会产生静电,如不及时消除,当电压增高到一定程度时,就会在两带电体之间发生静电放电,而引起油品爆炸着火。例如空气较为干燥、大气的温度较高;灌油时流速较快；管道内壁粗糙等，都会引发静电的产生。因此，用于储存、输转油品的油罐、管线、装卸设备等，都必须有良好的接地装置。

3）防　毒

油品具有一定的毒害性。一般认为基础油中的芳香烃、环烷烃毒性较大，油品中加入的各种添加剂，如抗爆剂（四乙基铅）、防锈剂、抗腐剂等都有较大的毒性。这些有毒物质主要是通过呼吸道、消化道和皮肤侵入人体，造成人身中毒。因此，需采取必要的预防措施，避免中毒事故的发生。

4）防　腐

石油商品在储运和保管过程中，由于金属产生的腐蚀，会损坏容器、管线及设备，甚至发生漏油事故。另外，金属腐蚀所产生的氧化产物，还会增加油品机械杂质含量并加速油品氧化，影响油品质量。因此，必须采取有效措施，做好油库金属设备的防腐工作。

5）配备消防器材

油品的作业场所要按安全规定配备适用、有效和足够的消防器材。常用的消防器材有如下几种：

干粉灭火机：适用于扑灭油罐区、库房、油泵房等场所的火灾。

石棉被：适用于扑灭各种储油容器的罐口、桶口、油罐车口、管线裂缝的火焰以及地面小面积的初期火焰。

二氧化碳灭火机：适用于精密仪器、电气设备以及油品化验室等场所的小面积火灾。

1211灭火机：广泛用于扑救各种场合下的油品、有机溶剂、可燃气体、电器设备、精密仪器等火灾。

灭火砂箱：适用于扑灭漏洒在地面上的油品着火，也可用于掩埋地面管线的初期小火灾。

泡沫灭火机：适用于扑灭桶装油品、管线、地面的火灾。

思考题

1. 简述石油的组成成分。
2. 简述燃料油的加工过程。
3. 车用汽油应具有哪些使用性能？
4. 什么是辛烷值、马达法辛烷值、研究法辛烷值、抗爆指数？
5. 什么叫爆震燃烧？它对发动机有何危害？产生爆震燃烧的主要因素有哪些？
6. 什么叫蒸发性？为什么要求汽油蒸发性应适宜？评定汽油蒸发性的指标有哪些？
7. 我国车用汽油的牌号是如何划分的？现有哪几种牌号？

8. 如何选用车用汽油？使用时应注意哪些事项？

9. 向司机师傅了解有关车用乙醇汽油的使用情况，并收集资料进一步说明使用石油代用燃料的重要意义。

10. 简述汽车主要代用燃料的品种和性能特点。了解目前市场上所使用的汽车代用燃料及发展动向。

11. 车用柴油应具有哪些使用性能？

12. 什么是柴油的凝点、冷滤点、十六烷值、闪点？

13. 试述柴油机工作粗暴与汽油机爆震燃烧的区别。

14. 我国现行的轻柴油规格是怎样划分的？如何选择？

15. 油品变质的主要原因有哪些？如何采取措施来保证油品质量？

16. 油料危险性主要表现在哪几个方面？油品安全管理措施有哪些？

第 8 章 汽车润滑材料

汽车在正常行驶过程中,许多零部件之间产生相对运动,会引起零部件的磨损。为减缓零部件的磨损,延长车辆的使用寿命,必须正确使用润滑材料。

汽车润滑材料根据其组成及润滑部位的不同,可分为发动机润滑油、汽车齿轮油和润滑脂等。

8.1 发动机润滑油

1. 发动机润滑油的作用

发动机润滑油的主要作用是润滑、冷却、清洁、密封和防蚀。

1) 润滑作用

将润滑油输送到发动机各相对运动摩擦表面,形成润滑油膜,以减少零件的摩擦阻力和磨损。

2) 冷却作用

为保证发动机的正常工作温度,发动机润滑油也起冷却作用。发动机工作时,发动机润滑油不断地从气缸、活塞、曲轴等摩擦表面吸取热量,一部分热量随着发动机润滑油的循环而消散在曲轴箱中。

3) 清洁作用

燃料燃烧后会生成的炭质物、发动机氧化会生成的胶状物形成积炭、漆膜、油泥等发动机沉积物。发动机润滑油具有抑制沉积物生成或对沉积物洗涤、清洗的作用。

4) 密封作用

发动机润滑油填充活塞、活塞环与气缸壁间的间隙,形成油封,提高了气缸的密封性,从而保证了发动机的输出功率。

5) 防蚀作用

发动机润滑油还可以将零件表面与空气或其他腐蚀性物质隔开,减少或防止零件表面锈蚀或其他腐蚀。

2. 润滑油常用术语

1) 黏度

黏度是指润滑油内摩擦阻力,即液体在外力作用下移动时,在液体分子间所产生的内摩擦。

2) 润滑油黏度指数

润滑油黏度指数是衡量润滑油动力黏度随温度变化而改变的参数。

3) 黏度指数改进剂

黏度指数改进剂是一种用来提高温度变化比率,改善黏温性的化合物。温度低时强度保持稳定、防止强度过高、增大内摩擦力、降低有效功率。温度高时能够显著增加油液黏度,使运动件和摩擦副始终保持良好的润滑油膜,保证良好的润滑,还可使油液抵抗剪切能力明显提高。

4) 运动强度

表示液体在重力作用下流动时内摩擦力的量度,其值为相同温度下液体强度与其密度之比。

3. 润滑油的主要性能指标

1) 低温流动性

低温流动性是保证在低温条件下发动机容易起动并可靠地向油泵供油。低温流动性的指标有:低温动力黏度、倾点、边界泵送温度。

(1) 低温动力黏度。低温动力黏度是液体流动时内摩擦特征的术语。在很大程度上和剪切速率有关,是划分冬季机油动力黏度级别的依据之一。

(2) 倾点。倾点是石油在规定条件下冷却时,能够流动的最低温度。

(3) 边界泵送温度。边界泵送温度是机油连续、充分地供给发动机机油泵入口的最低温度。

2) 黏温性

温度的升降改变机油黏度的性质称为黏温性。发动机润滑油需要良好的黏温性。一般情况下,工作温度升高,机油黏度下降;温度降低,机油黏度增大。黏温性好的机油,工作温度明显变化时,机油黏度变化小。发动机温度升高后需要保证适当的黏度和足够厚度的润滑油膜,这样才能避免机油氧化。发动机温度降低后,机油黏度不可过大,这样才能保证边界泵送温度,保证冷车起动时获得良好的润滑。

黏度指数改进剂可提高机油的黏温性。评价机油黏温性的指标是黏度指数。

3) 抗氧性

在一定条件下,发动机润滑油抵抗氧化变质的能力,叫做润滑油的抗氧性。润滑油应具有良好的抗氧性。

发动机润滑油在一定条件下会发生化学反应。氧化将使发动机润滑油颜色变深、黏度增加、酸性增大,并析出沉积物。润滑油的氧化是发动机沉积物生成、润滑油变质的前提,所以抗氧性也是润滑油的重要性质。它决定润滑油对零件腐蚀和生成沉积物的倾向,是决定润滑油使用期限的重要因素。

发动机润滑油的氧化包括两种情况:

(1) 厚油层氧化。发动机油底壳的润滑油处在厚油层、低压和低温的情况下,不具备深度氧化的条件,它的氧化反应属于轻度氧化,主要是生成各种酸性物质。

(2) 薄油层氧化。在发动机的活塞与气缸壁部位,润滑油处在薄油层、高温、高压和金属催化作用的影响下,这种氧化属于深度氧化,生成物是胶质沉淀。

4) 抗泡沫性

发动机润滑油消除泡沫的性质,叫做润滑油的抗泡沫性。

当润滑油受到激烈搅动,将空气混入油中时,就会产生泡沫。泡沫如果不及时消除,会产生气阻、供油不足等故障。因此,要求发动机润滑油有良好的抗泡沫性,在出现泡沫后能及时消除。

5) 抗腐性

发动机润滑油抵抗腐蚀性物质对金属腐蚀的能力,叫做润滑油的抗腐性。润滑油应具有良好的抗腐性。

发动机润滑油在使用过程中不可避免地被氧化而生成各种有机酸,这些有机酸将对金属产生腐蚀作用。腐蚀机理是,金属先与氧化产物(过氧化物)作用,生成金属氧化物,金属氧化物再与有机酸反应生成金属盐。对于高速柴油机使用的铜铅轴承,在润滑油中即使只有微量的酸性物质也会引起严重的腐蚀,使轴承出现斑点、麻坑,甚至整块金属剥落。所以,对发动机润滑油的防腐性要求更的严格。

发动机润滑油的腐蚀性大小一般与润滑油被氧化的程度一致。因此,影响润滑油腐蚀性的因素与影响润滑油氧化的因素类似。提高润滑油抗腐性的途径是:提高润滑油的精制程度、减小酸值,同时添加抗氧抗腐剂。

6) 清净分散性

活塞环和气缸壁的密封性不好,汽油和机油的成分中重质成分过多,发动机的工作温度过高或过低和车速过低都会导致积炭、漆膜和油泥的产生。其中积炭、漆膜是高温沉积物,油泥是低温沉积物。

发动机润滑油应有抑制积炭、漆膜和油泥的能力,为此需添加清净分散添加剂。清净分散添加剂通过磁力排斥作用把积炭、漆膜和油泥变成微小的颗粒漂浮起来,在润滑油循环中被机油滤清器过滤或通过排放机油放掉。

4. 润滑油的分类

按发动机的类型,发动机润滑油分为汽油机润滑油和柴油机润滑油两类。每一类润滑油按其使用性能和黏度又分为若干等级。

1) 按使用性能分类

发动机润滑油详细分类是根据产品特性、使用场合和使用对象来确定的。汽油机润滑油第一个字母用 S 表示,具体分类如表 8.1 所示;柴油机润滑油第一个字母用 C 表示,具体分类如表 8.2 所示。

表 8.1 汽油机润滑油的等级质量

品种代号	特性和使用场合
SA(废除)	用于运行条件非常温和的老式发动机,该油品不含添加剂,对使用性能无特殊要求
SB(废除)	用于缓和条件下工作的货车、客车或其他汽油机,也可用于要求使用 API SB 级油的汽油机。仅具有抗擦伤、抗氧化和抗轴承腐蚀性能
SC	用于货车、客车或其他汽油机以及要求使用 API SB 级油的汽油机。可控制汽油机高低温沉积物、磨损、锈蚀和腐蚀
SD	用于货车、客车和某些轿车的汽油机以及要求使用 API SD、SC 级油的汽油机。该类油品控制汽油机高低温沉积物、磨损、锈蚀和腐蚀的性能优于 SC 级油,并可代替 SC
SE	用于轿车或某些货车的汽油机以及要求使用 API SE、SD 级油的汽油机。该级油品的抗氧化性能和控制汽油机高温沉积物、锈蚀和腐蚀的性能优于 SD 或 SC 级油,并可代替 SD 或 SC
SF	用于轿车和某些货车的汽油机以及要求使用 API SF、SE 和 SD 级油的汽油机。该级油品的抗氧化性和抗磨性能优于 SE 级油,还具有控制汽油机沉积物、锈蚀和腐蚀的性能,并可代替 SE、SD 或 SC
SC	用于轿车和某些货车的汽油机以及要求使用 API SG 级油的汽油机。SG 级油的质量还包括 CC(或 CD)级油的使用性能。该级油品改进了 SF 级油控制发动机沉积物、磨损和油品的氧化性能,并具有抗锈蚀和腐蚀的性能,并可代替 SF、SF/CD 或 SE/CC
SH	用于轿车和轻型货车的汽油机以及要求使用 API SH 级油的汽油机。SH 级油质量在和油品的抗氧化性能方面优于 SG 级油,并可代替 SG

表 8.2 柴油机润滑油的质量等级

品种代号	特性和使用场合
CA(废除)	用于使用优质燃料、在轻到中负荷下运行的柴油机以及要求使用 API CA 级油的柴油机,有时也用于运行条件温和的汽油机。具有一定的高温清净性和抗氧抗腐性
CB(废除)	用于燃料质量较低、在轻到中负荷下运行的柴油机以及要求作用 API CB 级油的柴油机,有时也用于运行条件温和的汽油机。具有控制发动机沉积物和轴承腐蚀的性能
CC	用于在中到重负荷下运行,并包括一些重负荷汽油机。对于柴油机具有控制高温沉积物和轴瓦腐蚀的性能,对于汽油机具有控制锈蚀、腐蚀和高温沉积物的性能,并可代替 CA、CB 级油
CD	用于需要高效控制磨损和沉积物或使用包括高硫燃料非增压、低增压和增压式柴油机以及国外要求使用 API CD 级油的柴油机。具有控制轴承腐蚀和高温沉积物的性能,并可代替 CC 级油
CD-Ⅱ	用于要求高效控制磨损和沉积物的重负荷二冲程柴油机以及要求使用 API CD-Ⅱ 级油的柴油机,同时也满足 CD 级油的性能要求
CE	用于在低速高负荷和高速高负荷条件下运行的低增压和增压式重负荷柴油机以及要求使用 API CE 级油的柴油机,同时也满足 CD 级油的性能要求
CF-4	用于高速四冲程柴油机以及要求使用 API CF-4 级油的柴油机。在油耗和沉积物控制方面性能优于 CE 级油,该级油品特别适用于高速公路行驶的重负荷货车

2) 发动机润滑油的黏度分类

发动机润滑油的黏度等级如表 8.3 所示。该类标准采用含字母 W 和不含 W 两组黏度等级系列,黏度等级号前者以最大低温黏度、最高边界泵送温度以及

100℃时最小运动黏度分类,后者仅以100℃时运动黏度分类。

表8.3 我国发动机润滑油的黏度分类(GB/T 14906－1994)

黏度等级号	最大低温黏度		最高边界泵送温度 /℃	100℃运动黏度/(mm²/s)	
	/(mPa·s)	/℃		最小	最大
0W	3250	－30	－35	3.8	
5W	3500	－25	－30	3.8	
10W	3500	－20	－25	4.1	
15W	3500	－15	－20	5.6	
20W	4500	－10	－15	5.6	
25W	6000	－5	－10	9.3	
20				5.6	<9.3
30				9.3	<12.5
40				12.5	<16.3
50				16.3	<21.9
60				21.9	<26.1

5. 润滑油的选用

1) 使用性能级别的选择

汽油机油使用性能级别的选择,主要根据发动机性能、结构、工作条件和燃料品质。一般应考虑以下因素：

(1) 发动机压缩比、排量、最大功率、最大扭矩。

(2) 润滑油负荷,即发动机功率(kW)与曲轴箱机油容量(L)之比。

(3) 曲轴箱强制通风、废气再循环等排气净化装置对润滑油的影响。

柴油机油使用性能级别的选择主要根据发动机的平均有效压力、活塞平均速度、发动机油负荷、使用条件和轻柴油的硫含量。

2) 黏度级别的选择

发动机润滑油黏度级别的选择,主要是根据气温、工况和发动机的技术状况。润滑油的黏度要保证发动机低温起动性,而热机后又能维持足够的黏度。

重载低速和高温下应选择黏度较大的润滑油,轻载高速应选择黏度较小的润滑油。新发动机应选择黏度较小的润滑油,磨损严重的发动机应选择黏度较大的润滑油。

6. 车用润滑油添加剂

利用添加剂提高车用润滑油的质量,比深度精制润滑油的方法简单有效。添加剂的作用包括：改善车用润滑油的使用性能,防止油液过早氧化,改善摩擦特性,保护橡胶件密封性,减少积炭、漆膜和油泥的产生,满足特殊润滑需要等。车用润滑油添加剂已从最初的抗凝、抗氧化、抗泡沫、抗腐蚀、黏度改进5种添加剂发展到现在已有20多种添加剂。

1) 降凝添加剂

因石油产品中含有石蜡,在温度降到一定程度后油中开始结蜡。降凝剂就是控制低温条件下油品中蜡质结晶趋向,防止润滑油在系统中凝固,改善油液的低温流动性。对发动机冷起动和低温下使用的润滑油有明显的改善作用。

降凝剂主要适用于各种汽油机油、柴油机油、自动及手动变速器油、动力转向传动液、驱动桥齿轮润滑油。

2) 抗氧化添加剂

润滑油的抗氧化安定性主要与它的化学成分和性质有关。润滑油中烃类的三种主要成分中,芳香烃最不容易被氧化,环烷烃次之,烷烃最差。所以润滑油中芳香烃含量越多,油液越不容易氧化,而烷烃含量越多,油液越容易氧化。但芳香烃的碳氢比大,不易完全燃烧,易产生积炭,造成氧传感器被污染、三元催化转化器入口处堵塞。所以现代汽车都尽量减少汽油中芳香烃的含量。

抗氧化剂的作用和工作温度有关。抗氧化剂在120℃以下有良好的稳定性。在150℃以下的工作温度中能有效抑制油液的氧化速度。超过150℃后抗氧化剂的作用急剧下降。

抗氧化剂在使用时注意以下事项:

(1) 加入量要通过试验决定,加入量过多会降低效果。

(2) 在换油时应尽量将旧油放净,如旧油残留过多,而新油和旧油的型号不同时,旧油中的抗氧化剂会从油中分离出来,变成黏稠状物,堵塞机油滤清器。

抗氧化剂适用于各种汽油机油、柴油机油、自动及手动变速器油、动力转向传动液和驱动桥的双曲线齿轮用油。

3) 泡沫抑制添加剂

泡沫抑制剂是硅酸类物质,如二甲基硅油,它通过减少油品表面张力,抑制泡沫的生成。

在常压下润滑油可溶解占体积9%的空气。溶解量随气压升高而增多,气压下降后多余的空气会迅速从空气中逸出,以达到新的平衡。车用油液起泡会破坏金属摩擦表面油膜,造成金属件局部干摩擦,发生异常磨损。泡沫会造成穴蚀,将造成油液膨胀而发生泄漏,使自动变速器、动力转向的工作油压明显降低。

泡沫的生成和车用油液的品质有一定的关系,油的黏度越小,越容易产生泡沫。抗氧化安定性不良也会促使泡沫生成。

4) 防锈添加剂

随着车用润滑油使用时间的延长,空气中的水分会被吸入油中。防锈剂不仅可以有效地防止生锈,而且还有极强的通用性,不仅可以防止各大总成内部生锈,还可以防止车身外壳生锈和腐蚀。

防锈剂主要适用于汽油机油、柴油机油、自动及手动变速器油、动力转向传动液、减震液、制动液、各种润滑脂、驱动桥齿轮润滑油使用的齿轮润滑油和车身底部。

5) 抗磨添加剂

抗磨剂由活性成分氯、磷、硫化合物组成。抗磨剂可以被金属吸收,重载条件下可在相对运动的金属表面扩散,形成化合物保护膜,使金属与金属的摩擦变为化合物之间的接触和摩擦。抗磨剂可以有效地避免和消除边界润滑带来的不良后果,减少滑动的金属接触面和减少摩擦。

由于摩擦零件上的负荷过大,速度过高或过低,摩擦表面的温度升高,使摩擦表面上的油膜越来越薄,导致油膜受到破坏。润滑油的黏度在这时作用不大,而与油膜分子间结构有很大关系。这时的润滑现象称为边界润滑。边界润滑油具有多种类型。其中和汽车有关的边界润滑有:

(1) 高温的边界润滑。如发动机的气缸、自动变速器的离合器、制动器的摩擦表面。

(2) 高温高压边界润滑。如双曲线齿轮的摩擦表面。

抗磨剂适用于各种汽油机油、柴油机油、自动变速器油、动力转向传动液及驱动桥的双曲线齿轮用油。

6) 清净添加剂

清净剂主要成分是金属盐,通常是钙、镁、钡等离子。它以化学方式和燃烧产生的固体相结合,防止其在机体内形成沉积物,是有效的酸中和剂,将燃烧和氧化产生的酸性物质中和成无害的盐。

清净剂的主要作用有:

(1) 有效地降低积炭、胶质、漆膜和油泥。积炭和漆膜都是高温沉积物。积炭是一种黑色坚硬而又不溶解的厚度较大的固体炭,其表面没有光泽,多沉积在燃烧室和进气门上。漆膜是一种很薄的坚硬有光泽而又不容易溶解的沉积物,多沉积在活塞裙部。

(2) 有效地减少油泥。油泥是低温下的产物,是一种比较稳定的油乳状体的多种杂质的凝聚物,多沉积在油底壳处。

清净剂适用于各种汽油机油、柴油机油、自动及手动变速器油、动力转向传动液及驱动桥用油。

7) 分散添加剂

(1) 无灰分型清净分散剂。灰分是指机油在规定条件下燃烧后所留下的不燃烧物质。无灰分是指燃烧后没有残留物。

油泥是曲轴箱内的主要污染物,油泥如不及时清除,会造成机油限区间卡滞、润滑油管路堵塞,所以,润滑油中多含有无灰型清净分散剂。清净分散剂还可以保证发动机内的活塞环与活塞环槽不发生粘连,自动变速器控制阀中的滑阀、蓄压器等不发生卡滞;手动变速器内位置最低的倒挡齿轮衬套和倒挡轴不发生抱死。

(2) 金属性清净分散剂。金属性清净分散剂能防止活塞环槽中的油泥积聚,对活塞环槽的净化作用最好。由于柴油发动机活塞环槽中的高温油泥沉积结焦严重,所以多用金属性清净分散剂。

(3) 清净剂和分散剂的作用:

① 洗涤作用。清净分散剂对漆膜和积炭有很强的吸附能力,能把吸附在活塞上的漆膜与积炭洗涤下来,分散在油中,并经过机油滤清器滤掉。

② 分散作用。即磁力排斥作用，避免产生大的油泥、积炭和漆膜。还可以把已经形成的油泥、积炭和漆膜变成微小的颗粒，以便将其滤掉。

③ 酸碱中和作用。清净分散剂中都含有碱性物质，碱性物质可以中和油中过量的酸，以减轻酸性物质对机件的腐蚀，延长机件的使用寿命。

8）抗极压添加剂

抗极压添加剂既要耐高压，又要耐高温。常用的极性添加剂有活性磷、氯和硫等添加剂。抗极压添加剂能在高温、高速、高负荷下保证边界润滑，在极大压力负荷下减少机件的磨损，与抗磨添加剂类似，在金属表面附一层保护膜，向固体润滑剂一样，在高温和极压条件防止金属间发生摩擦。与抗磨添加剂相比，它能承受运动双方都是硬物、压强特别大、有滑动摩擦、有较高工作温度下的润滑。如双曲线齿轮润滑油中若没有抗极压添加剂和抗磨剂，行驶几千公里后齿轮就会报废。

抗极压添加剂适用于各种汽油机油、柴油机油、自动变速器油、动力转向传动液、减震液、轮毂内的润滑脂和驱动桥的双曲线齿轮使用的齿轮润滑油等。

9）油性添加剂

为了消除边界摩擦、极压摩擦和半液流摩擦出现的不良后果，需向润滑油中加入油性添加剂，如动物油或矿物油制造的硬脂酸，具有降低摩擦的作用。油性添加剂在运动的金属表面上定向吸附成油性膜，以防止金属直接接触，降低摩擦。油性添加剂也有一定的局限性，单独使用油性添加剂，只能在中温、中速、中等负荷下保证边界润滑。

油性添加剂主要适用于发动机润滑油、自动变速器传动油、双曲线齿轮和循环球转向器使用的齿轮润滑油。

10）橡胶膨胀添加剂

为了防止橡胶密封件发生硬化失去弹性，在油液中加注适量的橡胶膨胀剂，用来恢复和保护橡胶密封件的弹性。但橡胶膨胀剂的用量必须严格控制，用量过多会造成密封圈整体膨胀，造成密封圈内圆和密封内槽产生间隙，在环境温度较高时，油液温度下降，会发生严重泄漏。

盘式制动器工作间隙的自动调节和自动复位，都是靠轮缸活塞密封圈自身的弹性作用。如橡胶膨胀剂使用过多，使其过度膨胀，不仅制动器工作间隙的自动调节和自动复位功能全部丧失，而且还会阻止制动器复位，导致该侧制动摩擦块拖滞，而发生早期磨损。

11）金属钝化添加剂

金属钝化剂是一种特殊的化合物，它主要用来消除添加剂的副作用，保护非铁类金属不受润滑油中添加剂带来的腐蚀性侵害。金属钝化剂主要通过以下两种方式达到目的：

① 在金属表面形成带有极性的保护膜。

② 钝化添加剂的腐蚀作用。

金属钝化剂主要适用于自动变速器油、动力转向传动液、驱动桥齿轮润滑油及手动变速器使用的齿轮润滑油,对手动变速器的同步器锁环有良好的保护作用。

12) 染色添加剂

染色剂是为鉴别油液而添加的识别剂,以便区别润滑油、自动变速器油、防冻液等不同种类的油液。以防冻液为例:

(1) 亚洲的典型防冻液为红色和墨绿色。

(2) 欧洲的典型防冻液为绿色、蓝色和黄铜色。

(3) 北美的典型防冻液为绿色或黄色。

(4) 北美率先推出的长效防冻液为橙色。

染色剂主要适用于发动机润滑油、自动变速器油、动力转向传动液和防冻液等。

8.2 汽车润滑脂

润滑脂和润滑油均为润滑剂,润滑脂含有稠化剂,其性质与润滑油不同。绝大多数润滑脂是半固体,在常温下能保持自己的状态,在垂直表面不流失,并能在密封不良的摩擦部位工作,因此工作范围比润滑油更广泛。

1. 润滑脂的组成和结构特点

润滑脂是用一种(或多种)稠化剂稠化一种(或多种)润滑液体制成的,包括基础油(润滑液体)、稠化剂和添加剂三部分。

1) 基础油

润滑脂的润滑性质取决于所用润滑液体的润滑性质,因为润滑液体在润滑脂中占90%左右,所以正确选择润滑液体作为润滑脂的基础油是非常重要的。

(1) 石油润滑油(矿物油)。矿物油是一种使用最多、最经济的润滑脂的基础油。制备润滑脂时,主要根据润滑条件选择矿物油。一般用于低温、轻负荷、高转速轴承的润滑脂以航空润滑油和变压器油作为基础油。用于中速、中负荷和温度不太高的润滑脂,选择内燃机油和机械油等作为基础油。用于高负荷、较高温度和低速的润滑脂,采用气缸油作为基础油。一般是根据使用温度、轴承尺寸和运转速度来选用不同黏度的矿物油作为润滑脂的基础油。矿物油黏度小,凝点低,所制得的润滑脂的低温性能好。矿物油黏度大,所制得的润滑脂稠度增大,胶体安定性增加。

(2) 酯类油。酯类油是目前广泛使用的合成润滑油,已超过所有其他合成润滑油的总量。由于酯类油具有良好的润滑性和高、低温性,所以可以用来制备高、低温性好的润滑脂。

(3) 合成烃油。理想的合成烃油应尽可能是线性聚合,有较高的黏度指数、不结晶、凝点低、完全饱和、具有良好的热安定性和氧化安定性。合成油由于含有少量不饱和烃,因而氧化安定性较差。油品经过长时间使用和储存后,性质不够稳定。

(4) 硅油。硅油具有任何其他液体不能比拟的优异性质,如在较宽的温度范围内黏度变化极小、凝点低、化学安定性好等。含有甲基和苯基的基础油是所有已知液体硅油中热稳定性最好的,它在空气存在下加热到250℃,经过1500h以上也不变稠。

2) 稠化剂

稠化剂是润滑脂的重要组分,在润滑脂中形成如海绵或蜂窝状的结构骨架,将润滑油包围起来,因而失去流动性而成为一种膏状物质。稠化剂对润滑脂的性质有很大的影响,稠化剂的性质和含量决定了润滑脂的黏稠程度以及耐水、耐热等使用性能。

稠化剂的分类如下:

(1) 皂基稠化剂(脂肪酸金属皂)。皂基稠化剂是由油脂(动、植物油)或合成脂肪酸与金属氢氧化物(碱)作用而生成的。能胶凝矿物油制成润滑脂的金属皂有脂肪酸锂、钠、钙等。用这些皂制成的润滑脂分别称锂基、钠基、钙基脂。

(2) 非皂基稠化剂。非皂基稠化剂包括:

① 石蜡和地蜡:石蜡和地蜡是制取烃基润滑脂的稠化剂。石蜡为白色至黄色的片状结晶体,其主要成分是正构烷烃,一般是从润滑油精制工艺的脱蜡程序中得到的。地蜡为针状结晶体,主要成分是环烷烃和异构烷烃,一般是来自减压渣油经脱沥青、脱油所得的蜡膏,并经过加工制得的。

② 无机稠化剂:膨润土和硅胶是制备润滑脂的无机稠化剂。膨润土是指以蒙脱石为主体的岩石,外观呈蜡状或脂状,光泽滑腻,颜色多种多样。用于润滑脂稠化剂的膨润土,还必须进行表面处理,使其具有亲油性。硅胶一般指二氧化硅,可分为沉淀硅胶、气凝硅胶和发烟硅胶。硅胶表面一般是亲水的,经过表面改质后可转变为憎水硅胶。通常采用正丁醇对硅胶表面进行酯化,得到憎水的酯化硅胶,可用作润滑脂的稠化剂。

③ 有机稠化剂:用于润滑脂的有机稠化剂种类较多,常用的有阴丹士林,酞青铜等,它们有良好的化学安定性和热安定性;另外还有耐热性、抗磨性和抗化学性良好的聚四氟乙烯稠化剂等。

④ 填料:填料添加到润滑脂中可提高对流失的抵抗和增强润滑能力。常见的填料有石墨、碳黑和二硫化钼。石墨为层状结构的晶体物质,可以达到抗压的目的。层与层间以较弱的范德华力相连,达到易剪切、可润滑的目的。碳黑中的一种是乙炔黑,平均粒度约$0.1\mu m$,可用作润滑脂的稠化剂或填料。二硫化钼是一种鳞片状结晶体,分子层间的硫原子之间的结合力很弱,可将金属表面的直接摩擦转化为二硫化钼分子层的相对滑移,从而降低摩擦系数,减少磨损。

3) 添加剂

在润滑脂中,除了稠化剂和基础油外,还有各种不同的添加剂。使用各种添加剂,可以改善润滑脂的某些性能,但是,一些添加剂特别是防锈剂和极压剂,往往对润滑脂的其他性能有影响,如使脂稠度下降。润滑脂中所用添加剂的分类及常用添加剂如图8.1所示。

用脂肪酸制成的钙基脂中,含有一定数量的自然存在的附加成分——甘油。甘油的存在能增强皂油结构,而使胶体分散体系更加稳定,被称为胶溶剂或结构改进剂。水也被称为结构改进剂。水是钙基脂不可缺少的组成部分,无水的钙基皂不吸收矿物油,也不能在矿物油中分散。吸收一定量的水而形成水合钙基皂具有良好的亲油性和膨胀能力,从而使钙基皂和矿物油形成一种具有稳定结构的润滑脂。像甘油和水这样的胶溶剂或结构改进剂,是由制造润滑脂的基本原料带进的,因此一般不归为添加剂。通常所说的添加剂是指为改善润滑脂某方面的使用性能而添加的少量物质(抗氧剂、抗腐蚀剂等)。

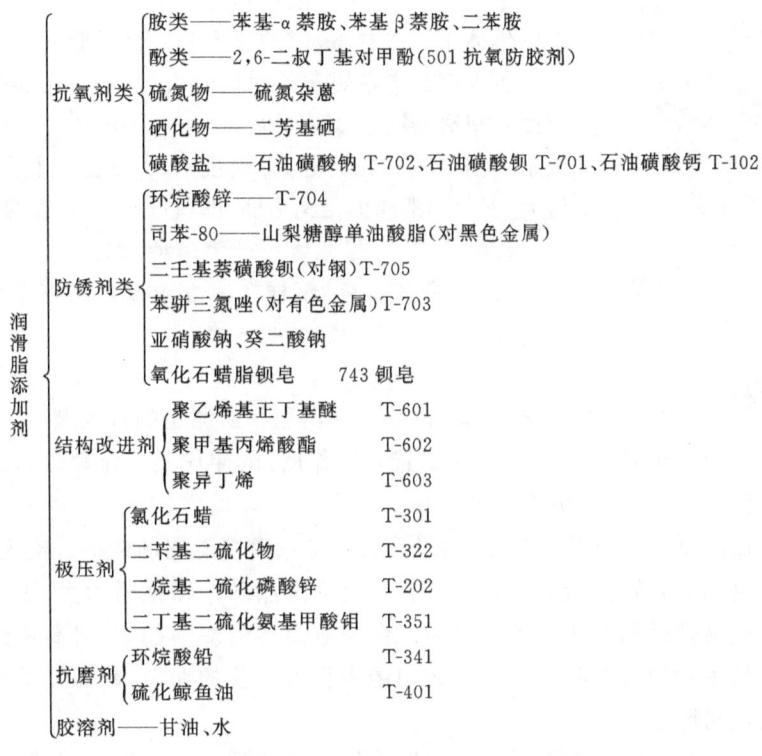

图8.1 润滑脂中所用添加剂的分类及常用添加剂

2. 汽车润滑脂的使用性能和评定

润滑脂的主要作用是润滑、保护和密封等。与润滑油进行对比,润滑脂具有一些优点。例如:具有好的结构黏度和附着力;具有更好的油性和润滑能力;黏温性好,温度适应性强;具有好的密封和防护作用;具有更好的充填和保持能力;抗碾压,适于高负荷;减振性强,尤其适于齿轮和振动摩擦节点的润滑。但是润滑脂润滑也有一些不足之处,如黏滞性大,起动阻力大;流动性差,散热作用不强;高温时易发生相变并分解等。

汽车上有许多的部件应用润滑脂润滑,且各部件工作条件都有差异,如汽车轮毂轴承是使用润滑脂的主要部位,它不仅要求润滑脂满足轮毂轴承高速剪切的情况,同时还要减摩耐磨、适应高温的影响;汽车钢板弹簧的润滑,不仅要满足润滑,还要抗冲击、抗水等。所以,要求润滑脂还要具备一些特殊性质和使用性能,如下所述。

1) 稠 度

稠度是指:受作用力时,润滑脂一类的塑性物质抵抗变形的程度,一般用锥入度计测定稠度。稠度与润滑脂在所润滑部位上的保持能力和密封性能及与润滑脂的泵送性等都有关系,是润滑脂选择的一个重要方面。

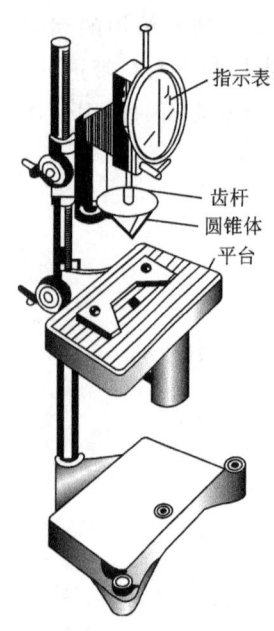

图 8.2 锥入度计

润滑脂的锥入度测定的锥入度计如图 8.2 所示。测定方法是:在 25℃时,把锥体组合计从锥入度计上释放,以圆锥体沉入试样 5s 时的深度测定润滑脂的锥入度。

锥入度是指在规定的时间和温度下,标准锥体自由滑落插入润滑脂内的深度,以 0.1mm 为单位。锥入度值小,表示润滑脂的结构力强,即稠度大,润滑脂显得硬;锥入度值大,表示润滑脂的结构力弱,即稠度小,润滑脂显得软。

按测定方法,锥入度可分为多种,如:

(1) 工作锥入度:试样在标准工作器脂杯中经受往复工作 60 次后立即测定的锥入度。

(2) 不工作锥入度:将试样在尽可能少搅动下从样品容器移到润滑脂工作器脂杯所测定的锥入度。

(3) 延长锥入工作度:试样往复工作超过历次所测定的锥入度。

润滑脂的锥入度是其重要质量指标之一,是选用润滑脂的依据。锥入度越小,润滑脂越硬,越不易进入和充满摩擦面,同时润滑脂的内摩擦阻力大,因而不能适用于高速运转部件的润滑要求。但为了保证有足够的黏附能力,对高速运转的部件也不宜用太软的润滑脂。冬季应选用锥入度大一些的润滑脂,而夏季可选锥入度较小的润滑脂。

为了适应实际使用对不同软硬润滑脂的需要,需要对相同的一种脂有不同的锥入度相配,以供不同用途使用,这就是润滑脂产品按锥入度的不同等级在质量指标上规定的润滑脂牌号。国际上广泛采用按润滑脂在 25℃的工作锥入度将润滑脂分为 9 个牌号,具体分法如表 8.4 所示。

表 8.4 NLGI 稠度分级和锥入度范围

级 号	000	00	0	1	2	3	4	5	6
锥入度范围 (25℃)	445~475	400~430	355~385	310~340	265~295	220~250	175~205	130~160	85~115

润滑脂的牌号数越大,锥入度越小,脂越硬,外观显得越黏稠。常用脂的锥入度为 200~300,锥入度超过 400 后,就失去塑性而成为液体。

2) 低温性能

汽车起步时，各润滑部位的温度与环境温度几乎相同的。因此，在寒冷地区的汽车使用中，要求润滑脂在低温条件下仍能保持良好的润滑性能，它取决于润滑脂低温条件下的相似黏度和低温转矩。

润滑脂的黏温特性比润滑油的黏温特性复杂，因为润滑脂结构体系的黏温特性还要随剪力的变化而改变。

润滑脂在一定温度条件下的黏度是随着剪切速率而变化的变量，这种黏度称之为相似黏度，单位为 Pa·s。润滑脂的相似黏度随着剪切速率的增高而降低，但当剪切速率继续增加，润滑脂的相似黏度接近其基础油的黏度后便不再变化。润滑脂相似黏度与剪切速率的变化规律称为黏度-速度特性。黏度随剪切速率变化越显著，其能量损失越大。一般可以根据低温条件下润滑脂相似黏度的允许值来确定润滑脂的低温使用极限。

润滑脂的相似黏度随温度上升而下降，但仅为基础油的几百甚至几千分之一。所以，润滑脂的黏温特性比润滑油好。

润滑脂的低温转矩除了与基础油的低温黏度有关以外，还与润滑脂的强度极限有关。

滚珠轴承润滑脂低温转矩测定法规定了起动与运转转矩的测定方法，该方法可测在 -20℃ 条件下，滚珠轴承润滑脂的起动与运转转矩，作为评价润滑脂在低温条件下运转阻力大小的评定指标。

3) 高温性能

温度对于润滑脂的流动性具有很大影响，温度升高，润滑脂变软，使得润滑脂附着性降低而易于流失。在较高温度下，润滑脂蒸发损失增大，氧化变质与凝缩分油现象严重。润滑脂失效的主要原因，大多是由于凝胶的萎缩和基础油的蒸发损失所致，也就是说润滑脂失效过程的快慢与其使用温度有关。高温性能好的润滑脂可以在较高的使用温度下保持其附着性能，其变质失效过程也较缓慢。润滑脂的高温性能可用滴点、蒸发量和轴承漏失量等指标进行评定。

润滑脂的滴点是在其规定条件下达到一定流动性时的最低温度，以℃表示。润滑脂的滴点主要取决于稠化剂的种类与含量，是润滑脂使用温度上限的参考数据，可以判断润滑脂能够在什么温度下使用。滴点越高，耐热性就越好。对皂基润滑脂而言，其使用温度应低于滴点 $20\sim30\text{℃}$，或更低。

润滑脂的滴点测定如下：

滴点测定器如图 8.3 所示，滴点计为内标式温度计，附有金属套管和玻璃皿。方法是：先把试样按照规定的方

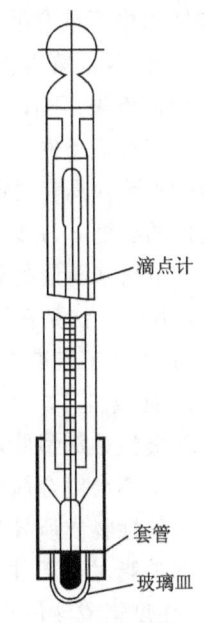

图 8.3 滴点测定器

法装满脂杯,安装滴点测定器,并用油浴加热,从脂杯滴下第一滴液体时的温度即为滴点。

润滑脂的蒸发量是指在规定的试验条件下,因蒸发而引起润滑脂质量损失的百分数。润滑脂的蒸发量主要取决于所采用的基础油的种类、馏分组成和分子量。高温或宽温度条件下使用的润滑脂,其蒸发量的测定尤为重要,蒸发量可以定性地表示润滑脂上限使用温度。润滑脂基础油蒸发损失,会使润滑脂中的皂基稠化剂含量相对增大,导致脂的稠度发生变化,使用中会造成内摩擦增大,影响润滑脂的使用寿命。因而,蒸发量指标可以从一定程度上表明润滑脂的高温使用性能。

润滑脂蒸发量具体测定方法是:将盛有润滑脂试样的蒸发器测定其质量,然后放入油浴(99℃)中,并在润滑脂表面通过一定流速的热空气,试验22h,最后测定因蒸发而引起的质量损失。在润滑脂规格中标记为:蒸发量(100℃,22h)(%)。

为了更好地评价润滑脂的高温性能,还要通过台架模拟试验,测定高温条件下轴承的工作特性及测定的轴承漏失量。显然,漏失量越大,说明润滑脂的高温工作性能越差。

汽车上的滚动轴承多用润滑脂润滑。因此,润滑脂在轴承中的使用寿命是一项极其重要的性能指标。润滑脂在高温轴承寿命试验机上的评定,可以模拟润滑脂在一定的高温、负荷、转速条件下的工作性能。因此,测得的结果对实际使用有一定的参考价值。

4) 抗水性

润滑脂的抗水性表示润滑脂在大气湿度条件下的吸水性能,要求润滑脂在储存和使用中不具有吸水的性能。润滑脂吸水后,会使稠化剂溶解而导致滴点降低,引起腐蚀,从而降低保护作用。有些润滑脂,如钠基脂,当吸收水分或遇水后会造成乳化而流失;还有一些润滑脂,遇水分会导致变硬而失去润滑能力。

在实验室条件下测定润滑脂的抗水淋能力的方法是:将试样装入球轴承内,然后将球轴承装入具有规定间隙要求的轴承套内,以(600±30)r/min的速度转动,控制水在规定的温度下,并以(5±0.5)mL流速喷淋在轴承套的防护板上,以1h内被水淋洗掉的润滑脂来衡量润滑脂的抗水淋能力。也可以用测定润滑脂溶水性能的方法测定其抗水性。方法是在试样中逐次加入定量的水分,测其10万次延长工作锥入度再与试验前60次工作锥入度相比较,其差值大小可评定该试样的溶水性能。

5) 防腐性

防腐性是润滑脂阻止与其相接触金属被腐蚀的能力。润滑脂的稠化剂和基础油本身是不会对金属产生腐蚀的,使润滑脂产生腐蚀性的原因很多,主要是由于氧化产生酸性物质所导致的。

润滑脂对铜部件腐蚀性的方法是:把一块准备好的铜片全部浸入到润滑脂试样中,在烘箱或液体浴中加热一定的时间。一般采用的条件是100℃,24h。在试验期结束后,取出铜片,经洗涤后,将试验铜片与腐蚀标准色板进行比较,确定腐蚀级别；或者检查试验铜片有无变色。

润滑脂防腐蚀性能的试验方法是：将涂有试样的新轴承，在轻的推力负荷下运转60s，使润滑脂像使用情况那样分布。轴承在(52±1)℃、100%相对湿度下存放48h，然后清洗并检查轴承外圈滚道的腐蚀迹象。本方法中的腐蚀是指轴承外圈滚道的任何表面损坏（包括麻点、刻蚀、锈蚀等）或黑色污渍。

润滑脂腐蚀试验法是以浸入润滑脂的金属试片表面与润滑脂在一定温度下，经一定时间作用后所发生的颜色变化确定润滑脂对金属的腐蚀性。

6）机械安定性

润滑脂机械安定性是指润滑脂在机械工作条件下抵抗稠度变化的能力。它取决于稠化剂纤维本身的强度、纤维间接触点的吸引力和稠化剂的量。机械安定性差的润滑脂，使用中容易变稀甚至流失，影响脂的使用寿命。

用滚筒试验机测定润滑脂的机械安定性的方法是：用50g试样，在室温(21～38℃)下，在滚筒试验机上工作2h后，测定试验前后润滑脂的工作锥入度变化，用以判断润滑脂的机械安定性。

7）胶体安定性

胶体安定性是指润滑脂在储存和使用时避免胶体分解，防止液体润滑油析出的能力，也就是润滑油与稠化剂结合的稳定性。因润滑脂是一个胶体分散体系，其胶体结构的稳定常受温度、压力的影响而不同程度的遭受破坏，使固定在纤维空间骨架中的基础油分离出来，严重的会使润滑脂变质。但是如果润滑脂不能在压力的作用下分出一部分油来，也不能使润滑脂起到润滑作用。因此，对润滑脂的分油性要有适当的要求。

8）氧化安定性

润滑脂在储存与使用时抵抗大气的作用而保持其性质不发生永久变化的能力称为氧化安定性。润滑脂中的稠化剂和基础油，在长期储存或长期高温的情况下很容易被氧化。氧化的结果生成腐蚀性产物、胶质和破坏润滑脂结构的物质，这些物质都易引起金属部件的腐蚀和降低润滑脂的使用寿命。

3. 汽车润滑脂的选择

汽车润滑脂的选用包括润滑脂的品种和稠度级号的选用。考虑的主要因素有温度、转速负荷和工作环境。

润滑脂的品种选择就是根据工作温度、工作环境、负荷和转速进行操作温度范围、水污染和极压性的选择，也可按汽车使用说明书要求选用。

对汽车上主要用于润滑的部位多用锂基脂；对工作温度过高或过低的地区应选特殊润滑脂（如低温润滑脂、高温润滑脂等）；对受冲击载荷及极压条件下工作的钢板弹簧用石墨钙基脂；为保护蓄电池接线柱，可用工业凡士林。

汽车用脂品种选择如表8.5所示。

稠度级号选用可根据加脂方式、气温、工作温度等选择，一般多用2号润滑脂。

表 8.5 汽车润滑脂的选择

润滑脂	应用部位
汽车通用锂基润滑脂(CB/T 5671—1995)或 2 号通用锂基润滑脂(CB7324—1987)	轮毂轴承、水泵轴承、起动机轴承、发电机轴承、离合器分离轴承和底盘用脂润滑部位
石墨钙基润滑脂(SH/T 0369—1992)	钢板弹簧
工业凡士林(SH 0039—1990)	蓄电池接线柱

4. 汽车常用润滑脂

汽车常用润滑脂有以下几类。

1) 钙基润滑脂

钙基润滑脂俗称"黄油",是目前我国使用较多的一个品种。

钙基润滑脂具有良好的抗水性,遇水不易乳化变质,适用于潮湿环境或与水接触的各种机械部位的润滑。

钙基润滑脂主要可用于汽车、中小型电动机等各种机械的滚动轴承和易与水或潮湿接触部位的润滑。使用温度范围为$-10\sim60℃$,转速在 3000r/min 以下的滚动轴承一般都可使用。汽车底盘上的各润滑点都是用钙基脂来润滑的,主要是利用其抗水性好的特点。

2) 钠基润滑脂

钠基脂是由天然脂肪酸钠皂稠化中等黏度的矿物油而制成。耐热性好,长时间在较高温度下使用也能保持润滑性。钠基脂适用于$-10\sim110℃$温度范围内,一般中等负荷机械设备的润滑,如可用于汽车、拖拉机轮毂轴承润滑。但耐水性差,遇水易乳化,所以不能用于与潮湿空气或水接触的润滑部位。

3) 汽车通用锂基脂

汽车通用锂基脂是由 12-羟基硬脂肪酸锂皂稠化低凝点矿物油,并加入抗氧、防锈添加剂而制成,具有良好的高、低温性能,可在$-30\sim120℃$的宽温度范围内使用。并且汽车通用锂基脂具有良好的抗水性和防锈性能,可在潮湿和与水接触的机械部件上使用。

汽车通用锂基脂适用于汽车轮毂轴承、底盘、水泵等摩擦副的润滑,比现在使用的钙基脂的换油周期可延长两倍,减少磨损。

8.3 车辆齿轮油

车辆齿轮油主要用于汽车机械式变速器、主减速器和转向器的润滑。车辆齿轮传动装置(特别是双曲线式主减速器)工作条件与其他机械的齿轮传动装置的主要区别是承受的载荷大,要求车辆齿轮油承载能力强。

1. 车辆齿轮油的使用性能

车辆齿轮油的作用与发动机油的作用基本相同,起到润滑、冷却、防蚀和缓冲的作用。车辆齿轮传动装置的工作条件如表 8.6 所示。其中双曲线齿轮传动的工作条件最苛刻,是对汽车齿轮油使用性能要求最高的齿轮传动。双曲线齿轮传动的节面是两个单叶双曲线回转体,如图 8.4 所示,取其截锥面(双曲线回转面的钟口部分)作为齿轮。因此,双曲线齿轮传动的两轴线是交错的,两齿轮螺旋角不等,一般小齿轮的螺旋角比大齿轮大 10°~15°。

表 8.6 车辆齿轮传动装置的工作条件

类 型	工作条件
汽车齿轮传动装置	接触压力:2.5~4.0GPa 圆周速度:5~10m/s 滑动速度:2~10m/s 油 温:65~180℃

双曲线齿轮具有传动比大、传动平稳、便于总布置、可提高小齿轮强度等优点,但齿面接触压力极高、齿面间滑动速度大、油温高,一般高达 120~130℃,最高可达 180℃(齿面间的滑移可使齿面瞬时温度高达 600~800℃)。

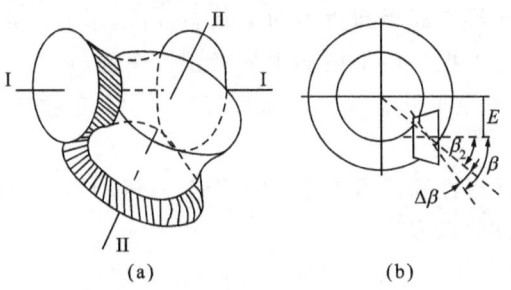

图 8.4 双曲线齿轮传动

因此,对双曲线齿轮传动,除制造装配和调整有特殊技术要求外,使用中必须选择双曲线齿轮油,润滑油中加有硫、磷等元素极压添加剂。在苛刻的工作条件下,这些添加剂元素与金属表面产生复杂的物理和化学变化,生成高强度的反应膜,从而保证正常润滑,防止齿面擦伤。

齿轮的损坏形式主要有:磨损、点蚀、断裂和擦伤。

磨损主要与形成润滑的条件有关。黏度太低,或负荷过大,则不能形成油膜,使磨损加剧。

点蚀和轮齿折断均属于疲劳破坏,主要与材料有关,与润滑油关系不大。

擦伤是一种较严重的黏着磨损。发生这种损坏的原因,一般是润滑油的承载能力与苛刻的工作条件不适应造成的。双曲线齿轮式主减速器用错润滑油的典型损坏形式就是齿面擦伤,轻者成条状的擦痕,重者使轮齿磨成刀口般的尖刃。超载也会产生这种损坏形式。

除上述的齿轮损坏的主要形式外,还有腐蚀磨损和磨料磨损等。润滑油的防锈抗腐性和工作环境条件是影响腐蚀磨损的主要因素。避免磨料磨损的措施是保持润滑油的清洁。

综上所述,车辆齿轮油应具有以下使用性能。

1) 低温操作性和黏温性

车辆齿轮油应具有良好的低温操作性和黏温性。

车辆齿轮油也要求在低温下保持必要的流动性,以保证轴承等零件的润滑和齿轮容易起动。车辆齿轮油的工作温度范围也较宽,因此不但要求车辆齿轮油低温起动性好,而且要求高温时黏度不能太小,即有良好的黏温性。

车辆齿轮油的黏度是用规定的方法模拟低温高剪切条件下的黏度。试验证明,对双曲线齿轮式主减速器,齿轮油黏度小于 $150Pa \cdot s$,汽车起步后能在 15s 内流进小齿轮轴承而保证其正常润滑,这个黏度为汽车低温起步的极限黏度,因此汽车齿轮油规格中规定了"黏度达到 $150Pa \cdot s$ 时的最高温度"这一指标。

2) 润滑性和极压抗磨性

车辆齿轮油应具有良好的润滑性和极压抗磨性。

车辆齿轮油应具有适宜的运动黏度,以保证形成良好的润滑状态。

车辆齿轮油处于混合润滑和边界润滑状态,所以车辆齿轮油的极压抗磨性非常重要。车辆齿轮油的极压性是指油中的极压抗腐剂,在高压、高速、高温的苛刻的工作条件下,能在齿轮轮齿齿面上与金属发生化学反应生成反应膜,防止齿面擦伤或烧结的性质。

车辆齿轮油的润滑性和极压抗磨性的评定,除运动黏度指标外,还要通过四球极压试验机或台架试验来评定。

3) 氧化安定性

车辆齿轮油抵抗高温条件下氧化的能力叫做热氧化安定性。车辆齿轮油应具有良好的热氧化安定性。

汽车主传动器使用的齿轮油温度较高,使油的氧化倾向增大,并且由于齿轮箱中金属的催化作用,容易使油的使用性能变坏。因此,要求汽车齿轮油在较高温度下不易氧化变质。

对车辆齿轮油(GL-5)热氧化安定性通过齿轮箱模型试验评定。

4) 抗腐性和防锈性

在车辆齿轮传动装置的工作条件下,齿轮油防止齿轮、轴承腐蚀和生锈的能力,叫做抗腐性和防锈性。

齿轮传动装置内可能从外界渗入水分,工况变化、冷热交替也可能出现冷凝水分。油内的水分和氧化生成的酸性产物,是齿轮和轴承生锈、腐蚀的主要原因。此外,齿轮油内极压抗磨剂的作用实际上是一种控制性的腐蚀现象,对金属有一定的腐蚀作用。极压抗磨剂的活性越强,腐蚀作用越大。生锈和腐蚀将加速磨损,使材料强度降低。因此,齿轮油应加入适当的极压抗磨剂、抗腐剂和防锈剂,使车辆齿轮油具有良好的抗腐性和防锈性。

对车辆齿轮油的抗腐性和防锈性通过铜片腐蚀试验和防锈性试验来评定。

车辆齿轮油除上述要求的使用性能外,还有一些与发动机油相同的使用性能。例如抗泡性、清洁性等。

2. 车辆齿轮油的分类

车辆齿轮油的分类,包括使用性能分类和黏度分类。

(1) 车辆齿轮油的使用性能分类。根据车辆齿轮油的使用特性和使用要求将齿轮油划分为 GL-1、GL-2、GL-3、GL-4、GL-5 和 GL-6 六级,如表 8.7 所示。

表 8.7 车辆齿轮油分类

分类	使用说明	用途
GL-1	在低齿面压力、低滑动速度下的汽车螺旋锥齿轮、蜗轮式驱动桥以及各种手动变速器规定用 GL-1 级齿轮油。直馏矿油能满足这类情况的要求,可以加入抗氧剂、防锈剂和消泡剂改善其性能,但不加摩擦改进剂和极压剂	汽车手动变速器,包括拖拉机和载货汽车手动变速器
GL-2	汽车蜗轮式驱动桥,由于其负荷、温度和滑动速度的状况,用 GL-1 齿轮油不能满足其要求,规定用 GL-2 级齿轮油。通常都加有脂肪类物质	蜗杆传动装置
GL-3	滑动速度和负荷比较苛刻的汽车手动变速器和螺旋锥齿轮的驱动桥规定 GL-3 级油。这种使用条件要求润滑油的负荷能力比 GL-1 和 GL-2 级油高,但比 GL-4 级油要低	苛刻条件的手动变速器和螺旋锥齿轮的驱动桥
GL-4	在低速高扭矩、高速低扭矩下操作的各种齿轮,特别是客车和其他各种车用的双曲线齿轮,规定用 GL-4 级齿轮油。适用于其抗擦性能等于或优于 CRC RGO-105 参考油。该级油已做过各种试验证明具有 1972 年 4 月 ASIM STP 说明的性能水平	手动变速器、螺旋锥齿轮和使用条件不太苛刻的双曲线齿轮
GL-5	在高速冲击负荷、高速低扭矩、低速条件下操作的各种齿轮,特别是客车和其他车用的双曲线齿轮,规定用 GL-5 级齿轮油。适用于其抗擦性能等于或优于 CRC RGO-110 参考油。该级油已做过各种试验证明具有 1972 年 4 月 ASTM STP 说明的性能水平	适用于操作条件缓和或苛刻的双曲线齿轮及其他各种齿轮,也可用于手动变速器
GL-6	在高速冲击条件下运转的轿车和其他车辆的各种齿轮,特别是大偏移距的双曲线齿轮,偏移距大于 50mm 或接近大齿轮直径的 25%,规定用 GL-6 级齿轮油,其抗擦性能应等于或优于参考油 L-1000,该级油已做过各种试验证明具有 1972 年 4 月 ASTM STP 说明的性能水平	

(2) 车辆齿轮油的黏度分类。车辆齿轮油的黏度分类,如表 8.8 所示。

表 8.8 车辆齿轮油的黏度分类

SAE 黏度级号	黏度达到 150Pa·s 时的最高温度/℃	100℃时的运动黏度/(mm²/s)	
		最低	最高
70W	−55	4.1	
78W	−40	4.1	
80W	−26	7.0	
85W	−12	11.0	
90		13.5	<24.0
140		24.0	<41.0
250		41.0	

本标准采用含字母 W 和不合字母 W 的两组黏度等级系列。黏度等级代号由一组数字和字母 W(70W、75W、80W、85W 四种)或一组数字(90、140、250 三种)组成,共

7种。含字母W是冬用齿轮油,以低温黏度达到150Pa·s时的最高温度和100℃时的最低运动黏度分类。不含字母W是夏用齿轮油,以100℃运动黏度范围分类。

车辆齿轮油黏度等级不干扰发动机润滑油黏度等级。当车辆齿轮油与发动机润滑油具有相同的黏度时,根据两黏度分类规定的黏度等级相差较大。例如,70W车辆齿轮油与10W发动机油有相同的黏度,90车辆齿轮油与40、50发动机油黏度相当,但黏度等级号不同。

3. 车辆齿轮油的选用

与发动机润滑油一样,车辆齿轮油的选择也包括使用性能级别的选择和黏度级别的选择这两个方面。

(1) 使用性能级别的选择。车辆齿轮油使用性能级别的选择,主要根据齿面压力、滑移速度和油温等工作条件,而这些工作条件又取决于传动装置的齿轮类型,所以一般可按齿轮类型和传动装置的功能选择车辆齿轮油的使用性能级别。

为减少用油级别,在汽车各传动装置对齿轮油使用性能级别要求相差不多的情况下,可选用同一级别的齿轮油。

(2) 黏度级别的选择。车辆齿轮油黏度级别的选择,主要根据最低气温和最高油温,并考虑车辆齿轮油换油周期较长的因素。

车辆齿轮油的黏度应保证低温下的车辆起步,又能满足油温升高后的润滑要求。黏度级为75W、80W和85W的双曲线齿轮油最低使用温度分别是−40℃、−26℃和−12℃。车辆使用地区的最低气温不应低于所选齿轮油上述各温度。当传动装置不是双曲线齿轮,使用最低气温可比上述相应温度低些。

黏度级别选择应同时考虑高温时的润滑要求。一般来说,车辆齿轮油允许的承载最小黏度为86.3~215.8mm^2/s。

*********** **思考题** ***********

1. 发动机润滑油的作用是什么?其使用性能有哪些?
2. 什么是黏温性?为什么要求润滑油应具有良好的黏温性?
3. 我国发动机润滑油是如何分类的?其品种和牌号都有哪些?
4. 如何选择发动机润滑油?使用时应注意哪些事项?
5. 车辆齿轮油要求具有哪些使用性能?应如何选择车辆齿轮油?
6. 试述钙基润滑脂、钠基润滑脂的特点与使用范围。
7. 汽车润滑脂要求具有哪些使用性能?如何选择汽车润滑脂?

第 9 章 汽车工作液

9.1 汽车制动液

汽车制动液是汽车液压制动系统所采用的传递压力的工作介质。

汽车制动液通常由溶剂、润滑剂(基础聚合物)和添加剂三部分组成。溶剂决定制动液的初沸点。润滑剂保证制动液的高温黏度和蒸发量,并且使制动液化学稳定性和混溶性好。添加剂能长期保持制动液的物理性质,同时可弥补溶剂、润滑剂所缺少的物理性质必须加入的成分,例如抗氧剂、防锈剂、防腐剂等。

1. 汽车制动液的使用性能

汽车液压制动系采用的材料种类繁多,既有金属材料,又有橡胶材料。汽车制动液的工作温度范围很宽。当气温低时,制动液黏度会增大,低温流动性差;现代汽车的车速越来越高,汽车制动液的温度最高可达150℃以上,夏天汽车液压制动系易产生气阻。

综上所述,汽车制动液应具有以下使用性能。

1) 运动黏度

汽车制动液应在使用温度范围内有很好的流动性,使系统内压力能随制动踏板的动作迅速上升和下降,橡胶皮碗能在制动缸中顺利地滑动。因此,要求制动液在很宽的温度范围内保持适当的黏度。在制动液规格中都规定了-40℃最大运动黏度和100℃的最小运动黏度。

2) 高温抗气阻性

如果制动液沸点过低,在高温时就会蒸发成蒸气,使液压制动系管路中产生气阻,导致制动失灵。为保证行车安全,要求制动液具有高沸点、低挥发性,夏天不易产生气阻。

汽车制动液高温抗气阻性的评定指标是平衡回流沸点、湿平衡回流沸点和蒸发性。

3) 金属腐蚀性

汽车液压制动系的主缸、轮缸、活塞、回位弹簧、导管和阀等主要采用铸铁、铝、铜和钢等材料制成,要求制动液不引起金属腐蚀。另外,当制动液渗入橡胶中时,会从橡胶中抽出一部分组分,抽出物对金属的腐蚀作用也要限制。

制动液的金属腐蚀性通过金属腐蚀试验评定。

4) 与橡胶配伍性

汽车液压制动系有橡胶皮碗等橡胶件,要求制动液对橡胶件不造成显著的溶胀、软化或硬化等不良影响。

制动液与橡胶配伍性通过橡胶皮碗试验评定。

5) 润滑性和材料适应性

为保证橡胶皮碗能在制动缸中顺利地滑动,还要求制动液具有润滑性。同时,也要求制动液与液压制动系零件相适应。

制动液的润滑性和材料适应性通过制动液行程模拟试验评定。

6) 抗氧化性

零件腐蚀一般是因制动液氧化而引起的。为防止零件腐蚀,要求制动液在高温条件下具有良好的抗氧化性。

制动液的抗氧化性通过氧化性试验评定。

7) 稳定性

制动液的稳定性包括高温稳定性和化学稳定性,即制动液在高温和与相溶液体混合后平衡回流沸点的变化。

制动液稳定性通过稳定性试验评定。

8) 溶水性

要求制动液吸水后能与水互溶,不产生分离和沉淀。

制动液的溶水性通过溶水性试验评定。

9) 耐寒性

制动液的耐寒性是指制动液低温流动性的外观变化。

制动液的耐寒性通过低温流动性和外观试验评定。

2. 制动液的种类

制动液按其组成和特性不同,通常分为醇型、矿油型、合成型三类。

1) 醇型制动液

醇型制动液是由醇类和蓖麻油配制而成,为浅绿色或浅黄色,它具有良好的润滑性和与天然橡胶的适应性,而且价格低廉。醇型制动液的耐低温性比较差,温度低于-5℃便开始析出油等白色固体物,低于-25℃制动液中的蓖麻油很快会冻结。

2) 矿油型制动液

矿油型制动液是以精制柴油馏分经深度脱蜡,并加入多种添加剂调制而成,为红色透明液体。这类制动液虽然温度适应范围宽、低温性能好、对金属无腐蚀作用,但其与水混合后易产生气阻,对天然橡胶有溶胀作用,因此必须使用耐油橡胶密封件。世界上一些发达国家已不再生产和使用这类制动液。

3) 合成型制动液

合成型制动液是目前国内外广泛应用的主要品种。它是由基础液、润滑剂和添加剂组成。按其基础液不同,常用的有醇醚型和酯型。

(1) 醇醚型制动液。其基础液主要有乙二醇醚类、甘醇醚类化合物或聚醚等。常用的润滑剂有聚乙二醇、聚丙二醇、环氧乙烷等,润滑剂约占总量的20%。添加剂主要有抗氧化剂、抗腐蚀剂、pH值调整剂等。醇醚型制动液是目前用量最大的一种制动液,其平衡回流沸点较高、性能稳定、成本低。缺点是吸湿性强、湿沸点较低。

(2) 酯型制动液。酯型制动液是为克服醇醚型制动液吸湿性强的缺点而生产的一种制动液。其基础液通常采用乙二醇醚酯、乙二醇酯等。这类制动液能保持醇醚的高沸点,同时吸湿性小或基本不吸湿,适合在湿热环境下使用。

3. 汽车制动液的选用

1) 汽车制动液的选择

汽车制动液的选择应坚持两条原则:一是选择合成制动液;二是质量等级以FMVSS No.116 DOT 标准为准。

汽车各级制动液主要特性和推荐使用范围如表 9.1 所示。

表 9.1 JG 系列汽车制动液主要特性和推荐使用范围

级 别	制动液的主要特性	推荐使用范围
JG_3	具有良好的高温抗气阻性能和优良的低温性能	相当于 ISO 4926-78 和 DOT_3 的水平,我国广大地区使用
JG_4	具有优良的高温抗气阻性能和良好的低温性能	相当于 DOT_4 的水平,我国广大的地区均可使用
JG_5	具有优异的高温抗气阻性能和低温性能	相当于 DOT_5 的水平,供特殊要求车辆使用

2) 汽车制动液的更换和管理

汽车制动液使用时应注意下列事项:

(1) 防止水分或矿物油混入。

(2) 不同规格的制动液不能混用。

(3) 制动缸橡胶皮碗不可敞开放置。

(4) 汽车制动液多以有机溶剂制成,易挥发、易燃。因此,管理和使用中要注意防火。

9.2 汽车液力传动油

为了改善汽车传动系结构,提高汽车行驶平顺性、动力性、通过性,减轻驾驶员的劳动强度,延长汽车机件使用寿命等,目前在一些汽车上都装有自动变速器。自动变速器必须使用汽车液力传动油,也称 ATF(Automatic Transmission Fluid)。

自动变速器的传送效率与传动油的黏度、抗泡沫性等有关,因此对油的黏度和其他性能有一定的要求。液力传动系统内工作温度可达 70~140℃,油的流速可达 20m/s,并不断地与金属、空气接触,所以要求传动油的抗氧化性能好。液力传动系统中的轴承、齿轮等摩擦副也要用液力传动油润滑,因此要求传动油有一定的润滑性。在自动变速器中的执行机构(离合器和制动器)等部件中多用湿式摩擦元件,所以要求液力传动油要有良好的摩擦特性。

1. 汽车液力传动油的特性

1) 黏 度

液力传动油的使用温度范围一般为 -25~170℃,因此要求有较高的黏度指数和较低的倾点。在高温黏度方面,传递介质必须黏度低,而作为润滑介质,又希望有一定的黏度。另外,在高温时如油黏度过低,在液压系统中的阀门、活塞、密封处会产生泄漏,引起自动变速器工作不良。所以,液力传动油需要一个合适的黏度范围。轿车用液力传动油,其合适的高温(100℃)黏度为 $7.0\sim8.5\text{mm}^2/\text{s}$;重负荷功率转换用油的高温(100℃)黏度可按 SAE J30D 分类,从 $3.8\sim16.3\text{mm}^2/\text{s}$ 分为五个等级。

低温黏度是液力传动油的重要性能指标之一。低温黏度不仅要考虑自动变速器低温起动性和泵送性,还要考虑离合器摩擦片烧伤的危险。

由于液力传动油要求在高、低温条件下都能正常工作,所以对液力传动油必须要求有适当的黏度、良好的低温流动性和黏温性能。

2) 摩擦特性

液力传动油摩擦特性是一个复合的性能,也是液力传动油全部性能中最重要的性能。液力传动油要求有适当的油性,即要求有相匹配的静摩擦系数和动摩擦系数。一般动摩擦系数对起动扭矩的大小影响较大,如动摩擦系数过小,换挡时间就会延长;如动摩擦系数过大,换挡的最后阶段就会引起扭矩急剧增大。因此,液力传动油应有如下的摩擦特性:

(1) 静态断裂摩擦系数尽可能比实际使用的系数要高。

(2) 动摩擦系数尽可能高。

(3) 静摩擦系数与动摩擦系数之比要小于 1。

(4) 在苛刻条件下经过 1000 次离合器接合后,其摩擦性能不变。

(5) 新的液力传动油在全部操作温度范围内摩擦特性不变。

3) 热氧化安定性

自动变速器中的液力传动油的温度,随汽车行驶条件而变化,其温度一般在 80~88℃;但在苛刻运行条件下,最高可达 150~170℃。黏度变化过大,会使传动操作变坏。并且由于油品氧化产生油泥、漆膜,或产生腐蚀性酸,会引起摩擦特性变化,使离合器打滑。油泥会堵塞液压控制系统和排油管路。漆状物形成会导致控制阀、调节杆失灵。氧化生成的酸腐蚀零件,甚至有损于塑性密封材料和离合器片表面的状态。氧化产物还会使传动油产生泡沫,造成气穴等。

因此,液力传动油的抗氧化性能要求仍然十分严格。自动变速器用液力传动油至少也应在 16 万千米的行驶期内保持性能不变。

4) 与密封材料的适应性

液力传动油对自动变速器中各部分的密封材料必须相适应,不应使它们有明显的膨胀、收缩、硬化等不良影响。

基础油和添加剂对密封材料适应性方面有明显的影响。一般石蜡基基础油对橡胶有收缩倾向,环烷基基础油对橡胶有膨胀的倾向。通常将这两种油进行调和,以适应橡胶膨胀的要求。

某些添加剂也能改善油品对橡胶的膨胀性能。此外,由于所用密封材料的不同(丁腈胶、聚丙烯酸酯等),可能引发基础油与添加剂之间的矛盾,以及橡胶膨胀剂与油品其他性能之间的矛盾,使配方复杂化。

5) 其他性能

(1) 抗泡沫性。液力传动油在工作中产生泡沫,对自动变速器运行产生严重影响。它不仅影响控制的准确性,还影响变矩器的性能和破坏正常润滑,是离合器烧蚀、打滑等故障产生的主要原因之一。

泡沫的形成主要是气体的掺入和吸油过程中将空气吸入油中,还有因阀孔节流和液压系统在高速溢流时,周围产生低压涡流区,使空气卷入油中形成气泡。另外,油泵吸油管周围的油被吸入油泵后,在油面上出现凹穴,当凹穴和油一同流动时,凹穴被油包围起来,形成气泡而进入油路中。机械搅拌也可能产生气泡,如低挡或倒挡时控制执行元件之间的转速差等。

为了提高液力传动油的使用性能,向油中加入清净分散剂、油性剂、极压剂等添加剂,这些添加剂都是些表面活性剂,能促使泡沫的产生。

液力传动油的抗泡沫性对自动变速器的运行有很大的影响。油起泡沫后,可能导致变矩器传递功率下降;油中混入空气,不仅影响供油量,同时还影响油品使用寿命,导致机件早期磨损。

为了防止油品起泡沫,广泛采用加入抗泡沫添加剂的方法。

(2) 剪切稳定性。自动变速器中的液力变扭器传递动力时,液力传动油会受到强大的剪切力。一般基础油对剪切是比较稳定的,但黏度指数改进剂等高分子化合物易受到切断,从而使油品的黏度降低,引起油压降低,于是导致离合器打滑。

(3) 抗磨性能。自动变速器中使用了很多行星齿轮机构。为满足润滑,油要有好的抗磨性能。抗磨性还与离合器的传动、变速器的寿命及变速特性有关。

(4) 防腐性能。防腐性能在液力传动油的性能中也很重要。在液力传动装置中有许多铜接头、铜管道、有色金属轴瓦、止推轴承等。因此,该类金属的氧化腐蚀应严加控制。否则,会影响整个传递系统的工作可靠性及使用寿命。

(5) 储存安定性。含有多种添加剂的液力传动油,其各组分的相容性是很重要的,需要保证在一定温度范围内和一定时间应该均相,没有分解、分层现象。

综上所述,液力传动油是一种性能比较全面优良的油品,它虽然没有像内燃机油对氧化、清净分散性那么要求严格,也不像齿轮液对极压性、抗磨性要求严格,但它在各方面指标的要求都比较严格,尤其要求使用性能在整个使用期间均能保持较小的变化。

2. 汽车液力传动油的选用

1) 液力传动油的选择

液力传动油的选用可按照以下方法参考:

(1) 按照车辆使用说明书的规定来选择。

(2) 按照液力传动油的使用分类中各类油的适用范围来选择。

(3) 一般轿车和轻型货车自动变速器都选用符合通用公司 DEXRON 规格的液力传动油。

(4) 重负荷车辆的自动变速器可选用埃里森的 ALLISON C-3 或 C-4 规格的油品;卡特皮勒公司生产的大型载货汽车、挖掘机和矿山机械的自动变速器要求使用 Cater-pillar To-4 规格的油品。

(5) 国产 8 号液力传动油可用于轿车和轻型货车的自动变速器。国产 6 号液力传动油可用于重型货车、工程机械的液力传动系统。100 号两用油适用于南方地区,100D 和 68 号油适用于北方地区。

2) 液力传动油使用注意事项

(1) 经常检查油位:车辆停放在水平地面上,发动机怠速运转,油温在正常范围内(80~85℃),此时油位应在自动变速器油标尺上的热态油位。自动变速器油位不能过高或过低,否则自动变速器将出故障。

(2) 注意保持油温正常:长时间重载低速行驶,将使油温上升,加速油的氧化变质,将形成沉积物和积炭,阻塞细小的通孔和油液循环管路,这使自动变速器进一步过热,最终导致变速器损坏。

(3) 按照车辆使用说明书的规定更换液力传动油和过滤器(或清洗滤网),同时拆洗自动变速器油底壳。不同牌号、不同品种的液力传动油不能混用,同牌号不同厂家生产的也不宜混用。

(4) 换油时应将油底壳和油路(特别是变矩器)清洗干净,按需要量加入新油。

(5) 检查油面和换油时,注意油液的状况。在手指上蘸少许油液,用手指互相摩擦检查是否有渣粒存在,并从油标尺上嗅闻油液气味及观察油液外观颜色。

对于 EXRON 中的红包油液:清澈带红色为正常;乳白色为油内进水;颜色清淡且气泡多为油内有空气或油品过高;暗红色或褐红色为离合器或制动器摩擦片磨损;油内有渣粒为摩擦片损坏或轴承和其他摩擦副损坏;油标尺上有胶状物表示变速器过热。

9.3 汽车其他工作液

9.3.1 发动机冷却液

发动机工作时,气缸内部产生高温、高压气体。为保证发动机正常工作,需要对其冷却;同时,为防止发动机在严寒季节不发生缸体、散热器和冷却系管道的冻裂,发动机冷却系统还需要防冻;另外,要求冷却系统能够防腐蚀、防水垢等。所以,现代水冷式发动机都使用冷却液。

1. 冷却液的使用性能

为保证汽车发动机正常工作,要求发动机冷却液具备以下性能。

1)冰点低

冰点就是液体冷却时所形成的结晶,在升温时,其结晶消失一瞬间的温度,以℃表示。若汽车在低温条件下停放时间较长,而发动机冷却液的冰点达不到应有的温度时,则发动机冷却系统就会被冻裂。因此,要求发动机冷却液的冰点要低。

2)沸点高

沸点就是发动机冷却系统的压力与外界大气压力相平衡的条件下,冷却液开始沸腾的温度,以℃表示。发动机冷却液在较高温度下不沸腾,可保证汽车在满载、高负荷等工作条件下正常运行。同时,沸点高,蒸发损失少。

对现代电子控制的发动机,因为其燃烧温度高,所以对沸点的要求更高。

3)低温黏度小,流动性好

汽车发动机冷却液的低温黏度越小,冷却液流动性越好,散热效果好。

4)不产生水垢,不起泡沫

水垢对发动机冷却系的散热效果影响很大。试验表明,水垢的导热性比铸铁差得多,比铝相差更多。所以,冷却液在工作中,应该不产生水垢。

发动机冷却液如果产生气泡,不仅会降低传热性、加剧气蚀,同时还会造成冷却液溢流。

5)防腐性好

发动机冷却液需要接触多种金属材料。如果它对金属有腐蚀性,就会影响发动机正常工作,甚至造成事故。为使发动机冷却液有良好的防腐性,要保持冷却液呈碱性状态。冷却液pH值在7.5~11.0,超出范围将对金属材料产生不利影响。

另外,还要求汽车冷却液传热效果好、热容量大、热化学安定性好、蒸发损失少、不损坏橡胶制品等。

2. 乙二醇型汽车发动机冷却液

发动机冷却系最早使用水作为冷却液,但水中含有大量的盐类,对发动机冷却系的金属产生腐蚀;同时温度升高时,水中的盐因溶解度下降而析出,形成水垢。

更严重的是由于水的冰点较高,结冰时体积膨胀,使发动机冷却系部件冻裂,因此要求使用冰点低的冷却液。

乙二醇型冷却液:冰点低、沸点高,在腐蚀抑制剂存在下能长期防腐、防垢,其性能远优于水及乙醇和甘油型冷却液,所以被广泛使用。

乙二醇是一种无色黏稠液体,能与水以一定比例混合。沸点 197.4℃,相对密度为 1.1131,冰点为 -11.5℃。但与水混合后,其冰点可显著降低,最低可达 -68℃。乙二醇型冷却液的冰点与乙二醇含量的关系如表 9.2 所示。

表 9.2 乙二醇型冷却液的浓度与冰点的关系

冰点/℃	乙二醇/%	相对密度(20/4℃)	冰点/℃	乙二醇/%	相对密度(20/4℃)
-10	28.4	1.0340	-35	50	1.0671
-15	32.8	1.0426	-40	54	1.0713
-20	38.5	1.0506	-45	57	1.0746
-25	45.3	1.0586	-50	59	1.0786
-30	47.8	1.0627	-11.5	100	1.1130

现代汽车发动机冷却液(乙二醇型)是由基础液、防腐蚀添加剂、抗泡沫添加剂、染料及水等组成。冷却液浓缩液的基本组分是 92%～95% 的乙二醇,3%～5% 的防腐剂,5% 以下的水及染料等。

基础液主要是乙二醇,也可使用少量的丙烯醇和二乙二醇。但只能在乙二醇中加入一部分混合使用。

乙二醇易氧化生成酸性物质对金属有腐蚀作用,为保证冷却系的金属减少腐蚀,必须加有足够的防腐添加剂。由于发动机冷却系中有各种金属材料(黄铜、紫铜、铸铁、铸铝、锡焊和钢材等),常需要用几种防腐添加剂复合使用。典型的防腐剂有硼酸盐、磷酸盐、苯甲酸盐、亚硝酸盐等。这些添加剂除直接抑制腐蚀外,还能中和酸性物质。酸性物质是由于冷却液变质产生的,也可能是由于气缸盖垫片漏气而混入的燃烧产物产生的。

在冷却液工作时,由于混入废气或吸入空气而引起泡沫,或因其他原因而引起泡沫,都会严重影响冷却效果,对传热不利。可加入抗泡沫添加剂,如硅油,以使所产生的泡沫及时破裂。

冷却液中加入染料的目的是为了区别其他液体相和便于发现泄漏。染料在使用期间应是稳定的,并且在冷却液意外溢出时不应该影响涂层。

乙二醇有毒,按照我国现行工业毒物的 6 级毒性分级方法,属于 5 级毒性物,所以在使用时不能吸入体内。乙二醇也有较强的吸水性,储存容器应密封,以防吸入水后溢出损失。

3. 乙二醇型冷却液标准

乙二醇型发动机冷却液浓缩液由乙二醇、适合的防腐蚀添加剂、消泡剂和适量的水组成。这些适量的水是为溶解添加剂和保证产品在 -18℃ 时能从包装容器中倒出。在产品性能满足技术要求的情况下,可含有其他的醇类,如丙二醇和二乙二醇,但含量最多不超过 15%(体积分数)。

冷却液按照冰点分为-25 号、-30 号、-35 号、-40 号、-45 号和-50 号六个牌号。

4. 汽车发动机冷却液的选用

选用冷却液时,选用冰点要比车辆运行地区的最低气温低 10℃ 左右。

乙二醇型冷却液的最低和最高使用浓度,一般规定最低使用浓度为 33.3%(体积分数),此时冰点不高于-18℃,低于此浓度时则冷却液的防腐蚀性能不够。最高使用浓度为 69%(体积分数),此时冰点为-68℃,高于此浓度时,冰点反而会上升。全年使用冷却液的车辆其最低使用浓度为 50%(体积分数)左右为宜。

选择冷却液时应注意以下几点:

(1) 乙二醇型冷却液在使用中蒸发的一般是水,应及时添加适量的水。但时间过长(如每年入冬前)应检查冷却液的密度,如密度变小,说明乙二醇含量少,冰点高,应及时加充冷却液。

(2) 加注冷却液前应对发动机冷却系进行清洗,最简单的方法是打开散热器放水阀,用自来水从加水口冲洗。冲洗后,加注冷却液,并检查冷却液的密度(在散热器加水口就可以)。

(3) 在使用乙二醇型冷却液时,应注意乙二醇有毒,切勿用口吸。

(4) 冷却液在使用一定时间后,应更换。一般规定 1~2 年更换一次。

(5) 不同牌号冷却液不可混用。

9.3.2 汽车减震器油

减震器油是汽车减震器的工作介质。它在汽车减震器内,用于吸收汽车震动能量。在与汽车悬架共同作用下,迅速减弱汽车的震动,提高汽车行驶的平顺性。

1. 减震器油的质量要求

(1) 良好的黏温性,以保证在工作温度变化时,能维持适当的黏度,起到良好吸振作用。

(2) 适宜的黏度。

(3) 良好的抗氧化、抗泡沫性能。

(4) 一定的抗磨性。

(5) 良好的低温流动性,凝点低,以适应在寒区的环境下使用。

2. 减震器油的规格

减震器油按成分中的基础油分类,可分为矿油型和硅油型,质量指标相似。矿油型减震器油的规格如表 9.3 所示。

3. 减震器油的选用

1) 选　用

目前,减震器油的品种较少,应选用具有优良性能的减震器油和符合质量要求的减震器油。

表 9.3 减震器油的规格

项目		质量指标	试验方法
运动黏度(50℃)/(mm²/s)		5	GB/T 265
运动黏度比(V50℃/V100℃)	不大于	100	GB/T 265
闪点(开口)/℃	不低于	125	GB/T 267
凝点/℃	不高于	−55	GB/T 510
机械杂质		无	GB/T 511
腐蚀(T_3铜,100℃,3h)		合作	SH/T 0195
酸值/(mgKOH/g)			
未加剂	不大于	0.1	
加剂	不大于	—	
水溶性酸碱		无	GB/T 259
水分/%		无	GB/T 260

如缺乏减震器油,可用 25 号变压器油和 22 号汽轮机油各 50％混合使用。这两种油都是经过深度精制的油品,具有良好的抗氧化性。一般适于炎热季节和地区的减震器油可用 10 号变压器油和 22 号汽轮机油配制;适于寒冷季节和地区的减震器油可用 45 号变压器油与 22 号汽轮机油配制。

2) 使用注意事项

在储存和使用时,容器和加油工具必须清洁,严防混入水分。

使用中,减震器应无渗漏,每 4 万~5 万千米应维护。拆检减震器时,需要更换减震器油,并按规定加足油量。

9.3.3 制冷剂

汽车空调是由制冷剂循环流动实现制冷的。液体制冷剂在蒸发器中低温下吸取被冷却对象的热量而汽化,使被冷却对象降温。然后,又在高温下把热量传给周围介质而冷凝成液体。如此不断循环,借助于制冷剂的状态变化,达到制冷目的。在制冷设备中,如果没有制冷剂,就无法实现制冷,其作用就像人的血液一样。制冷剂的性能直接影响制冷循环的技术经济指标。

1. 制冷剂的命名方法

汽车空调使用的制冷剂都是氟利昂的一种,国际上用英文字母 R 来表示(取英文制冷剂 Refrigerant 的第一个字母)。氟利昂是饱和碳氢化合物的卤族元素的衍生物,即用卤族元素的氟、氯,有时加入溴原子取代饱和碳氢化物,如甲烷、乙烷、丙烷、丁烷的氢原子所得的化合物,因而氟利昂品种繁多。氟利昂的性质与所含氟、氯、溴、氢、碳元素的原子多少有密切关系。

R 后面的数字表示氟利昂的分子通式 $C_mH_nF_pCl_sBr_z$。

R 后面是两位数的,是甲烷衍生的氟利昂。甲烷的分子式为 CH_4,其中 R 后面的首位数字表示氢原子数,n 等于首位数减去 1,第二位数字表示氟原子数 p,氯原子数 s=4-n-p。

例如,R12 表示甲烷衍生的氟利昂制冷剂,其分子通式中的碳原子数 m=1,氢原子数 n=1-1=0,氟原子数 p=2,氯原子数为 s=4-n-p=2。R12 的分子式为 CF_2Cl_2,化学名称为二氟二氯甲烷。

如果用溴原子来代替氟利昂中的某些氯原子,则分子式多一个 B,其原子数用 z 来表示。例如,R12B2,则为 CF_2Br_2。

R 后面是三位数的,则表示为乙烷、丙烷、丁烷……的氟利昂衍生物。其中,乙烷衍生的氟利昂,R 后面首位数用 1 表示;丙烷衍生的氟利昂,则 R 后面用 2 表示;丁烷衍生的氟利昂,R 后面用 3 表示,以此类推。很明显,其碳原子数 m 等于首位数加 1,氢原子数 n 等于 R 后面的第二位数字减去 1,R 后面的第三位数表示氟原子数 p。氯原子数,对乙烷衍生物为 s=6-n-p,对丙烷衍生物,s=8-n-p。例如,R142 表示乙烷衍生的氟利昂,乙烷分子式为 C_2H_6,则 m=2,n=4-1=3,p=2,s=6-3-2=1。R142 的分子式为 $C_2H_3F_2Cl$,化学名称为二氟一氯乙烷。

对乙烷系的同素异构体都有相同的编号,但最对称的一种,其编号后面不带任何字母。随着同素异构体变得愈来愈不对称时,则附加 a、b、c 等字母。例如:CHF_2-CHF_2 表示为 R134,CH_2F-CF_3 表示为 R134a。

2. 汽车空调制冷剂的选择原则

氟利昂的性能与所含的氟、氯、氢、碳原子数的多少有密切关系,一般来说,氟利昂中,含碳原子数越少,含氟、氯原子数越多,则化学稳定性越高;含氟原子越多,毒性越小,对金属腐蚀性越小;氯原子则影响制冷剂的热力学性质,氯原子数越多,蒸发温度越高;同时,破坏臭氧层的主要元素是氯和溴,所以,制冷剂中含氯越多,破坏臭氧的能力越大。

在实际应用中,汽车空调使用哪一种制冷剂,应根据如下原则来选用:
① 压缩机的类型。
② 蒸发温度和蒸发压力。
③ 冷凝温度和冷凝压力。
④ 制冷装置的使用条件。

根据以上原则,汽车空调选择 R12 和 R134a 为制冷剂。

1) 制冷剂 R12

汽车空调中,过去最常用的制冷剂是 R12。R12 最大的特点是一个大气压下沸点温度低(-29.8℃),凝固温度低(-155℃),能够在低温下正常工作。临界温度较高(112℃),能够在常温下冷凝液化,节流引起的损失较小,能得到较大的制冷系数。在高于-30℃时,其饱和蒸气压力大于大气压。这样可以防止空气进入制冷系统。其特性是:

① R12 无色,气味很弱,只有一点芳香味。R12 毒性小,不燃烧、不爆炸。
② R12 在温度达到 400℃以上时,与明火接触会分解出光气。

③ 水在 R12 中的溶解很小,且随温度的降低而减小,所以 R12 系统内应严格控制含水量,一般 R12 中的含水量不得超过 0.0025%。制冷系统在充注 R12 之前,必须经过严格的干燥处理,且需在系统中设置干燥器。

④ 在常温下,R12 能与润滑油以任意比例相互溶解,因此,润滑油可随 R12 进入制冷系统的各个部分。

⑤ R12 对一般金属不起腐蚀作用,但能腐蚀镁及含镁量超过 2% 的铝镁合金。

⑥ R12 对天然橡胶和塑料有膨润作用。R12 制冷系统中使用的密封材料应为耐腐蚀的丁腈橡胶或氯醇橡胶。

⑦ R12 很容易通过接合面的不严密处,所以对制冷系统的密封性要求高。

⑧ R12 由于其分子中含有氯原子,当其排放到大气并到大气同温层后,在太阳光的强烈照射下会分离出氯离子,从而导致大气臭氧层的破坏。因此它是蒙特利尔议定书中的第一批禁用制冷剂。

2) 制冷剂 R134a

制冷剂 R134a 是汽车空调 R12 的首选替代制冷剂。这主要是由于 R134a 不含氯原子,对臭氧层无破坏作用,温室效应影响小,其热力性质稳定并与 R12 相近。

R134a 基本特性如下:

① R134a 无色、无臭、不燃烧、不爆炸,基本无毒性,化学性质稳定。

② 不破坏大气臭氧层,在大气层停留寿命短,温室效应影响也很小。

③ 黏度较低,流动阻力较小。

④ 分子直径比 R12 略小,易通过橡胶向外泄漏,也较易被分子筛吸收。

⑤ 与矿物油不相溶,与氟橡胶不相容。

⑥ 吸水性和水溶解性比 R12 高。

⑦ 汽化潜热高,定压比热大,具有较好的制冷能力,但质量流量小,所以 R134a 的制冷系数与 R12 相当或较之略小。

3) 制冷剂 R12 与制冷剂 R134a

制冷剂 R12 与 R134a 的特性比较如表 9.4 所示。

表 9.4 制冷剂 R12 与 R134a 特性比较

项目 \ 制冷剂	R134a	R12
化学式	CH_2F-CF_3	CF_2Cl_2
沸点/℃	-26.9	-29.79
临界温度/℃	101.4	111.8
临界压力/MPa	4.065	4.125
临界密度/(kg/m^3)	511	558
蒸发潜热(0℃)/(kJ/kg)	197.5	151.4
燃烧性	不燃	不燃
ODP 值(臭氧破坏潜能值)	0	1.0
GWP 值(全球变暖潜能值)	0.11	1.0
与矿物油相溶性	不溶	相溶
大气寿命/a	8~11	95~150

3. 使用制冷剂的注意事项

(1) 氟利昂制冷系统最怕水。在含量大于 0.0025% 时,除发生冰塞现象外,还会发生化学腐蚀。例如,在微量水的存在下,随着时间延长,生成酸性物质氯化氢和氟化氢,腐蚀镁及其合金。所以,氟利昂的制冷设备不能采用含镁超过 2% 的铝合金。这些酸性物质还会使铁生锈腐蚀,对铜也产生腐蚀,对压缩机零件、连杆轴瓦等产生腐蚀而引起损坏。

R12 与水作用还生成 CO_2 气体,这种不凝性气体的存在,引起压缩机排气压力增高,使制冷压缩耗功增大,制冷量下降等现象。

(2) 不能和明火接触。R12 和明火接触,当温度大于 400℃ 时,即和空气中氧和水蒸气发生化学反应,生成有剧毒的"光气"。

(3) 不能用明火直接烤制冷剂钢瓶,也不要把钢瓶放置在太阳能直接照射到的地方。否则钢瓶过热,引起内部压力增大,会导致钢瓶破坏而爆炸。钢瓶应放在低于 40℃ 的阴凉地方。

(4) 制冷剂不能接触人的任何部位,特别是眼睛,否则会引起冻伤。接触制冷剂时,应戴上护目镜和手套。假如被制冷剂溅伤,应立即用大量水冲洗,并马上涂敷凡士林。

9.3.4 冷冻油

制冷设备使用的润滑油一般称为冷冻油。

冷冻油是保证压缩机正常运转的必要条件,并且可以保证压缩机正常、可靠地工作及延长其使用寿命。冷冻油的作用包括:

(1) 润滑作用。压缩机是高速运动的机器,轴承、活塞、活塞环、连杆、曲轴等零件表面需要润滑,以减少阻力和磨损,延长使用寿命,降低功耗,提高制冷系数。

(2) 密封作用。汽车使用的压缩机,都是半封闭式,压缩机输入轴需要油封来密封,防止制冷剂泄漏,有润滑油,油封才起密封作用。同时,活塞环上的润滑油,不仅起到减少摩擦作用,而且起到密封压缩蒸气的作用。

(3) 冷却作用。运动的摩擦表面,产生高温,需要用冷冻油来冷却。冷冻油冷却不足,会引起压缩机温度过热,排气压力过高,降低制冷系数,甚至烧坏压缩机。

(4) 降低压缩机噪声。冷冻油可以降低运动表面的摩擦,减少运动表面的振动,所以可以降低压缩机的噪声。

制冷剂与冷冻油互溶,因此冷冻油和制冷剂一起循环。不同的空调系统有不同的排气温度和压力,其对冷冻油的性能要求也不尽相同。正确选用冷冻油是非常重要的。

对于汽车空调上使用的冷冻油,一般用国产冷冻油 18 号或 25 号,国产冷冻油的性能指标如表 9.5 所示;进口冷冻油一般使用日本牌号 SUNISO3~5GS,其性能指标如表 9.6 所示。

表 9.5 国产冷冻油的性能指标

性能指标 \ 牌号	13	18	25	30
运动黏度(50℃)/(mm²/s)	11.5～14.5	18	>25.4	<30
凝固点/℃	<-40	<-40	<-40	<-40
闪点/℃	<160	<160	<170	<180
酸值/(mgKOH/g)	<0.14	<0.03	<0.02	<0.01
灰分	<0.012		<0.007	
机械杂质/%	无	无	<0.007	无
水分/%	无	无	无	无

表 9.6 进口冷冻油的性能指标

性能指标 \ 牌号	SUNISO 3GS	SUNISO 4GS	SUNISO 5GS
黏度(SUS/37.8℃)	150～160	280～300	510～520
黏度(SUS/98.8℃)	40～42	44～47	51～54
引火点/℃	172	181	196
发火点/℃	188	200	—
流动点/℃	-45	-37.8	-30
絮状凝固点/℃	-56.7	-51.1	-45.6
相对密度(15℃/4℃)	0.9155	0.9213	0.9278
含硫量/%	0.05	0.06	0.07
含水量/%	0.002 以下	0.002 以下	45

在补充或换新冷冻油时,应注意如下几点要求:

(1) 必须严格使用该车空调压缩机所规定的冷冻油牌号或更换同等性能的冷冻油,不得使用其他油来代替,否则,会损坏压缩机。一般情况下,曲轴连杆式压缩机使用的冷冻油牌号是 SUNISO 4GS;斜板式压缩机使用的冷冻油牌号则是 Densio16 或具有同等性能的冷冻油。也可用国产 HD18 冷冻油来代替。

(2) 冷冻油吸收潮气能力极强,所以,在加注或更换冷冻油时,操作必须迅速,如没有准备好,不能立刻加油时,不得打开油罐,在加注完后应立即将油罐的盖子封紧储存,不得有渗透现象。

(3) 不能使用变质的冷冻油。冷冻油变质的原因是多方面的,归纳起来有如下几方面。

混入水分,并在氧气作用下,会生成一种油酸性质的酸性物质,腐蚀金属零部件。这种油酸物质是絮状物质。

高温氧化,当压缩温度过高时,冷冻油被氧化分解而炭化变黑。

不同牌号的油混合使用时,由于不同牌号的冷冻油所加的氧化剂不同而产生化学反应,引起变质,破坏了各自的冷冻油性能。

(4) 冷冻油是不制冷的,还会妨碍热交换器的换热效果,所以,只允许加到规定的用量,绝不允许过量使用,以免降低制冷量。

思考题

1. 汽车制动液要求具有哪些使用性能？按其组成和特性不同分为哪几类？
2. 简述汽车液力传动油的特性。
3. 液力传动油使用注意事项都有哪些？
4. 汽车冷却液的作用是什么？对冷却液的基本要求有哪些？
5. 汽车常用的冷却液有哪几类？各有什么特点？
6. 如何选用乙二醇型冷却液？使用时应注意哪些事项？
7. 减震器油的作用是什么？对减震器油的基本要求有哪些？
8. 制冷剂的命名方法是什么？制冷剂的选用原则是什么？
9. 对汽车制冷剂和冷冻油有哪些使用性能的要求？
10. 为什么R12制冷剂与R134a制冷剂不能互换使用？

第 10 章 汽车轮胎

10.1 轮胎的原材料

橡胶是汽车轮胎的主要原材料,轮胎的合理使用需要掌握橡胶材料的特性。

1. 橡胶的基本特性

1) 弹性

橡胶在断裂时的延伸率为 500%～600%,而低碳钢在断裂时的延伸率仅为百分之几。因此,橡胶制品缓冲性及密封性好。

2) 黏着性

黏着性是指橡胶黏结成整体而不分离的能力。黏着性越好的橡胶,黏结后越坚固。

3) 复原性

复原性是指橡胶在外力作用下,由弹性状态转为塑性状态时发生变形,去掉载荷后能自然恢复到原来状态,使其弹性重新恢复。

另外,橡胶还具有绝缘性、不透水性和不透气性等。其缺点是抗拉强度低,抵抗磨损能力较差和硬度低等。

2. 橡胶的种类

生胶是橡胶工业最基本的原材料,根据原材料的来源生胶可分为:

1) 天然橡胶(NB)

天然橡胶是从天然植物中采集出来的一种高弹性材料。天然橡胶主要用于制造轮胎、电线电缆的绝缘材料和护套等。

2) 合成橡胶

合成橡胶是用某些低分子化合物来做原料,经过复杂的化学反应制成的。常用的合成橡胶有以下几种。

(1) 丁基橡胶(IIR)。丁基橡胶是异丁烯与少量的异戊二烯的低温共聚物。

它具有优良的耐老化、耐热、耐化学物质腐蚀和耐寒性。常用来制作汽车轮胎的内胎或无内胎轮胎的气密层,以及胶布、电缆和其他绝缘件制品。

(2) 丁苯橡胶(SBR)。丁苯橡胶是丁二烯和苯乙烯的共聚物,为浅黄褐色弹性体。其消耗占合成橡胶总消耗量的80%。与天然橡胶比较,其有较好的耐老化性、耐磨性和耐热性;耐油性比天然橡胶稍有提高,但弹性、强度、耐撕裂、耐寒等性能较差。丁苯橡胶主要用于制造汽车轮胎、胶带、胶管、各种工业用橡胶制品等。

(3) 顺丁橡胶(BR)。顺丁橡胶是丁二烯聚合体。它是唯一的弹性高于天然橡胶的合成橡胶,其耐磨、耐寒性能好,但抗撕裂性、加工性能和黏着性较差。主要用于轮胎、胶管、胶带、胶辊等制品方面。

(4) 乙丙橡胶(EPM、EPDM)。乙丙橡胶性能稳定,具有极其优异的耐老化性、耐高、低温性、耐开裂性和电绝缘性,且其原料便宜,因此广泛用于耐热胶管、垫片、V带、输送带、电线和电缆涂层、密封圈等制造。乙丙橡胶在轮胎工业中主要是与其他橡胶合用,以提高耐老化性及耐氧化性。乙丙橡胶主要用来制造外胎胎侧、内胎或无内胎轮胎的气密层等。

(5) 氟橡胶(FKM)。氟橡胶是组成中含有氟原子的特种合成橡胶的总称。氟橡胶的耐腐蚀性能在各类橡胶中最为突出,且具有耐高温、耐油的特性。主要用于液压系统、燃料系统的密封制品。但氟橡胶由于弹性低、耐寒性差、价格昂贵等,应用受到一定限制。

尽管生胶具有许多优良的性能,但是单纯使用生胶不能制成所要求的橡胶制品。为了使橡胶具有所要求的性能,必须在生胶中加入各种不同的化学材料,这些化学材料称为橡胶配合剂。橡胶配合剂按照用途可分为:补强剂、软化剂、硫化剂、硫化促进剂、促进剂的活性剂和防老剂等。

3. 胶料的基本性能

评定轮胎胶料质量的常用指标有:耐老化性能、扯断强度、扯断伸长率、扯断永久变形、定伸强度、硬度、撕裂强度、冲击弹性、磨耗量等。这些指标对轮胎的不同组成部分有不同的要求。

1) 耐老化性

轮胎在使用和储存过程中因受到空气中的氧、热和日光的作用,在多次变形产生疲劳后,就会发生物理机械能下降、硬化、发脆、表面龟裂等现象,这种现象叫做轮胎老化。耐老化性试验常用的是热空气老化试验法。此法是使胶料试样在常压和规定温度的热空气作用下,经过一定时间,测定其物理机械性能的变化。试验结果用下列老化系数表示:

① 抗张积老化系数:是胶料老化后与老化前的抗张积的比值(抗张积是扯断强度与扯断伸长率的乘积)。

② 扯断强度老化系数:是胶料老化后与老化前的扯断强度的比值。

③ 扯断伸长率老化系数:是胶料老化后与老化前的扯断强度的比值。

④ 定伸强度老化系数:是胶料老化后与老化前的定伸强度的比值。

耐老化性一般多采用抗张积老化系数表示。

2）扯断强度

把胶料试样在扯断试验机上以一定速度扭断时，单位面积所需的力为扯断强度。扯断强度受温度的影响很大，在高温下胶料的扯断强度要降低。轮胎用的胶料最好采用高温下扯断强度较高的胶料。

3）扯断伸长率

把胶料试样在扯断试验机上以一定速度拉断时，其伸长部分与原长度的百分比为扯断伸长率。在高温下，胶料的扯断伸长率也降低。

4）扯断永久变形

当胶料试样扯断后，经过一定时间（通常是 3min）停放，其变形部分与原长的百分比为扯断永久变形，也是胶料弹性的指标之一。

5）定伸强度

当胶料试样伸长到一定长度（通常是 100%、200%、300%、500%）时，单位面积所需的力为定伸强度，其是胶料坚韧性的指标。

6）硬　度

硬度表示胶料试样在应变时的弹性和软硬程度。通常用邵氏 A 型硬度计测定胶料的硬度，以度表示。

7）撕裂强度

一般是指胶料试样撕开已有裂口时所需要的力为撕裂强度，表示胶料抗裂口扩大的能力，是通过扯断试验机上测定的。

8）冲击弹性

胶料冲击弹性的测试是用冲击弹性试验机的摆锤冲击胶料试样，测量摆锤弹回的高度与原高度的百分比。

9）磨耗量

磨耗量是表示轮胎胎面胶的耐磨损程度的主要指标之一，直接关系到轮胎胎面在使用时的耐久性，一般用阿克隆磨耗试验机试验。其结果以胶料试样转动规定的长度后被磨去的体积表示，数值越小，胶料越耐磨。

4. 轮胎的原材料

汽车轮胎的耐用性、使用安全性、承载能力、成本和对汽车燃料消耗的影响等，与制造轮胎使用的各种原材料的性质密切相关。由于汽车行驶时，轮胎各部分的工作情况不同，则所用原材料也不同。

汽车轮胎的原材料主要是胶料，还包括纺织材料和钢丝。

1）胶　料

制造轮胎用的主要胶料有：胎面胶、胎侧胶、帘布胶、内胎胶、缓冲胶和垫带胶等。

（1）胎面胶。轮胎胎面胶直接接触地面，承受冲击和磨损。对胎面胶的扯断强度、弹性、撕裂强度、耐磨性等都有很高的要求。同时，要有合适的强度和低的永久变形,并且要求耐屈挠、生热小。

(2) 胎侧胶。胎侧胶的主要作用是保护帘布层不受损伤或不受潮湿。胎侧胶要有良好耐屈挠和耐老化性能。

(3) 帘布胶。帘布胶用来制作帘布压延和帘布隔离胶。帘布胶要求具有高的弹性、耐热性、抗撕裂性,具有低的生热性和扯断永久变形,具有适当的耐老化、耐屈挠、扯断强度、定伸强度性能。此外,帘布胶还必须与帘布具有良好的结合强度。帘布胶又分为内层帘布胶和外层帘布胶。外层帘布胶和内层帘布胶的特点是:前者的碳黑用量较多,硬度、定伸强度较高;后者的碳黑用量减少,硬度、定伸强度较低。

(4) 内胎胶。内胎胶在使用过程中要经受频繁的周期性伸张变形,并在较高的温度下使用。内胎胶除了要求具有优越的耐气透性外,还要求耐撕裂、耐疲劳、弹性好、耐屈挠,使用后变形小、不易爆破等。

(5) 缓冲胶。缓冲层位于胎面和帘布层之间,承受轮胎在汽车行驶中所产生的应力并予以分散,因此要求缓冲胶具有高的弹性、抗剪切性、耐热性,高的扯断强度和定伸强度,良好的导热性、耐老化性和耐疲劳性能等。

(6) 垫带胶。垫带胶要求适当的扯断强度、扯断伸长率,较小的扯断永久变形,较好的耐老化和耐屈挠性能。

2) 纺织材料和钢丝

纺织材料可以增加外胎的强度并限制其变形。外胎分为棉帘布、人造丝帘布和合成纤维,此外还有钢丝帘布。棉布已逐渐被黏液人造丝和合成纤维的帘布所代替。尼龙帘布又比人造丝帘布好,耐用性高,很适合用来制作载货汽车轮胎帘布。

轮胎钢丝圈一般是使用19号钢丝制造。

10.2　汽车轮胎的规格

1) 轮胎的主要尺寸

如图10.1所示,轮胎的主要尺寸是轮胎断面宽度(B)、轮辋名义直径(d)、轮胎断面高度(H)、轮胎外直径(D)、负荷下静半径和滚动半径等。

(1) 轮胎断面宽度。是指轮胎按规定气压充气后,轮胎外侧面间的距离。

(2) 轮辋名义直径。是指轮辋规格中直径大小的代号,与轮胎规格中相对应的直径一致。

(3) 轮胎断面高度。是指轮胎按规定气压充气后,轮胎外直径与轮辋名义直径之差的一半。

(4) 轮胎外直径。是指轮胎按规定气压充气后,在无负荷状态下胎面最外表的直径。

(5) 负荷下静半径。是指轮胎在静止状态下只承受法向负荷作用时,由轮轴中心到支承平面的垂直距离。

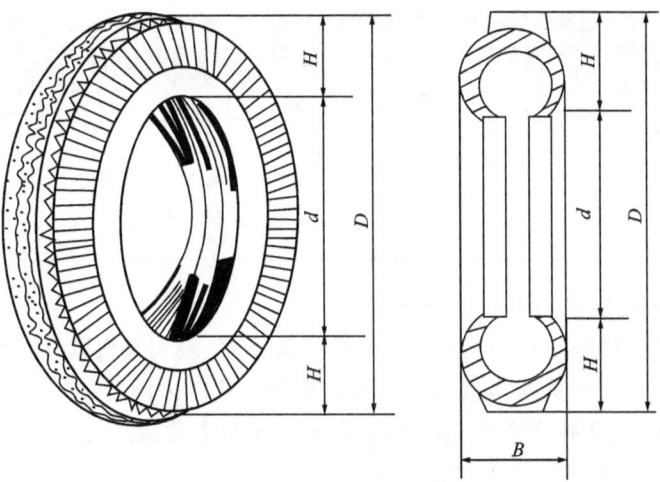

图 10.1　轮胎的主要尺寸

(6) 轮胎滚动半径。是指车轮旋转运动与平移运动的折算半径。滚动半径 r 按下式计算：

$$r = \frac{S}{2\pi n_w}$$

式中，S 为车轮移动的距离(mm)；n_w 为车轮转过的圈数。

2) 轮胎的高宽比和轮胎系列

轮胎的高宽比是指轮胎的断面高度(H)与轮胎断面宽度(B)的百分比，表示为(H/B)%。轮胎系列就是用轮胎的高宽比的名义值大小表示的，例如"80"系列、"75"和"70"系列等。

3) 轮胎的层级

轮胎的层级是表示轮胎承载能力的相对指数，主要用于区别尺寸相同但结构和承载能力不同的轮胎。轮胎的层级数与轮胎帘布层的实际层数没有直接关系。轮胎层级常用 PR(PLY RATING) 表示。

4) 轮胎最高速度和速度级别符号

轮胎最高速度是指在规定条件(路面级别、轮辋名义直径)下，在规定的持续行驶时间内，允许使用的最高速度。

将轮胎最高速度(km/h)分为若干级，目前有 25 个，用字母表示，叫做速度级别符号。表 10.1 是部分速度级别符号。表 10.2 是不同轮辋名义直径的轿车轮胎最高速度。

表 10.1　轮胎速度级别符号与最高行驶速度

轮胎速度级别符号	轮胎最高行驶速度/(km/h)	轮胎速度级别符号	轮胎最高行驶速度/(km/h)
L	120	R	170
M	130	S	180
N	140	T	190
P	150	U	200
Q	160	H	210

表 10.2 轮胎速度级别符号在不同轮辋名义直径时表示的轿车轮胎最高行驶速度

轮胎速度级别符号	轮胎最高行驶速度/(km/h)		
	轮辋名义直径 10in	轮辋名义直径 12in	轮辋名义直径≥13in
Q	135	145	160
S	150	165	180
T	165	175	190
H		195	210

5) 轮胎负荷指数和轮胎负荷能力

轮胎负荷指数是指在规定条件(轮胎最高速度、最大充气压等)下轮胎负荷能力的数字符号。轮胎负荷指数用 LI 表示,轮胎负荷能力用 TLCC 表示。轮胎负荷指数目前有 0~279 共 280 个,表 10.3 是部分轮胎负荷指数与轮胎负荷能力对应关系的数据。

表 10.3 轮胎负荷指数与轮胎负荷能力对应关系

轮胎负荷指数(LI)	轮胎负荷能力(TLCC)/N	轮胎负荷指数(LI)	轮胎负荷能力(TLCC)/N
79	4370	84	5000
80	4500	85	5150
81	4620	86	5300
82	4750	87	5450
83	4870	88	5600

10.3 汽车轮胎的合理使用

轮胎的合理使用包括轮胎行驶里程定额和轮胎翻新率。轮胎行驶里程定额是指轮胎从开始装用,经翻新到报废总行驶里程的限额。轮胎翻新率是指在统计期内,经过翻新的报废轮胎数与全部报废轮胎的百分比。

轮胎管理、使用的基本原则和具体技术要求如下。

1) 汽车轮胎的工作特性和损坏形式

轮胎的损坏,基本上就是力和热综合作用的结果。轮胎的使用性能是以利用压缩空气的性质和内外胎的弹性为基础的。汽车车轮承受和传递汽车与路面的全部作用力,在各种外力作用下,产生复杂的变形。因变形发生摩擦,产生大量内热,使轮胎温度升高、强度降低。

(1) 汽车静止时轮胎所受的负荷。轮胎在静负荷作用下,会产生径向变形,即轮胎两侧弯曲,胎侧外层伸张,内层压缩,断面高度缩小,宽度增大,胎面展平。

汽车静止时,轮胎承受全车的总重力。由于汽车的质心与各轮轴间的距离不同,各轴的负荷是不同的。因为汽车质心距离驱动轴较近,所以驱动轴的轮胎负荷较大。

(2) 汽车行驶时轮胎所受的负荷。轮胎滚动时,由于冲击力的影响,其径向变化比受静负荷时大,并随动负荷的变化而变化。同时,由于路面阻力的影响,轮胎还会发生周向变形。轮胎与地面接触之前的部分被压缩,脱离接触之后的部分伸张。两种变形均使轮胎内部产生应力,使胎面与路面之间和轮胎内部材料之间发生摩擦,产生热量,并使轮胎磨损。由于驱动轮上的轮胎周向变形比从动轮大,所以磨损也较快。

汽车行驶时,轮胎除承受静负荷外,还由于传递扭矩以及受路面的冲击,使轮胎上的动负荷不断变化。动负荷的大小,取决于汽车的静负荷、行驶速度、道路状况和轮胎的类型。

(3) 离心力对轮胎的作用。汽车车轮转动时,产生车轮的离心力。车轮转速越高,轮胎质量越大,所产生的离心力也越大。此离心力有使轮胎脱离轮辋、胎面胶脱离帘布层之势,因此,在帘布层中产生额外应力。如果车轮平衡良好,则转动中轮胎各点上的离心力或离心力矩也接近平衡,其影响较小。

汽车转弯时,产生车辆的离心力。汽车质量越大,车速越高,转弯半径越小,所产生的离心力就越大。此离心力使外胎下部弯曲,并增加弯道外侧轮胎上的负荷,使其变形增大。如轮胎与路面之间附着力小于离心力,则车轮发生侧向滑移,造成胎面严重磨损,且容易发生事故。

(4) 轮胎内热量的产生。轮胎内部温度的高低,决定于车轮负荷、轮胎气压、行驶速度、外胎结构、大气温度、路面状况和制动器的使用频率等因素。轮胎转动时,虽然受空气流的冷却,但因橡胶导热性差,冷却强度低。随着温度的升高,会促使橡胶老化,因而加速胎面的磨损,并易损坏胎体。同时,胎温的升高将使轮胎气压随之升高,导致胎体应力显著增大。

在负荷作用下,行驶中的轮胎各部分要连续地产生压缩与伸张变形,使轮胎内部橡胶与帘线之间、帘线与帘线之间、帘布层与帘布层之间,以及胎面与路面之间发生摩擦,产生热量,使轮胎的内部温度升高。

总之,轮胎受力变形时,帘线和橡胶在拉、压应力及高温的作用下,轮胎材料产生疲劳,使弹性和强度下降。轮胎受力变形时,帘布层间产生剪应力,当剪应力超过帘布层与橡胶间的吸附力时,会出现帘线松散、帘布层脱层等现象。当应力超过帘布层强度极限时,帘线就会折断。所以,轮胎的损坏形式主要是:帘线松散或折断、帘布脱层、胎面与胎体脱胶、胎面磨损以及胎体破裂。

2) 影响轮胎寿命的使用因素

轮胎负荷、气压、汽车行驶速度、气温、道路条件、汽车技术状况、驾驶方法等因素对轮胎使用寿命影响很大。

(1) 轮胎负荷的影响。轮胎所承受的最大负荷,设计时已经限定。超载时,外胎损坏特点与气压低时类似,胎侧弯曲变形大。但轮胎超载时受力和变形状态比气压低时更恶化,则轮胎的损坏就更加严重。负荷对轮胎使用寿命的影响如图10.2曲线 a。由图可知,若轮胎超负荷 10%,轮胎使用寿命约降低 20%。超载的轮胎若碰撞到障碍物时,易造成轮胎爆破。

(2) 轮胎气压的影响。轮胎气压不同,所承受的负荷就不同。轮胎气压偏离标准是轮胎早期损坏的主要原因(图 10.2 曲线 b),尤以气压不足对轮胎的危害最大。

轮胎气压越低,胎侧变形越大,使胎体帘线产生较大的交变应力。由于帘线能承受较大的伸张变形,而承受压缩变形的能力较差,所以周期性的压缩变形会加速帘线的疲劳破坏。轮胎以低压状态滚动时,除增大胎体的应力外,还因摩擦加剧而使轮胎温度升高,降低了橡胶和帘线的抗拉强度。

试验表明,轮胎气压降低 20%,轮胎使用寿命约降低 15% 以上。

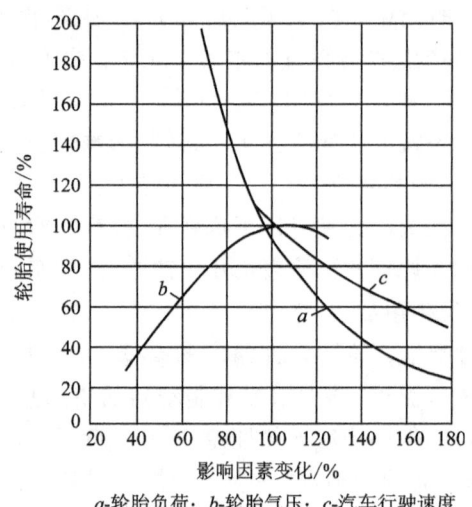

a-轮胎负荷;b-轮胎气压;c-汽车行驶速度

图 10.2　轮胎气压、负荷和汽车行驶速度对轮胎使用寿命的影响

轮胎气压不足时损坏的主要特征是:初期外胎内壁和内胎表面出现黑色环圈,以后则发生局部的帘线松散或环状的帘线断裂、帘布脱层,胎面胶特别是胎肩部分加速磨损;后轮并装的双胎间可能互相摩擦,呈周边磨损;轮胎花纹中易嵌入钉子和石块,引起机械损伤;外胎在轮辋上移动,会使胎圈磨损和内胎气门嘴撕裂。

当轮胎气压过高时,造成轮胎接地面积小,增大了单位面积上的负荷。同时轮胎弹性小,因胎体帘线过于伸张,应力增大,由此造成胎冠磨损增加。如汽车在不良路面上行驶时,由于车轮承受的动负荷大,则易使胎面剥离或爆胎。气压过高对轮胎的磨损强度比气压不足时小,但爆破的可能性增大。

(3) 汽车行驶速度和气温的影响。汽车行驶速度对轮胎使用寿命的影响,如图 10.2 曲线 c 所示。高速行驶时胎面与路面摩擦频繁,滑移量大,使胎体温度升高,结果导致轮胎气压增高(图 10.3);汽车高速行驶时,动负荷大,会造成轮胎的损伤。因此,汽车行驶速度过高,轮胎使用寿命会缩短。

如图 10.4,气温对轮胎的使用寿命的影响也很大。在气温和车速均高时,轮胎气压将急剧升高,轮胎使用寿命会明显缩短。

(4) 道路条件的影响。影响轮胎使用寿命的道路因素主要是路面材料和平坦度。它们影响摩擦力和动负荷的大小,因此影响轮胎的使用寿命。

轮胎在良好平整的路面上行驶时,负荷的类型主要是静负荷,主要损坏形式是正常磨损。汽车在不良路面上行驶时,由于轮胎动负荷大(汽车以中速在不平路面上行驶时,车轮的动负荷为静负荷的两倍以上),轮胎使用寿命会大幅度缩短。试验证明:若以汽车在柏油路面上行驶时的使用寿命为100%,则在非铺装路面上行驶时,轮胎的使用寿命降低约50%。

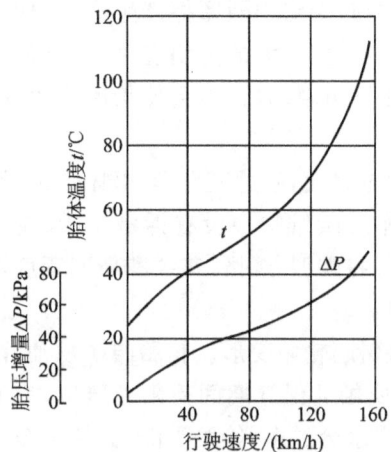

图 10.3 汽车行驶速度对胎体温度的影响

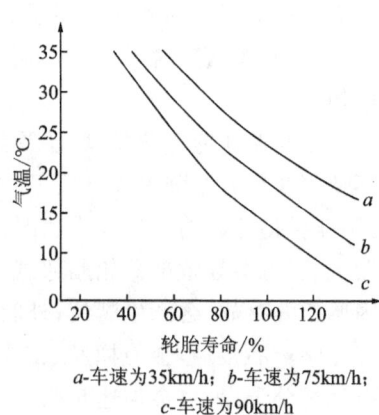

a-车速为35km/h;b-车速为75km/h;
c-车速为90km/h

图 10.4 不同车速下,轮胎使用寿命与气温的关系

(5) 汽车技术状况的影响。汽车底盘的技术状况,尤其是行驶系统不良,会引起轮胎的异常磨损,如图 10.5 所示。实际上,由于多种因素的影响,轮胎异常磨损的形态不像图 10.5 所示那样典型。图 10.5(a)、图 10.5(b)为轮胎磨损成多边形或波浪形,原因是轮辋变形、轮毂轴承松旷、车轮不平衡和紧急制动频繁等;图 10.5(c)为轮胎一侧局部偏磨,原因是轮辋偏心、轮毂与转向节轴偏心或转向节轴弯曲等;图 10.5(d)为轮胎局部剧烈磨损,常见原因是由于制动器拖滞所造成的;图 10.5(e)为轮胎胎肩偏磨,原因是外倾角不准确。如轮胎沿圆周在轮胎宽度方向出现锯齿状的磨损,原因为前束失准。如出现齿尖向内的锯齿状磨损为前束过大,若出现齿尖向外的锯齿状磨损为前束过小。外倾角过大将引起轮胎外侧偏磨;外倾角过小将引起轮胎内侧偏磨。

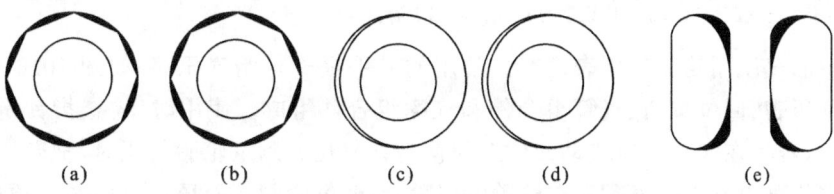

图 10.5 汽车技术状况对轮胎使用寿命的影响

(6) 驾驶方法的影响。轮胎的使用寿命与汽车驾驶方法有关,例如起步过猛、

转弯过急、紧急制动和碰撞障碍物等,会加速轮胎的损坏。

起步过猛使驱动轮上的负荷骤然增加,轮胎与地面发生强烈的摩擦,并易发生滑转现象,因此增加了轮胎的磨损。

转弯过急,车轮出现侧向滑移,增加胎面的磨损,并使胎侧过度变形,在胎圈部位产生很大的应力,因此导致胎圈破裂、胎体脱层,甚至爆破。

紧急制动时,轮胎由滚动变为滑移,局部胎面受到剧烈摩擦产生高温,使胎面胶软化而加剧磨损。同时在缓冲层和帘布层中产生较大的剪切应力,因此使胎面花纹发生崩裂,胎面胶脱空或胎体脱层。经常使用制动器,也会使轮胎产生高温,加速磨损。

行驶中轮胎碰撞障碍物,轮胎受到强烈冲击,将引起过度变形、损坏帘布层。

不认真执行轮胎强制维护原则,或在汽车二级维护中没有拆检轮胎、轮胎换位,也不能保持轮胎的良好技术状况。另外,若将类型、规格、花纹和新旧程度不同的轮胎混装,也会导致部分轮胎超载而早期损坏。

内胎折叠存放,会产生裂痕;外胎堆叠,将引起轮胎变形。轮胎与矿物油、酸类物质和化学药品接触,会使橡胶、帘布层受到腐蚀。保管期间受阳光照射,室温过高或空气过分干燥,也会加速轮胎老化;空气中水分过多,轮胎受潮,会使帘布层霉烂变质。

3) 延长轮胎寿命的使用措施

针对影响轮胎使用寿命的主要因素,为延长轮胎的使用的寿命应采取以下措施。

(1) 保持轮胎标准气压。轮胎气压是根据轮胎负荷等条件规定的,轮胎气压应符合该轮胎承受负荷时规定的压力,如表 10.4 所示。可按照汽车使用说明书规定的轮胎气压进行检查。

表 10.4 标准型子午线轮胎气压与负荷对应关系

负荷/kgf 负荷指数	气压/kPa 150	160	170	180	190	200	210	220	230	240	250
81	305	325	340	355	370	385	400	415	430	445	462
86	350	370	390	410	425	445	460	480	495	515	530

注:表中充气压力适用于速度级别为 Q 级及其以下者。

轮胎气压用轮胎气压表检查。常用的是手提式轮胎气压表,如图 10.6 所示。它由气压表、回位按钮、气管组合件和气嘴组合件组成。使用时,检查指针是否指示零位,若不在"0"处,应按动回位按钮使指针复位。测量轮胎气压时,把轮胎气压表下端气嘴组合件的气嘴套在轮胎气门嘴上,使气嘴阀端面压在气门芯的顶杆上,并用力把气门芯顶杆压下打开气门,轮胎内的气流便进入气压表内,在刻度盘上便指示出轮胎气压值。

(2) 防止轮胎超载。轮胎的负荷不应超过轮胎的额定负荷。不仅要求汽车在设计时,确定汽车总质量就应考虑所选用轮胎的额定负荷,而且在汽车使用过程中不得超载。装载要分布均匀,不可重心偏移,保持货物均匀分布。

(3) 控制车速。汽车行驶速度与轮胎生热密切相关。车速越高,挠曲变形速度越快,轮胎生热量就越大。轮胎胎体温度上升至 100℃ 以上后,轮胎会出现分层、脱空、爆胎等问题。

汽车夏季行驶时应增加停歇次数,如果轮胎发热或内压增高,应停车休息,严禁放气降低轮胎气压,也不要用冷水浇泼。因放气后轮胎温度并未降低,而轮胎的变形因气压降低而增大,使胎温继续升高,直到轮胎的发热量与散热量重新达到平衡为止。

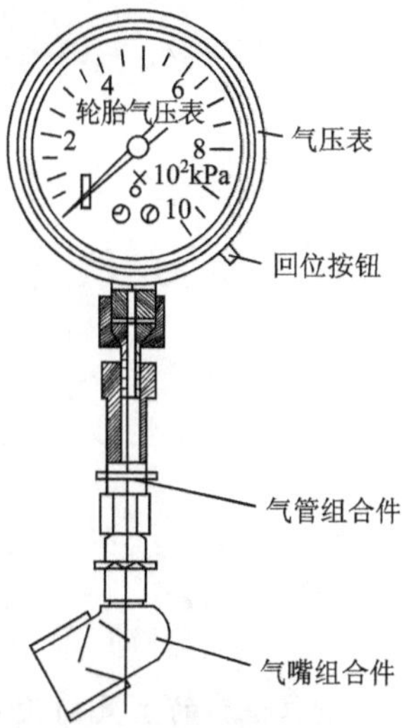

(4) 及时翻修。轮胎技术状况应满足以下要求:

① 轮胎的磨损:轿车和挂车轮胎的胎冠上花纹深度不得小于 1.6mm;其他汽车转向轮的胎冠花纹深度不得小于 3.2mm,其余轮胎胎冠花纹深度不得小于 1.6mm。

图 10.6 手提式轮胎气压表

② 轮胎胎面不得因局部磨损而暴露出轮胎帘布层。

③ 轮胎胎面或胎壁上不得有长度超过 25mm 或深度足以暴露出轮胎帘布层的破裂和割伤。

轮胎维护分为日常维护、一级维护和二级维护,维护周期按汽车规定的维护周期执行。

轮胎日常维护主要是检查轮胎气压是否符合规定、检查轮胎螺母有无松动、清理轮胎夹石和花纹中的石子、杂物等;轮胎的一级维护除日常维护作业外,以检查和紧固为主。检查轮胎螺母是否缺少和松紧程度、检查胎面磨损情况、必要时应进行一次轮胎换位,以保持胎面花纹磨损均匀;二级维护除一级维护作业外,主要是拆检轮胎,进行轮胎换位。检查外胎有无内伤、脱层、起鼓,检查内胎有无老化、脱胶现象,检查垫带有无开裂等。

由于负荷、驱动形式和道路的影响,汽车各轮胎磨损部位和磨损程度不同。为使全车轮胎磨损均匀,一般应按规定的周期对轮胎进行换位。轮胎换位的基本方法有循环换位方法、交叉换位方法两种,如图 10.7 所示。一次更换轮胎的位置,不能使所有轮胎从轮胎的一侧完全换另一侧的换位方法,叫循环换位法。仅一次更换轮胎的位置,便可实现所有轮胎从汽车的一侧完全换到另一侧的换位方法,叫交叉换位法。

进行轮胎换位时应注意:

① 轮胎换位方法选定后,不要再变动。

② 对有方向性花纹的轮胎,换位后不能改变它的旋转方向。

③ 轮胎换位后,应按规定重新调整轮胎气压。

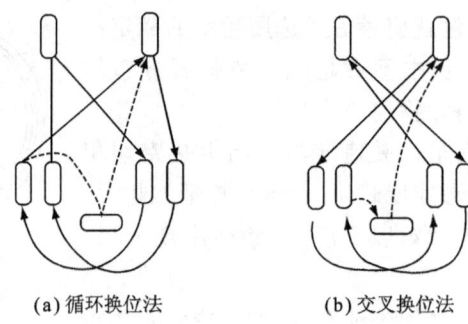

(a) 循环换位法　　　　(b) 交叉换位法

图 10.7　轮胎换位的基本方法

＊＊＊＊＊＊＊＊＊＊＊＊ **思考题** ＊＊＊＊＊＊＊＊＊＊＊＊

1. 轮胎的主要功用有哪些？
2. 轮胎有哪几种常用的分类方法？
3. 影响轮胎使用寿命的因素有哪些？
4. 正确使用轮胎，提高轮胎使用寿命的措施有哪些？

第 11 章 汽车美容材料

11.1 汽车美容的分类

现代汽车美容可分为车身美容、漆面处理、内部美容、汽车防护和汽车精品等几个部分。

1) 车身美容

车身美容主要包括高压洗车,除锈、去除焦油等污物,上蜡增艳与镜面处理,钢圈、轮胎、保险杠翻新与底盘防腐、涂胶处理等项目。经常洗车可以清除车身尘土、酸雨、沥青等污染物,防止漆面及其他车身部件受到腐蚀和损害。适时打蜡不仅能给车身带来光彩亮丽的效果,而且还能够防紫外线、防酸雨、抗高温、防静电。

2) 漆面处理

漆面处理可分为氧化膜处理、飞漆处理、酸雨处理、漆面划痕处理、漆面破损处理及整车喷漆。

3) 内部美容

内部美容主要分为车内美容、发动机美容、行李厢清洁等内容。其中车内美容包括仪表台、顶棚、地毯、脚垫、座套、车门衬里的吸尘清洁保护,以及杀菌、冷暖风口除臭、车内空气净化等项目。发动机美容则包括发动机冲洗清洁、喷上光保护剂、做翻新处理、三滤清洁(燃油滤清器、机油滤清器、空气滤清器)等项目。

4) 汽车防护

汽车防护的项目包括贴防爆太阳膜、安装防盗器、安装汽车语音报警装置等。

5) 汽车精品

汽车精品包括诸如车用香水、护目镜、脚垫、把套、坐垫等项目。

11.2 汽车美容用品

11.2.1 车身美容用品

1. 清洗剂

1) 清洗剂的正确选用

清洗剂是当前国内外大力推广应用的新型汽车清洁用品。进行车身表面清洗时，由于现代车身漆面的特点，不能用洗衣粉、洗洁精等含碱性成分较大的普通洗涤用品。因此，一定要使用专用的清洁液或清洁香波。专业的洗车香波均含有界面活性剂、功能性高分子材料等，具有较强的渗透能力和增溶能力，可大大降低界面间的张力，既能有效去除车体表面的各类顽固污垢，又具有防锈功能，并且不含有害物质，长期使用不会损伤车体表面。在进口汽车美容用品中有汽车清洗香波、清洗及上蜡香波，其 pH 值均为 7.0，属专业汽车美容用品。

2) 清洗剂的主要成分

(1) 溶剂。溶剂是表面清洗剂的主体，它同表面活性剂等添加剂一起，共同对污垢起化学反应，达到清洗、除垢的目的。溶剂主要有水基溶剂和油基溶剂两种，水基溶剂主要是水，油基溶剂主要有汽油、煤油、松节油等。

(2) 表面洁性物质。表面洁性物质也称为表面洁性剂或界面洁性剂，是一种能显著降低液体表面张力的物质，它使固体污垢形成悬浮波，使液体污垢形成乳浊液。汽车清洗剂中的表面活性物质主要有软肥皂和合成清洗剂。

(3) 水玻璃。水玻璃的化学名称叫做硅酸钠，它在清洗剂中的主要作用是能够使溶液的 pH 值维持不变。在清洗过程中，酸性污垢必定耗用碱盐。水玻璃维持溶液碱性的缓冲效果约为其他碱盐的 2 倍，因此能降低清洗剂的消耗。水玻璃具有很好的悬浮或稳定悬浮系统的能力，这一能力是水玻璃和清性物质同时使用时能提高去污能力的重要因素。

(4) 磷酸盐。磷酸盐有磷酸三钠、磷酸氢二钠和缩合磷酸钠等多种，在清洗剂配方中以缩合磷酸盐最为重要。磷酸三钠的 1% 水溶液在室温时的 pH 值为 12，由于它的碱性太强，在清洗剂中用料不能太多。在配方中它能增加清洗剂溶液的润湿能力，有一定的乳化能力，但主要作用是软化水质。

(5) 碱性物质。附着在金属表面的油脂大体上可分为动、植物油和矿物油脂两大类。前者是脂肪，它和苛性钠一起被加热时会发生皂化反应，结果生成肥皂和甘油，这些产物都溶于水，此时生成的碱皂是极性分子，极性端被水所吸引，非极性端被油所吸引，因此溶剂的表面张力降低，油和溶液完全接触，溶液可以渗透到油的内部，油脂膨胀并被溶液润湿，从而使它和金属间的附着力减小，最后变成微小的颗粒而分散在溶液中发生乳化。清洗液为了保证足够的清洗能力，pH 值必须保持在 9 以上。

3) 清洗剂的除垢机理

清洗剂除垢包括润湿、吸附、溶解、悬浮和去污五个过程。

(1) 润湿。当清洗剂与汽车表面上的污垢质点接触后，由于清洗剂溶液对污垢质点有很强的润湿力，使被清洗物的表面很容易被清洗溶液所润湿，并促进它们之间充分接触。清洗溶液不仅能润湿污垢质点表面，而且能深入到污垢聚集体的细小空隙中，使污垢与被清洗表面结合力减弱、松动。

(2) 吸附。清洗剂中的电解质形成的无机离子吸附在污垢质点上，能改变对污垢质点的静电吸引力，并可防止污垢再沉积。清洗汽车外表面时，既有物理吸附（分子间的相互吸引），又有化学吸附（类似化学键的相互吸引）。

(3) 溶解。使污垢溶解在清洗剂溶液中。

(4) 悬浮。清洗剂中的表面活性物质能在污垢质点表面上形成定向排列的分子层，进一步增加了去污作用。清洗剂分子内有两个部分：一部分是由长的链组成，它在油中溶解而在水中不溶解；另一部分是水溶性基因，它使整个分子在水中能够溶解而发生表面活性作用。表面活性物质分子与污垢质点接触后，其憎水的一端会吸附在污垢质点上，而亲水的一端与水结合在一起。这样，吸附在污垢质点周围的很多定向排列的分子就起了桥梁作用，使憎水性污垢具有亲水性质，表面上的污垢脱落后，悬浮于清洗剂中。

(5) 去污。最后用高压水枪将污垢冲掉。

通过这种润湿→吸附→溶解→悬浮→去污的过程，不断循环，可以将汽车表面的污垢清除干净。

4) 清洗系列用品

清洗剂主要有多功能清洗剂、去油剂和溶剂三类。

车身表面多功能清洗剂主要用于清洗汽车表面的灰尘、油污，且在清洗的同时进行漆面护理。

油脂清洗剂又称去油剂，它具有极强的去油功能，主要用于发动机、轮毂等油污较重部位的清洗。常见的去油剂有以下三类。

(1) 石化溶剂型去油剂：易燃、有害，去油功能强，成本低。

(2) 水质去油剂：安全、无害，去油功能有限，成本适中。

(3) 天然型溶剂：无害，去油功能强，成本高。

溶解清洗剂简称"溶剂"，是一种溶解功能极强的清洗剂，不仅能清除车身上的焦油、沥青、鸟粪、橡胶和漆点等不溶水性污垢，而且可用于开蜡，因此有些品种直接取名为开蜡水。

溶剂分为两大类，即石化溶剂和天然溶剂。大部分石化溶剂以煤油为基础料，然后加以各种添加剂或表面洁性剂。

5) 清洁保护用品

(1) 万用清洁剂。用于去除各种玻璃、漆面及金属制品上的污垢，不伤害漆面、塑胶及橡胶。泡沫清洁剂适用于汽车风窗玻璃的清洁。

(2) 内仪表板清洁剂。能保持车内人造皮革及真皮革的光泽,使灰尘无法沾污;有柠檬香味,不会破坏漆面。主要适用于车门、仪表板及其他车内合成橡胶、真皮制品。

(3) 多功能清洁柔顺剂。能对汽车内室及后备厢各部位进行清洗翻新,去污力强,尤其对丝绒及地毯表面能起到清洁、柔顺、还原着色、杀菌等功效。

(4) 全能泡沫清洗剂。泡沫丰富,去污能力强,能迅速分解油污,并能快速清除油渍污物。适用于车内室皮革、绒毛表面、仪表板、方向盘、车门内侧等部位的清洁。

(5) 发动机外表清洁剂。能除去较重的油污,呈碱性,含有缓蚀剂成分,能快速乳化分解去除油污,且不腐蚀机体及其上的部件,水溶性好,可完全生物溶解,易用水冲洗,不留残留物。适用于发动机外表面及底盘等部件。

(6) 气门清洗剂。可去除积存在气门、气门座的积炭及污垢。

(7) 制动清洁剂。能迅速清除污垢,避免产生辗轧的噪声,不含有毒物质,不会造成环境污染。适用于鼓式及盘式制动器、制动片、制动组件、离合器压板、风扇带皮、受压力的组件及其他离合器零件。

(8) 轮毂清洁剂。能有效去除轮毂上的油渍、氧化色斑,并清洁上光。呈弱酸性,但对轮毂及轮胎无腐蚀作用。适用于所有汽车轮毂的清洁。

(9) 散热器除锈清洁剂。能去除积垢、锈渍、泥土的沉积,达到除锈、清洁的效果。适用于汽车冷却系统的清洁。

(10) 重油清洗剂。它是一种强力的、可乳化的溶剂型清洗剂,能有效去除汽车发动机零部件、底盘和设备上的重油污。它所含的特别成分能使污垢卷缩成胶束,胶束颗粒很容易用水冲洗干净,不会产生污染。

2. 车 蜡

汽车打蜡的目的主要是为了保持车身表面亮丽整洁,保护车漆。现代轿车越来越广泛地采用金属漆,金属漆的涂装系统是色漆(基漆)加清罩漆,日久天长,基漆的颜色会产生退变,进而影响汽车外观。车蜡可将部分入射光反射回去,减缓基漆的颜色退变。

1) 车蜡的主要功用

车蜡是车身表面最外层的保护,打蜡除了能增加表面的光泽度外,在车表面形成的蜡膜还能有效地防止静电的产生,防止紫外线的照射,起到抗高温、防氧化、防水、防划伤及研磨抛光等作用。

车蜡的主要功用如下。

(1) 上光作用。上光是车蜡的最基本作用之一。经过打蜡的车辆,能不同程度地改善其漆面的光洁程度,使车身恢复亮丽本色。

(2) 防划伤作用。车身表面打蜡后,形成的蜡膜都有一定的硬度和厚度,可以防止细小的划伤。

(3) 防水作用。车蜡能使车身漆面上的水滴附着减少 $60\%\sim90\%$,高档车蜡还可使残留在漆面上的水滴进一步平展呈扁平状,最大限度地减少水滴对阳光的聚焦,使车身免受侵蚀和破坏。打蜡所产生的效果是使水滴近似呈球状,不易产生透镜效应,有效地抑制因太阳照射而造成的水痕。

(4) 抗高温作用。车蜡抗高温作用是因为对来自不同方向的入射光产生有效的反射,防止入射光线穿透清罩漆而导致底色漆老化变色,从而延长漆面的使用寿命。

(5) 研磨抛光作用。当漆面出现浅划痕时,可使用研磨抛光车蜡,如划痕不很严重,抛光和打蜡作业可一次完成。

(6) 防氧化作用。涂抹后在车身表面形成一层蜡膜,可以较好地防止漆面油分的损失,不容易形成氧化层。

(7) 防紫外线作用。阳光中的紫外光较易折射进入漆面。防紫外线车蜡充分地考虑了紫外线的特性,使其对车表的侵害最大限度地降低。

(8) 防止产生静电。车身漆面通过打蜡可以形成蜡膜,防止空气、尘埃等与车身漆面的直接摩擦。不但可有效地防止车身表面静电的产生,还可大大降低带电尘埃对车身表面的附着。

2) 车蜡的主要成分和分类

(1) 车蜡的主要成分。车蜡的主要成分是聚乙烯乳漆或硅酮类高分子化合物,并含有油脂和添加剂。

(2) 车蜡的种类。根据车蜡所含添加成分可以划分为以下种类。

① 按其物理状态分类。分为固体脂和液体蜡两种。在日常作业中,液体蜡应用相对比较广泛,如龟牌蜡、即时抛等。

② 按其功能分类。可分为上光蜡和抛光研磨蜡两种。国产上光蜡的外观多为白色或乳白色,主要用于喷漆作业中表面上光。国产抛光研磨蜡的颜色有浅灰色、灰色、乳黄色及黄褐色等多种,主要用于划痕处理的磨平作业。

③ 按生产国别分类。可分为国产蜡和进口脂。目前,国内汽车美容行业中使用的中高档车蜡绝大部分为进口蜡,低档蜡为中国产蜡,其占有较大的份额。常见进口车蜡多来自美国、英国、日本和荷兰等,如美国龟博士系列车蜡和美国的曾乐系列车蜡等。国产车蜡最常用的有即时抛等。

④ 按其作用分类。可分为防水蜡、防高温蜡、防静电蜡及防紫外线腊等多种。

3) 车蜡的主要品种

我国汽车美容市场车蜡品种主要有以下几类。

(1) 研磨蜡。这种车蜡的主要成分为研磨剂、地蜡、矿物油及乳化剂等,主要用于汽车漆面浅划痕处理及漆膜的磨平作业,能够清除划痕、橘纹及填平细小针孔等。

(2) 硅蜡。这种车蜡的主要添加成分为硅酮类高分子化合物、润滑剂等,能够渗透并密封因氧化引起的毛细孔、裂纹等,使汽车表面凹凸处变得平滑,形成均匀持久的蜡膜。

(3) 特氟隆蜡。这种车蜡的主要添加成分为特氟隆的聚合物,使用后能防止氧化、酸雨和腐蚀,效果牢固、持久,可深入漆的表层。

(4) 含釉成分蜡。这种车蜡又叫太空釉,内含多种聚合物,使用后能使严重氧化的漆表面焕然一新,起到防氧化、抗腐蚀和增加光亮度的作用。

(5) 天然棕榈蜡。这种车蜡的主要成分是天然巴西棕榈蜡,使用后能增加车漆表面的光泽度和透明度,是美容产品中的极品,适合高档豪华轿车。

(6) 色蜡。这种蜡主要按车身漆面的颜色分别使用,主要有12种。它含有棕榈油分添加剂、增色剂等,使用后能在漆面形成三层蜡膜,能有效地抵制有害物质对漆面的损伤。

4) 车蜡的正确选用

汽车美容护理用品市场上的车蜡种类繁多,由于各种车蜡的性能不同,其作用与效果也不一样,所以在选用时必须慎重。

一般情况下,应根据车蜡的作用特点、漆面的质量、车辆的新旧程度、车漆颜色、行驶环境及使用季节等因素综合考虑。

(1) 车蜡的选择:

① 根据车蜡的作用选择。车蜡的选择上应侧重于对汽车漆面的保护。例如,光照强的地区宜选用防紫外线、抗高温性能好的车蜡;多雨地区宜选用防水性能好的车蜡;沿海地区宜选用防盐雾功能较强的车蜡;化学工业区宜选用防酸雨功能较强的车蜡。

② 根据漆面的质量选择。对于中高档轿车,其漆面的质量较好,宜选用高档车蜡。对于普通轿车或其他车辆,可选用一般车蜡。

③ 根据漆面的新旧选择。新车或新喷漆的车辆,应选用上光蜡,以保持车身的光泽和颜色;对于旧车或漆面有慢反射光痕的车辆,可选用研磨蜡对其进行抛光处理后,再用上光蜡上光。

④ 根据车漆颜色选择。选用车蜡时还必须考虑与车漆颜色相适应,一般深色车漆选用黑色、红色和绿色系列的车蜡,浅色车漆选用银色、白色和珍珠色系列的车蜡。

⑤ 根据车辆行驶环境选择。如果汽车经常行驶在泥泞、尘土、砾石等恶劣的道路环境中,应选用保护功能较强的硅酮树脂蜡。

⑥ 根据季节不同选择。夏季光照较强,宜选用防高温、防紫外线能力强的车蜡。

(2) 一般保护蜡与高级美容蜡的区别。一般保护性车蜡由蜡、硅、油脂等成分混合而成的,属于油性物质,它可以在漆面形成一层油膜而散发光泽。但由于油膜与漆面的结合力差,保护时间较短,这种蜡常常因下雨或冲洗等因素流失。另外,存留在车蜡上的水滴一般呈半球状,会产生透镜作用,聚焦太阳光以致灼伤漆面。

高级美容蜡含有特殊材料成分,无论用水冲洗多少次,一般都不会流失,也不用担心光泽在较短时间内失去,车蜡表面水滴呈扁平状,透镜作用不明显。高级美容蜡除了具有保养蜡功能外,它还含有一种活性非常强的渗透剂,能使车蜡迅速渗透于漆层面。高级美容蜡一般要经过许多道复杂的前处理工序,即使是新车上水晶蜡,也要经过清洗、风干等多道工序。

11.2.2 车身漆面处理材料

1. 美术油漆装饰

美术油漆装饰属于工艺美术的一种,它包括涂制美术字、图案、石纹漆、木纹漆、花基漆和彩纹漆等美术油漆工艺,不仅对被涂物有保护作用,还具有美化装饰作用。

1) 美术字与图案的涂装

(1) 涂装的应用。在汽车的外表面,经常需要用文字或图案进行涂装,以表达特殊装饰的需求。几乎在每辆车上都有文字的标志,如表示该车的所属是某某单位(或某某人)的;如以特殊的语言表示个人对某些"明星"或体育活动的支持。所以,以文字与图案在汽车外表进行装饰是非常普遍和实用的。

(2) 涂装方法:

① 直接书法或绘画涂装。具有相当书法和绘画水平的操作者,可利用油漆笔或油漆刷,选则适当的色漆,直接将文字或图案书写或绘画到汽车外表特定的部位。如果没有相当的水平容易出现质量问题,会影响装饰效果。

② 漏板喷涂法。事先将需要的文字用薄纸板或薄铁板刻划成漏板,把漏板紧贴在需要的车身表面上,用微型喷枪或喷漆器进行喷涂,使漆雾穿过缝隙,喷射到车身表面,形成需要的文字或图案。

③ 刷涂法涂装。将需要的文字或图案在车身表面上描绘出底线,然后按底线进行涂刷文字或图案。这种做法比较简便,容易操作,但需要做出文字或图案的样板,它由高水平的书法和绘画人员事先做好。现在计算机技术发展很快;可用电脑打字技术做出所需的文字或图案作为涂装的样板。

2) 花基漆涂装

花基法涂装也是美术油漆装饰的一种。根据花基的材料或制作方式可分为三种:油漆法、广告颜色法和溶解法。

用油漆做花基漆的涂装:该法适用于涂装面积不大,工作量也不大的面漆装饰。

用广告做花基漆的涂装:该法适用于较大面积和较大工作量的装饰涂装。

溶解法做花基漆涂装:一般装饰均可,大小面积不限,工作量不限。

3) 彩纹漆涂装

彩纹漆涂装是一种新型的美术油漆工艺方法,其做法是将黏度适中、密度小的少量调和漆滴在水中,至漆液散开漂浮水面,占水面积的50%左右。将已涂好白漆而又干燥好的被涂物轻轻浸入水中时,即沾上漆膜,浸后吹去水面多余的漆,立刻取出。待漆膜干燥后,用酯胶消漆罩光即可。

2. 汽车漆护理

1) 研磨剂

(1) 普通漆研磨剂。这是指透明漆出现前所生产的研磨剂,一般研磨剂中含有坚硬的浮岩用于摩擦材料。根据颗粒的大小,分为深切、中切和微切,主要用以治理普通漆不同程度的氧化、划痕、退色等。浮岩颗粒的主要特点是坚硬,研磨速度快,但这些颗粒一般不会在研磨中产生质变,所以用在透明漆时很快就会把透明漆层打掉。因此不适于透明漆的研磨。属于这类研磨剂的有:701-138普通漆中切型研磨剂、701-151普通漆中切型研磨剂。

(2) 透明漆研磨剂(通用型)。透明漆研磨剂选用微晶物和合成磨料。它们的切割功能依旧存在,但增光剂含蜡(或上光剂),而抛光剂不含蜡(或上光剂)。因不含蜡,使用抛光剂可切实地检验抛光的质量。这些新型研磨剂不仅适用于透明漆,也同样适用于普通漆。新型研磨剂有:701-101透明漆微切型研磨剂、701-104透明漆中切型研磨剂、701-108透明漆深切型研磨剂。

2) 抛光剂

抛光的作用是消除研磨造成的细微划痕、治理汽车漆的轻微损伤,包括酸性、碱性水点,柴油油渍,石灰,水泥点,昆虫点,鸟粪污点,落叶,金属斑,漆点等,为还原、打蜡做准备。

3) 还原剂

还原是打蜡前的最后一道工序。还原剂的主要产品有:701-211通用型(无硅、无蜡型)还原剂、701-231超级还原剂。

4) 硅氧烷

硅氧烷是一种硅化的合成树脂,在研磨材料中起抗水、抗高温和增光作用,能较好地防止车漆氧化。普通漆研磨剂、透明漆研磨剂(通用研磨剂)、抛光剂和还原剂一般都不含硅油(烷)成分。如果硅氧树脂未清洗干净或空气中有此物质飘落,喷漆时就会出现浮漆,甚至会出现漆露,所以必须慎重选择此类研磨材料。

3. 汽车漆面划痕处理

1) 漆面浅划痕处理

使用中,由于摩擦及日常护理不当,在漆面上会出现浅划痕,但并未漏出底漆,这种划痕在阳光下尤为明显。一般可以采用抛光研磨的方法,对漆面上出现的划痕予以处理,具体步骤如下所示。

(1) 洗车。洗车的目的是清除汽车表面污物、泥土等。

(2) 开蜡。开蜡的目的是为了保证抛光的效果。开蜡作业要求使用开蜡水,去除漆面原有蜡质层。开蜡水的特点是:在开蜡过程中,既能彻底分解蜡质层,又不损伤漆面及塑料。

(3) 漆面研磨抛光:

① 研磨。首先用小块毛巾将研磨剂均匀涂抹在待研磨漆面上,将海绵或羊毛

研磨盘安装在研磨机上,沾满水,保持研磨盘平面与待研磨漆面基本平行,起动研磨机,使其转速设置在1500~1800r/min。研磨时为保持研磨盘湿润,应不断向研磨盘上洒洁净清水,以降低摩擦表面温度,避免由于摩擦升温过高使研磨盘焦化和损坏面漆。研磨作业在清除95%左右划痕时即停止,然后用洁净水冲洗研磨表面后,擦去残余物,检查研磨效果。

② 抛光。抛光的作用是采用抛光剂清除研磨留下的细微划痕。

(4) 漆面还原增艳。抛光作业完成后,漆面浅划痕已基本消除,对于抛光作业中残留的一些发丝划痕等,可通过涂面还原进行处理。漆面还原时,用小块无纺布将还原剂均匀涂抹于漆面,然后用无纺布毛巾抛光。

(5) 涂面保护。漆面保护实际上就是给漆面上蜡,漆面保护剂有蜡质和釉质两大类,效果最好的是给漆面封釉。

2) 漆面深划痕的处理方法

汽车漆面深划痕多为硬性划伤所致,目测会看到裸露的底漆,当用手擦拭划痕表面,会有明显的刮手感觉。这种划痕的处理方法如下。

(1) 表面处理。深划痕表面处理工艺包括以下内容:清洗、除油、除锈、清除旧漆、砂光、砂薄(即对深划痕两侧进行"薄边"处理)。

(2) 底漆和腻子施工。如果划痕经表面处理后金属基材未露出,仍有底漆层附着良好,则可以在原有底漆层基础上直接喷涂封闭底漆或中涂漆。如果金属基材外露,则需进行腻子的刮涂施工,然后喷涂封闭底漆或中涂漆。

(3) 面漆涂装。修补深划痕时,面漆的涂装可参考汽车斑点修补和局部修补的有关内容进行施工。斑点修补和局部修补要求修补区域的涂层与原车涂层在光泽、鲜明度方面尽可能一致,并要求修补区域的四周呈平滑逐步过渡。

11.2.3 汽车装饰材料

汽车装饰材料分为外部装饰材料和内部装饰材料。

1. 汽车外部装饰材料

在汽车外部装饰材料中,除了油漆以外,绝大部分是塑料、橡胶等材料制作的汽车零部件,如保险杠、防撞条、车体板、窗框架和散热器固定框等塑料部件,轮胎、密封条等橡胶制品部件,此外,还有很少一部分金属或有色金属外部装饰件,例如铝合金的轮毂、车轮装饰条、车身装饰压条和门的外把手等不锈钢装饰件。

1) 塑料在汽车装饰中的应用

目前,在汽车装饰中应用的塑料主要有聚氯乙烯(PVC)、聚丙烯(PP)、丙烯蜡、丁二烯、ABS、酚醛塑料(PF)以及聚氨酯泡沫塑料(PU)等。汽车常用塑料品种及用途如表11.1所示。

表 11.1 汽车常用塑料品种及用途

代 号	化学名称	设计用途	塑料种类
ABS	丙烯腈-丁二烯-苯乙烯	车体件、前围板、格栅车头灯框	热塑性塑料
ABS/MAT	玻璃纤维增强的 ABS	车身板	热固性塑料
EP	环氧树脂	玻璃纤维车身	热固性塑料
EPDM	乙烯-丙烯-二烯-单聚物	保险杠防撞条、车身板	热固性塑料
PA	聚酰胺	车外装饰板件	热固性塑料
PC	聚碳酸酯	格栅、仪表板、透镜	热塑性塑料
PPO	聚苯撑氧	镀铬塑料件、格栅、车头灯框、仪表玻璃框、装饰件	热固性塑料
PE	聚乙烯	内护板、内装饰板、窗帘框架、阻流板	热塑性塑料
PP	聚丙烯	内部镶核、内装饰板、内防护板、散热器固定框、前围板、保险杠及附件	热塑性塑料
PUR	聚烯	保险杠及附件、前护板、后护板、垫板等	热固性塑料
PVC	聚氯乙烯	内部饰件、软垫板	热塑性塑料
PIM	聚氨基甲酸乙酯	车身件、保险杠及附件	热固性塑料
PPIM	增强的聚氨基甲酸乙酯	车身护板	热固性塑料
SAN	苯乙烯-丙烯腈	内装饰板	热固性塑料
TPR	热塑橡胶	窗帘框架等	热塑性塑料
TRUR	聚氨基甲酸乙酯	保险杠及附件、砾石挡板、垫板、软仪表玻璃框	热塑性塑料
UP	不饱和聚酯树脂	玻璃纤维车身板件	热固性塑料

2) 橡胶装饰材料

(1) 橡胶的分类。橡胶分为天然橡胶和合成橡胶两大类。合成橡胶主要有丁苯橡胶、丁基橡胶和氯丁橡胶等。

(2) 橡胶在汽车上的应用。橡胶主要用于汽车轮胎、电线电缆密封胶垫、密封条,汽车垫板和胶粘剂等。

2. 汽车常用内饰材料的选用

汽车内饰用的主要材料按材料组成分为布饰面料、皮革面料以及胶粘剂等。

(1) 布饰面料。布饰布料按其原料的组成,可分为纯棉织品、纯毛织品、化纤织品和混纺织品。其主要性能和用途如表 11.2 所示。

表 11.2 布饰面料主要性能和用途

品种名称	产品性能	用途
纯棉织品	柔软性、保温性、透气性良好,易涂色,鲜艳,易吸水,强度不高,织品易变形	在汽车的一般装饰中制作座垫、座套等
纯毛织品	保温性、透气性好,强度比棉织品高,织品不易着色,易遭虫咬,易变形,不易清洗,定形温度高	汽车装饰的主要材料,可做顶盖、内护面内衬、座套、座垫及地毯等
化纤织品	强度高,寿命长,易清洗,定形后不易变形,织品挺括,易着色,保温性、透气性差,有的着色性也差	汽车装饰的主要材料,可做顶盖、内护面的内衬装饰,也可做座垫、座套、地毯等
混纺织品	以棉、毛和化纤为原料,按一定的比例制成,具有上述单原料的优点,综合性能良好,在一定程度上克服了相应的不足	汽车装饰的主要材料,可做内衬装饰,也可做座套、脚垫、窗帘等装饰品

(2) 皮革面料。皮革面料是由动物的皮经加工而成的面料，主要有牛皮、羊皮和猪皮等。

① 产品性能。牛皮以黄牛皮为主，皮革大而厚，加工和装饰性好，是皮革装饰中装饰最好的面料，它可以染成各种颜色，柔和丰满，皮纹细腻，表面光亮。羊皮比牛皮薄，皮纹更细腻、更柔和，但强度比牛皮差。猪皮比牛皮小，比羊皮大而厚，毛孔大，皮质和皮纹较粗。皮革制品有一定的透气性，用做座垫时，有冬暖夏凉的效果。但其主要缺点是怕水浸湿，水渗湿后易变形，装饰效果变坏。

② 用途。皮革面料是汽车装饰中的高级装饰面料，在高级豪华的轿车装饰中，驾驶室、座椅、仪表板、顶盖内衬、车身内护面，甚至车顶的外护面，都采用优质的黄牛皮面料进行装饰。车内的一些附件，如转向盘、把手和安全拉手等都可用真皮进行装饰。

11.2.4 汽车防护产品

1. 用隔热防爆膜装饰车窗

1) 隔热防爆膜的结构

隔热防爆膜的一般结构如图 11.1 所示。

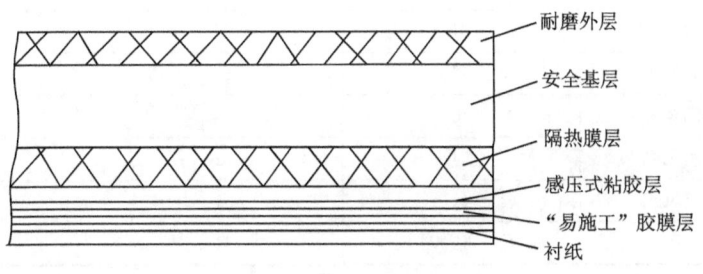

图 11.1 隔热防爆膜结构

2) 用隔热防燃膜装饰车窗的必要性

① 高温影响驾驶员正常操作。阳光的强烈照射，使车内温度升高，会使驾驶员的反应速度减慢 20%，驾驶员的操作失误率增加 50%。

② 使车内饰物受损加重。在强烈阳光照射下，车内温度过高，易使车的内饰件、音响设备、仪表等材质变色、变脆、加速老化，影响其使用寿命。

③ 紫外线照射强度大影响人体健康。在阳光照射下，阳光中的紫外线易使驾驶员和乘员受到紫外线的照射而引起皮肤病，例如产生雀斑、黑斑及皮肤癌等。

④ 加重车内空调设备负荷。由于车内温度高，增加了空调运行负荷。

以上几点说明阳光照射使车内温度升高所造成的后果。减少阳光照射、降低车内温度最有效的方法之一就是用隔热防爆膜装饰车窗。

3）用隔热防爆膜装饰的效果

① 降低刺眼眩光,有利于驾车安全,使驾驶员和乘员感到舒适。

② 热天隔热,隔紫外线,防止紫外线对人伤害,并节省空调设备的能源。

③ 可自动调节车内光线,适合任何天气的阴暗变化,保持视野清晰,并可防止眩光。

④ 车内的装饰物不受阳光直接照射,可减轻老化程度,延长使用寿命,能较长时间保持装饰物的色泽和品质。

⑤ 夏天隔热、冬季保温,可起到冬暖夏凉的作用。

⑥ 使用安全,可防止玻璃爆裂时飞落伤人、损坏物品。

4）隔热防爆膜产品介绍

(1) 3M隔热防爆膜的型号及技术参数。3M产品的型号及技术参数如表11.3所示。

表11.3 3M隔热防爆膜产品的型号及技术参数

产品型号及名称	隔热率/%	透光率/%	隔紫外线率/%
7710 超级沙龙	68	16	99
9010 防爆装甲	59	39	99
6330 魔幻大师	51	37	99
8383 蓝天卫士	52	60	99
2600 黑郁金香	46	34	99
3535 自然风光	34	72	98
6868 世纪风光	43	51	99
7070 无限风光	50	81	99

(2) 威固隔热防爆膜的技术参数。威固隔热防爆膜的技术参数如表11.4所示。

表11.4 威固隔热防爆膜的技术参数

技术参数 \ 产品	威固隔热膜	一般透明隔热膜	一般深色隔热膜	一般透明玻璃
可见光穿透率/%	73.2	71.2	0.74	89.8
红外线穿透率/%	0.60	88.8	92.0	92.0
紫外线穿透率/%	0.20	0.50	0.50	67.0
屏蔽系数/%	0.05	0.88	0.66	0.10

(3) 法拉特隔热防爆膜产品简介。法拉特隔热防爆膜的技术参数及特点如表11.5所示。

表 11.5　法拉特隔热防爆膜的技术参数及特点

产品型号	透光率/%	隔热率/%	隔紫外线率/%	特　点
K-300	72	96	99.99	同级评比总冠军，隔热效果一流
KN-400	41	96	99.99	奔驰玻璃色，无金属氧化，无内外反光
KN-500	53	97	99.99	环保色系，透视清晰，无反光，不氧化
K-200	74	94	99.99	前档首选，清晰透明，无反光，不氧化
TK-900	23	97	99.99	光谱色泽，迷彩可塑，顶级隔热
V-300	34	96	99.99	前卫艺术，变光变色，隔热超凡
XO-400	36	91	99.99	极光色彩，随光变色，隔热优越
SA-300	20	96	99.99	自然色彩，至尊首选，绝对隔热

5）隔热防爆膜的选择

（1）视饰部位因素。用隔热防爆膜装饰，根据装饰部位的需求而选用产品。例如装饰前风挡玻璃，需重视透光度，要保证驾驶员的视野清晰，应选用反光度低、色系较浅的隔热防爆膜。

（2）隔热效果因素。这主要根据地域和个人的需求而定。若为热带或亚热带地区，应以隔热效果为主。隔热效果与反光有关，隔热效果好的属于全反光色系。另外，还要根据产品的品质而定，优质产品才能达到隔热指标的要求，否则就很难保证其隔热效果。

（3）需求因素。确定汽车有无保密性的需求。若有，最好选择全反光系或半反光深色系的产品。反之，可选择半反光的浅色系隔热防爆膜。

（4）车况因素。根据车辆的档次选择相匹配的隔热防爆膜。

思考题

1. 什么是汽车美容？其作用是什么？
2. 常用车蜡的种类有哪些？作用是什么？
3. 漆面处理包括哪些内容？常用的汽车漆面处理材料有哪些？如何对漆面深划痕进行处理？
4. 汽车内部美容包括哪些主要内容？其美容护理用品有哪些？
5. 车身漆面修补材料有哪些？作用是什么？
6. 车身表面清洗剂如何选用？清洗时需要注意什么？

参考文献

[1] 郎全栋.汽车运行材料.北京:人民交通出版社,2002
[2] 廖伟.汽车运行材料.北京:人民交通出版社,2007
[3] 程叶军.汽车材料与金属加工.北京:中国劳动出版社,1996
[4] 李明惠.汽车材料.北京:机械工业出版社,2002
[5] 陆叶强.汽车材料.北京:人民交通出版社,2002
[6] 孙维连.工程材料.北京:中国农业大学出版社,2006
[7] 张彦如.汽车材料.北京:合肥工业大学出版社,2006
[8] 王利贤.汽车材料.北京:电子工业出版社,2002
[9] 李明惠.汽车应用材料.北京:机械工业出版社,2004
[10] 陈家瑞.汽车构造.北京:机械工业出版社,2005
[11] 周艳,罗小青.汽车美容与装饰.北京:机械工业出版社,2005
[12] 陈文凤.机械工程材料.北京:北京理工大学出版社,2006